건설 재료학

Construction Materials Engineering

홍창우 · 박찬기 · 이주하 · 박성기 공저

도서출판 동화기술

서문

머리말

최근 들어 IT, BT, NT 등 첨단산업은 하루가 다르게 발전하고 있으며, 이러한 추세에 맞추어 사회건설 기반재로서 건설재료도 활발한 기술혁신이 진행되고 있다. 사회적 요구가 다양해짐에 따라 과거의 건설재료는 단순한 물리적 성능만을 요구하였으나 최근에는 고성능, 고기능, 고내구성을 갖춘 건설재료를 요구함으로, 새로운 융·복합 기술의 적용을 통해 끊임없이 발전하고 있다.

건설 분야에 있어서 설계, 시공 및 유지관리 분야는 사용되는 건설재료의 거동과 성능을 이해하고 적용하는 것이 가장 중요하다. 건설재료라 하면 건설구조물을 이루고 있는 직접적인 재료뿐만 아니라 구조물 가설에 필요한 공사용 자재와 구조물의 설치에 사용되는 모든 재료를 일컫는다. 다양한 건설재료 중에서 콘크리트는 고대 이집트의 피라미드에서 현재까지 다양한 건설구조물에 적용된 인류가 가장 많이 사용한 건설재료이며, 과거뿐만 아니라 현재, 미래에도 없어서는 안 될 매우 우수한 건설재료이다.

이 책은 2016년에 개정된 국토해양부 제정 콘크리트표준시방서와 한국산업규격을 준용하여, 다양한 건설재료에 대한 분류 및 소개, 콘크리트 재료의 특성, 금속재료의 특성에 대해서 기술하였다. 그리고 시멘트, 골재, 콘크리트에 관한 시험방법을 부록에 수록하여, 대학에서 건설 분야를 전공하는 학생들의 교과서 및 건설기술자들의 참고서적, 건설재료시험기사, 콘크리트기사 시험에 활용될 수 있을 것으로 생각된다.

끝으로 부족한 부분은 지속적으로 수정·보완할 것으로 약속드리며, 이 책을 출판하기까지 많은 협조를 아끼지 않으신 도서출판 동화기술 관계자 여러분께 감사드린다.

저자 일동

목차

제1장 총론

1.1 개요 10
1.2 시멘트 및 콘크리트의 역사 10
1.3 건설재료의 분류와 재료의 규격 12
1.4 건설재료의 기초 특성 13
1.4.1 재료의 물리적 특성 / 1.4.2 재료 역학적 특성
1.5 산업표준화 및 재료의 규격 18
1.5.1 산업표준화 / 1.5.2 재료의 규격

제2장 콘크리트 구성재료

2.1 시멘트 22
2.1.1 개요 / 2.1.2 시멘트의 역사
2.1.3 시멘트의 종류 및 특성 / 2.1.4 시멘트의 원료
2.1.5 시멘트의 제조방법 / 2.1.6 시멘트의 화학성분
2.1.7 클링커 화합물의 특성 / 2.1.8 시멘트의 일반적인 성질
2.1.9 시멘트의 종류 / 2.1.10 특수시멘트 / 2.1.11 시멘트의 저장
2.2 혼화재료 37
2.2.1 개요 / 2.2.2 혼화재료의 주요 사용목적
2.2.3 혼화재료의 분류 / 2.2.4 혼화재의 종류 및 특성
2.2.5 혼화제의 종류 및 특성
2.3 골재 47
2.3.1 개요 / 2.3.2 골재로서 필요한 성질 / 2.3.3 골재의 분류
2.3.4 골재의 일반적 성질 / 2.3.5 알칼리 골재반응
2.3.6 각종 골재의 특징 / 2.3.7 골재의 저장 및 관리
2.4 물 64
2.4.1 혼합수 중의 불순물의 영향 / 2.4.2 혼합수의 종류

제3장 콘크리트

3.1 개요 68
3.2 굳지 않은 콘크리트의 성질 70
3.2.1 워커빌리티(workability) / 3.2.2 워커빌리티의 측정
3.2.3 재료분리(segregation) / 3.2.4 초기 균열

3.3 경화한 콘크리트의 성질 76
3.3.1 중량 / 3.3.2 압축강도 / 3.3.3 기타 강도
3.3.4 탄성(彈性)과 소성(塑性) / 3.3.5 체적변화(volume change)
3.3.6 크리프(creep) / 3.3.7 내구성(耐久性, durability)
3.3.8 수밀성(水密性) / 3.3.9 내화성(내열성) / 3.3.10 균열

3.4 콘크리트 배합설계 104
3.4.1 배합설계 개요 / 3.4.2 배합설계 목적 / 3.4.3 배합설계 절차
3.4.4 배합설계 방법 / 3.4.5 배합강도와 보정계수
3.4.6 배합설계방법 및 현장배합의 결정 / 3.4.7 배합설계 예

3.5 콘크리트의 품질관리 128
3.5.1 품질관리의 진행방법 / 3.5.2 관리도(control chart)
3.5.3 현장에서의 $\bar{x}-R$ 관리도의 예 / 3.5.4 관리도의 판정
3.5.5 이상 원인의 조사 및 조치

3.6 콘크리트의 품질검사 137

제4장 콘크리트 제조, 시공 및 품질관리

4.1 콘크리트의 제조 144
4.1.1 제조설비 / 4.1.2 재료의 계량 및 비비기
4.1.3 레디믹스트 콘크리트의 제조

4.2 콘크리트의 시공 154
4.2.1 운반 / 4.2.2 콘크리트의 치기 / 4.2.3 콘크리트의 양생

4.3 콘크리트의 품질관리(QC: quality control) 161
4.3.1 품질관리의 진행방법

제5장 특수 콘크리트 및 콘크리트 제품

5.1 개설 176

5.2 한중 콘크리트 176
5.2.1 재료 / 5.2.2 배합 / 5.2.3 시공 / 5.2.4 양생

5.3 서중 콘크리트 180
5.3.1 재료 / 5.3.2 배합 / 5.3.3 시공 / 5.3.4 양생

5.4 매스 콘크리트 182
5.4.1 재료 / 5.4.2 배합 / 5.4.3 시공

5.5 유동화 콘크리트 184
5.5.1 재료 / 5.5.2 배합 / 5.5.3 시공

5.6 고유동 콘크리트 186
5.6.1 재료 / 5.6.2 배합 / 5.6.3 시공

5.7 해양 콘크리트 187
5.7.1 재료 / 5.7.2 배합 / 5.7.3 시공
5.8 수밀 콘크리트 190
5.8.1 재료 / 5.8.2 배합 / 5.8.3 시공
5.9 수중콘크리트 192
5.9.1 재료 / 5.9.2 배합 / 5.9.3 시공
5.10 프리플레이스트 콘크리트 195
5.10.1 재료 / 5.10.2 배합 / 5.10.3 시공
5.11 경량골재 콘크리트 197
5.11.1 재료 / 5.11.2 배합 / 5.11.3 시공
5.12 고강도 콘크리트 200
5.12.1 재료 / 5.12.2 배합 / 5.12.3 시공
5.13 숏크리트 203
5.13.1 재료 / 5.13.2 배합 / 5.13.3 시공
5.14 섬유보강 콘크리트 205
5.14.1 재료 / 5.14.2 배합
5.15 방사선 차폐용 콘크리트 207
5.15.1 재료 / 5.15.2 배합 / 5.15.3 시공
5.16 팽창 콘크리트 208
5.16.1 재료 / 5.16.2 배합 / 5.16.3 시공
5.17 댐 콘크리트 211
5.17.1 재료 / 5.17.2 배합 / 5.17.3 시공
5.18 콘크리트 관련 제품 216
5.18.1 개설 / 5.18.2 공장제품의 종류 / 5.18.3 재료 및 배합
5.18.4 성형 및 양생 / 5.18.5 탈형, 운반 및 저장
5.18.6 공장제품의 시험 및 검사

제6장 콘크리트 구조물 유지관리

6.1 개설 226
6.2 열화 226
6.2.1 열화예측 / 6.2.2 열화기구의 분류 및 열화요인
6.2.3 열화예측의 기본 / 6.2.4 열화기구의 모델화와 열화예측
6.3 진단 230
6.3.1 안전점검 종류
6.4 결함 232
6.4.1 조사항목 / 6.4.2 결함진행성의 판단 / 6.4.3 원인의 판단
6.4.4 보수, 보강 필요성의 판단 / 6.4.5 철근콘크리트 압축강도 측정
6.5 보수 및 보강 공법 235
6.5.1 보수공법 / 6.5.2 보강공법 / 6.5.3 공법의 선정 / 6.5.4 보강공법

제7장 금속재료

7.1 개설 242
7.2 철 금속 242
7.2.1 순철(pure iron) / 7.2.2 선철(pig iron)
7.2.3 강(steel) / 7.2.4 주철(cast iron)
7.3 비철금속 263
7.3.1 구리 및 구리합금 / 7.3.2 알루미늄 및 알루미늄 합금
7.3.3 기타 비철금속

(부록) KS 규격 재료시험법 ▮ 269

찾아보기 ▮ 346

제1장

총론

1.1 개요

다양하고 복잡한 초대형 건설구조물이 증가하면서 이에 사용되는 재료 역시 건설구조물의 용도 및 목적에 맞는 재료 개발에 대한 사회, 경제적 요구가 증가하고 있다. 건설재료란 토목 및 건축구조물을 만드는데 사용되는 재료를 전체적으로 총괄하는 용어이다. 건설재료로 가장 널리 적용되고 있는 재료는 콘크리트와 철강 제품이다. 콘크리트는 다재다능하게 적용될 수 있는 건설재료로 전 세계 모든 건설구조물에서 계속해서 중요성이 증가되고 있다. 콘크리트는 토지, 주택, 산업 및 상업용 건물과 교량, 도로, 공항 활주로 등과 같은 지상구조물, 터널, 터널, 배수 시스템, 하수구 등과 같은 지하구조물 등 다양한 건설구조물에 사용된다. 철강 제품은 모든 엔지니어링 분야에서 널리 사용되지만 건설 분야에서 특히 중요하다. 철강제품은 콘크리트 구조 보강용과 강교량 등 강구조물에도 널리 적용된다. 이밖에도 목재, 석재, 역청재료 등 다양한 재료가 건설재료로 적용되고 있다. 한편, 최근 들어서는 건설구조물이 혹독한 환경에 노출되는 경우가 크게 증가하고 있어 이에 대하여 내구성을 가지는 건설재료에 대한 지식이 보다 광범위하게 요구되고 있다. 이 책에서는 건설구조물을 만드는데 널리 사용되고 있는 콘크리트, 철강 제품을 포함한 다양한 건설재료의 일반적인 특성과 성질을 서술하였다.

1.2 시멘트 및 콘크리트의 역사

지금까지 발견된 가장 오래된 콘크리트는 이스라엘에 있다. BC 7000년 전 석회석을 태우고 생석회로 만든 물과 돌로 뒤섞인 단단한 물질을 바닥재로 사용한 것이 처음 콘크리트를 사용한 예이다. 콘크리트는 건축, 토목, 인프라 시설등을 포함하여 역사 전반에 걸쳐 많은 구조물에 사용되었다. BC 3000년 이집트인들은 피라미드를 만들기 위해 초기 형태의 콘크리트로서, 진흙과 짚을 섞어 벽돌을 만들고 석고와 석회를 사용하여 모르타르를 만들었다. BC 300년에서 AD 476년에 고대 로마인들은 근대 시멘트와 현저하게 가까운 재료를 사용하여 콜로세움(Colosseum)과 판테온(Pantheon)과 같은 경이로운 건축물을 만들어냈다. 로마인들은 또한 초기 혼합물 형태로 시멘트에서 동물성 제품을 사용하였으며, 특정한 목표를 위해 사용되는 혼화제는 오늘날에도 여전히 광범위하게 사용되고 있다. 1824년 잉글랜드의 Joseph Aspdin은 현대 포틀랜드 시멘트를 발명한 것으로 평가받는다. 그는 매우 강한 돌로 생산한 것을 포틀랜드 시멘트로 명명하였다. 콘크리트는 물, 골재(바위, 모래 또는 자갈)와 포틀랜드 시멘트의 세 가지 기본 구성 요소로 이루어져 있으며, 시멘트는 물과 반응하여 결합재 역할을 한다. 1836년 독일에서 인장 강도와 압축 강도의 첫 번째 시험이 이루어졌다. 인장강도는 콘크리트가 인장에 저항하거나 힘을 분산시키는 능력을 나타내며, 압축강도는 압축에 저항하거나 힘을 가하는 콘크리트의 능력을 나타낸다. 1889년 미국 샌프란시스코에 Alvord Lake Bridge가 건설되었는데, 이 교량은 최초의 철근콘크리트 교량이었으며, 건설된 지 100년이 지난 지금도 여전히 존재한다. 1903년에는 최초의 콘크리트 고층 건물인 Ingalls 빌딩이 오하이오 주 신시내티(Cincinnati, Ohio)에 세워졌으며, 당시의 위대한 엔지니어링 업적 중 하나였다. 1908년 토머스 에디슨(Thomas Edison)은 뉴저지 주 유니언(Union)에 최초의 콘크리트 주택을 설계하고 건설했으며, 지금까지 존재한다. 에디슨은 콘크리트 주택이 큰 성공을 거둘 것이라고 생각했으나 기대하는 대로 현실화되지 않았으며, 콘크리트 주택을 만든 후 백 년 후부터 인기를 얻기 시작했다.

레디믹스트 콘크리트의 첫 번째 공장은 1913년 메릴랜드 주 볼티모어에서 설치되었다. 콘크리트가 중앙 플랜트에서 혼합되어 트럭을 이용하여 작업 현장까지 이동하여 타설한다는 생각은 콘크리트 업계에 혁명을 일으켰다. 1915년 린 메이슨 스코필드(Lynn Mason Scofield)는 칼라콘크리트를 생산하였다. 1930년에 공기연행제(Air entertain agent)는 콘크리트의 동결과 융해로 인한 손상에 저항하기 위해 처음 사용되었다. 1938년 John Crossfield는 콘크리트 오버레이에 대한 특허를 첫 번째로 등록했으며, 포틀랜드시멘트, 골재 및 기타 재료에 라텍스를 첨가하여 선박 갑판의 덮개를 제조하는데 콘크리트 오버레이를 적용하였다. 오늘날 콘크리트 오버레이는 고분자 수지를 시멘트와 혼합하여 만들어지며 다양한 구조물에 널리 사용되고 있다. 1950년 중반에는 Brad Bowman이 장식용 콘크리트를 개발하였다. 1963년에는 일리노이 대학에 건설홀(Assembly Hall)로 알려진 최초의 콘크리트 돔형 스포츠 경기장이 건설되었다. 1970년대에는 섬유로 콘크리트를 보강하는 섬유보강 콘크리트, 1980년대에는 콘크리트 마감재가 개발되었다. Darrel Adamson은 1990년에 문양 및 조각 콘크리트를 설계했으며, 콘크리트 문양 및 조각은 현재 콘크리트의 표면에 다양한 모양 및 형상을 조각하는 기술로서 널리 사용되고 있다. 1992년에는 당시 가장 높은 65층짜리 철근 콘크리트 건물이 일리노이 주 시카고에 건설되었다. 현재는 고강도 콘크리트보다 초고강도 콘크리트 등 다양한 콘크리트 재료 및 기술이 개발되면서 100층이 넘는 초고층 건물 등이 다양하게 건설되고 있다. 1999년에는 스웨덴회사인 HTC는 미국에 콘크리트 연마 작업을 위해 광택콘크리트를 개발하였으며, 미국에서 처음 적용한 곳은 라스베가스의 벨라지오 호텔이었다. 그 후 광택콘크리트의 인기는 급상승하였고, 현재도 일반 주택에서 널리 사용되고 있다. 또한 2000년대 들어 콘크리트는 고성능콘크리트, 친환경 콘크리트 등 다양한 콘크리트가 개발되어 건설구조물이 용도, 사용 환경 등에 따라 적용되고 있다.

1.3 건설재료의 분류와 재료의 규격

건설재료는 크게 용도에 의한 분류와 생산에 의한 분류로 나눌 수 있다. 용도에 의한 분류는 크게 구조주재료와 구조부재료로 분류할 수 있으며 구조주재료에는 철근콘크리트, 시멘트 제품, 금속재료 및 역청재료 등과 같이 구조물의 주체가 되며 강도와 내구성이 필요한 재료를 포함한다. 구조 부재료로는 각종 혼화제, 유리, 페인트, 석재, 합성수지, 경금속재료, 목재 등과 같이 구조용 주재료를 첨가 또는 부과하여 보조적 역할을 수행하는 피복, 절연, 단열, 장식 등의 목적으로 사용하는 재료를 포함한다. 건설재료를 생산에 의하여 분류해 보면 천연재료와 인공재료로 분류할 수 있다. 천연재료에는 목재, 석재, 골재, 점토 등이 있으며, 인공재료에는 시멘트, 콘크리트, 금속, 역청재료 등이 있다. 또한 화학적 조성에 의하여 분류해 보면 유기재료와 무기재료가 있으며 유기재료에는 고분자재료, 목재, 역청재료 등이 있다. 무기재료에는 금속재료와 비금속재료가 있으며, 금속재료로는 철금속재료(강, 주철, 연철, 합금강 등)와 비철금속 재료(구리, 납, 아연, 알루미늄 등)가 있다. 비금속재료에는 시멘트, 콘크리트, 석재, 점토제품 등이 있다. 이와 같은 건설재료에 요구되는 성질은 사용목적에 적절한 공학적 성질을 가지고, 사용 환경에 대하여 안전성과 내구성이 있으며, 대량공급이 가능, 운반, 취급 및 가공이 용이하고, 경제성이 있어야 한다.

1.4 건설재료의 기초 특성

1.4.1 재료의 물리적 특성

1) 밀도 및 단위 중량

밀도(Density, ρ)는 단위 부피 당 질량을 나타내는 값이다. 부피가 일정할 때, 한 물체의 밀도가 클수록 그 물체의 질량은 크다. 한 물체의 평균 밀도는 그 전체 질량을 그 전체 부피로 나눈 것과 같다. 시료의 부피를 정의하는 방법에 따라 크게 부피밀도(bulk density)와 진밀도(true density)로 구분된다.

2) Hydro-physical 특성

흡습성은 물질의 주변 환경으로부터 물 분자를 끌어당기고 보유하려는 능력이며, 흡수나 흡착을 통해 수행된다. 흡수율은 일정 기간 동안 물에 담그면 흡수 된 물의 양을 말한다. 수분 함량은 토양, 암석, 도자기 또는 목재와 같은 재료에 포함된 물의 양을 말하며, 투수성은 물이나 수증기가 재료를 변형하거나 손상시키지 않고 작은 구멍이나 공극을 통해 투과할 수 있는 성질을 나타낸다.

3) 열특성

열전도율은 열을 전도하는 물질적 능력이다. 각 재료에는 열이 통과하는 고유 속도가 있으며, 전도 속도가 빠른 열은 전도성이 더 높아진다. 물체는 열이 가하여졌을 때 늘어나거나 부피가 커지는 특성을 가지고 있다. 이것을 열팽창이라고 하고 열팽창에는 선팽창과 부피팽창이 있는데 선팽창은 온도에 따른 길이의 변화를 말하는 것이고 부피팽창은 고체나 액체의 온도 상승에 따른 부피의 팽창을 설명하는 것이다. 여기에서 온도가 1℃ 상승할 때마다 팽창하는 길이의 변화를 선팽창계수, 팽창하는 부피의 변화를 체적 팽창계수라고 한다.

열팽창계수는 구조물 설계에 매우 중요하다. 일반적으로 구조물은 여러 재료로 구성되므로, 각각의 재료의 열팽창 계수가 다르면 각기 다른 속도로 변형된다. 덜 팽창된 재료는 다른 재료의 변형을 제한하며, 이러한 구속 효과는 재료에 응력을 발생시켜 파손을 초래할 수 있다. 구조물 외부의 온도가 변화하고 내부의 온도가 일정하게 유지됨에 따라 온도 구배가 발생하며, 구조물이 변형될 때 재료에 응력이 발생한다. 열 확산율은 재료를 통한 과도한 열 흐름의 척도이다. 비열은 주어진 질량의 재료를 변화시키는 데 필요한 에너지의 양을 측정한 것이며, 융점은 물질이 한 대기에서 고체 상태에서 액체 상태로 이동하는 온도이다.

4) 점도

점도는 유체의 흐름 저항을 나타내며 유체 내의 내부 마찰과 관련이 있는 유체의 중요한 특성이다. 가장 일반적인 유형의 흐름 거동은 전단력에 따라 유체층이 서로 상대적으로 움직이는 전단 흐름이다. 이 외력은 유체의 단위 면적에 작용하는 힘으로 정의되는 전단응력의 형태를 띠며, 전단속도라고 불리는 시료의 두께에 걸친 속도 구배를 발생시킨다. 이 과정과 관련된 전단점도 또는 동적점도는 단 속도에 대한 전단 응력의 비율로 표시된다.

1.4.2 재료 역학적 특성

1) 강도

재료의 강도는 응력과 변형이 있는 고체 물체의 거동을 다루는 것이다. 물체에 하중이 작용하면 물체가 변형되고 외부 힘에 균형을 이루는 내부 힘이 물체에서 발생한다. 재료역학에서 재료의 강도는 파손이나 소성변형 없이 적용된 하중을 견딜 수 있는 능력이다. 재료의 강도 분야는 재료에 작용하는 힘과 변형을 다루며, 작용하는 하중은 압축하중, 인장하중, 휨하중, 비틀림 하중 등이 있다. 외부 하중의 배치 및 방향에 따라 물체에서 발생하는 응력은 직접 응력(직접 인장 응력 또는 직접 압축 응력), 휨 응력(휨 인장 응력 또는 휨 압축 응력), 전단 응력, 비틀림 응력 또는 다양한 응력의 조합 형태가 있다.

2) 하중재하 조건

하중 재하조건의 두 가지 기본 유형은 정적 및 동적이다. 각 유형은 재료에 다르게 영향을 미치며 하중 유형 간의 상호 작용이 중요하다. 정적 하중은 일정 기간 동안 구조물의 지속적인 하중을 의미한다. 일반적으로 정적 하중은 구조에 충격이나 진동이 발생하지 않도록 천천히 작용하며, 동적 하중은 구조물에 충격이나 진동을 발생시키는 하중을 의미한다.

3) 응력-변형률 관계

구조물이 외부 힘을 받지 않으면 구조물을 구성하는 모든 분자가 평형 위치를 중심으로 진동하며, 가장 낮은 에너지 상태이다. 분자들이 평형 위치에서 멀어지면 분자는 평형 위치로 되돌아가려고 할 것이다. 응력은 이러한 분자간 힘의 측정이다. 물질의 분자간 힘은 재료에 작용하는 외력에 의해 균형을 이룬다. 따라서 물체에 작용하는 외력을 측정함으로써 응력을 알 수 있다. 구조물에 가해지는 응력은 구조물의 외력을 구조물의 단면적으로 나눈 값이다. 물체가 응력을 받으면 변형되며, 변형률은 구조물 길이의 변화를 원래 길이로 나눈 값이다. 구조물에 서로 다른 수준의 응력을 가하고 해당 변형률을 측정한 다음 응력 대 변형률의 그래프를 작성하면 주어진 재료에 대한 특성인 응력-변형률 곡선을 얻을 수 있다. 응력 변형률 곡선은 구조물에 응력이 서서히 증가하면 처음에는 변형률이 비례하여 증가하며, 구조물에 작용하는 응력을 제거하면 구조물은 원래 모양으로 돌아간다. 재료에 가해지는 응력이 계속 증가하면 재료가 너무 변형되어 응력이 제거 되더라도 원래의 모양으로 되돌릴 수 없는 지점에 도달하게 된다. 재료가 탄성적으로 작용하지 않는 응력을 항복강도라고 한다. 재료가 원래 모양으로 돌아가지 않는 상태를 소성변형이라고 한다. 항복강도 이상으로 재료의 응력을 계속 증가시킨다고 가정해보면, 재료는 계속 변형되고 결국 분자 사이의 힘은 외부 힘에 대응할 수 없게 되고

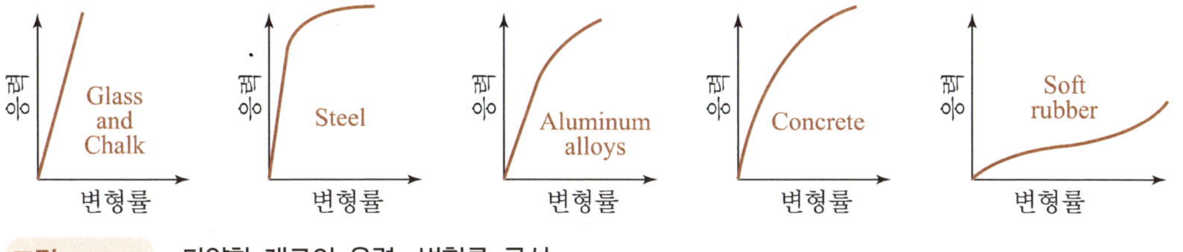

그림 1-1 다양한 재료의 응력-변형률 곡선

재료가 파괴된다. 파괴되기 전에 재료가 처리할 수 있는 최대 응력이 극한강도이다. 그림 1-1은 다양한 건설재료의 응력－변형률 곡선이다.

4) 탄성 거동

탄성은 외부 힘으로 변형되어 응력이 제거될 때 원래 모양으로 되돌아가는 물질의 특성이다. 복원이 가능한 변형을 탄성변형이라고 한다. 탄성변형의 범위 내에서 응력과 변형률의 비율은 탄성계수이며, 변형에 저항하는 능력의 척도이다. 탄성계수가 클수록 재료가 변형되기가 어렵다. 한편 축 방향 인장시험에서 재료가 늘어남에 따라 횡 방향의 단면이 감소하며, 축 방향 압축시험에서는 반대의 결과가 나타난다. 이때, 축 방향 변형률에 대한 횡방향 변형률의 비율이 포아송 비이다.

5) 탄소성 거동

탄소성은 외력에 대한 반응으로 형상이 원래상태로 돌아가지 않는 재료의 변형을 나타낸다. 이 원래상태로 돌아가지 않는 변형을 소성변형이라고 한다. 일부 재료는 소성변형이 재료의 약화를 초래하는 변형연화(strain softening)를 나타낸다. 포틀랜드 시멘트 콘크리트는 이러한 재료의 좋은 예이다. 이 경우, 소성 변형은 골재와 시멘트 페이스트 사이의 계면에서 미세 균열을 일으킨다. 콘크리트와 같이 파손되기 전에 소성 변형을 일으키지 않는 재료는 파괴되기 쉽다. 연강과 같이 상당한 소성 변형을 나타내는 재료는 연성이라고 하며, 연성 재료가 건설재료로 바람직하다. 취성재료가 파손될 경우 구조물이 급작스럽게 붕괴될 수 있으나, 연성재료에 과부하가 걸리면 구조물에 문제가 생기지만 급격하게 붕괴되지는 않는다. 따라서 연성재료는 설계자에게 안전율의 향상을 제공한다.

6) 점탄성 거동

점도는 유체의 유동 저항에 대한 척도이다. 점탄성은 변형을 받을 때 점성 및 탄성 특성을 모두 나타내는 재료의 특성이다. 건설재료로 사용되는 일반적인 점탄성 물질은 아스팔트 및 플라스틱이다. 점탄성 재료는 하중 적용에 대한 응답이 지연된다.

점탄성 물질의 특성 중 일부는 크리프(creep), 회복(recover), 릴랙세이션

(relaxation) 및 에너지 흡수(absorb energy) 같은 능력이 있다.

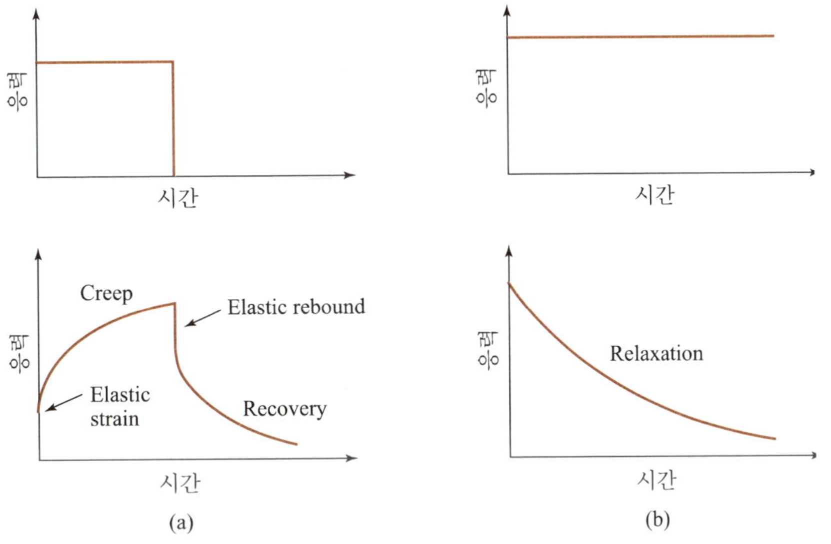

그림 1-2
시간 의존성 재료의 거동

7) 역학적 특성에 대한 온도의 효과

모든 재료의 역학적 거동은 온도의 영향을 받는다. 플라스틱 및 아스팔트와 같은 점탄성 물질은 온도가 몇도 정도 변화하더라도 온도에 크게 영향을 받는다. 콘크리트는 온도에 영향을 덜 받으며 철근의 경우 주위 온도에 가까운 경우 영향을 받는다. 철을 포함한 철금속은 온도가 전이온도 미만으로 떨어지면 연성에서 취성 거동으로 변화된다. 온도 이외에도 점탄성 재료와 같은 일부 재료는 하중 지속 시간의 영향을 받으며, 하중이 가해질수록 변형이나 크리프의 양이 커진다.

8) 연성

연성은 "파괴되기 전에 큰 파손 없이 재료를 변형할 수 있는 능력"으로 정의된다. 취성재료는 눈에 띄는 변형을 보이지 않고 갑자기 파괴되는 재료의 특성을 가지고 있기 때문에, 구조물의 붕괴를 예측할 수 없어 사용자의 안전성을 확보할 수 없다. 이와 같은 취성 재료의 대표적인 예가 콘크리트이다. 구조물의 파괴를 피하기 위해 건설기술자는 보강재를 사용하여 연성으로 거동하는 구조물을 설계해야 한다.

1.5 산업표준화 및 재료의 규격

1.5.1 산업표준화

산업표준화란 생산, 소비 및 유통부분에 있어서 능률증진, 경제성 향상시키는 동시에 재료의 절약을 위하여 실시하는 것을 의미하며, 산업표준화의 장점은 생산 능률과 증진과 생산비의 절감, 품질 개선, 재료 절약과 경제성 증가, 소비 사용의 합리화, 교환성의 확보, 유통의 공정성 및 기술의 향상이다.

1.5.2 재료의 규격

건설재료를 포함한 산업제품에 관한 일정한 규격을 정하여 동일 종류의 모양, 크기, 품질, 사용방법 및 시험방법에 대하여 국내적 또는 국제적으로 통일함으로써 생산자와 소비자 간의 신뢰를 확보할 수 있는 경제적 설계 및 시공의 경제성을 확보하는 동시에 건설재료의 품질 향상에도 크게 공헌할 수 있다. 1947년에 설립된 국제표준화기구(IOS : International Organization for Standardization)는 세계 각국의 산업규격을 통일시키는 작업을 진행 중이다. 우리나라는 1962년 한국산업규격 KS (Korea Standards)로 기술발달에 대처하기 위하여 매 5년마다 산업표준심의회에서 일부 및 전면개정, 폐지 등을 할 수 있도록 되어 있다(산업표준화법 11조). 한국산업규격은 표 1.1에서와 같이 21개 부문으로 나누어져 있다. 표 1.2는 외국의 규격으로써 건설재료와 관계있는 규격 또는 규격제정기관을 나타낸다.

표 1.1 한국산업규격의 부문별 분류

분류기호	부문	분류기호	부문	분류기호	부문
A	기 본	H	식료품	Q	품질경영
B	기 계	I	환 경	R	수송기계
C	전 기	J	생 물	S	서 비 스
D	금 속	K	섬 유	T	물 류
E	광 산	L	요 업	V	조 선
F	토목건축	M	화 학	W	항 공
G	일 용 품	P	의 료	X	정 보

표 1.2 외국의 규격 및 제정기관

국 명	약 자	제 정 기 관 명
국 제	ISO	International Organaization for Standardization
미 국	ASTM	American Society for Testing and Materials
영 국	BS	British Standards
독 일	DIN	Deutsche Industrial Norm
프랑스	NF	Norm Francaise
일 본	JIS	Japanese Industrial Standards

제 2 장

콘크리트 구성재료

2.1 시멘트

2.1.1 개요

물과 반응하여 경화되는 무기질 결합재료를 통칭하여 시멘트라고 하며, 주성분이 규산(SiO_2), 알루미나(Al_2O_3), 산화철(Fe_2O_3), 수산화칼슘(CaO)으로 구성된다. 시멘트는 이미 고대부터 자연상태의 시멘트가 사용되어 졌으며, 현재 사용되고 있는 근대적 의미의 시멘트는 1824년 영국의 벽돌공인 Joseph Aspdin에 의해 제조방법이 개발되면서 사용이 본격화 되었다.

2.1.2 시멘트의 역사

표 2.1 시멘트 발달과정

시 기	내 용
기원전	- 이집트의 피라미드에 소석고와 석회를 사용 로마시대에 소석회와 모래를 사용한 모르타르 사용 화산재를 섞어 사용
1756	- 수경성 석회 발명, 에디스톤 등대에 사용
1796	- 로만 시멘트 제조
1818	- 석회석과 점토를 혼합, 소성하여 천연시멘트 제조
1824	- 포틀랜드 시멘트 발명
1825	- 영국에서 포틀랜드 시멘트 생산
1848	- 프랑스에서 포틀랜드 시멘트 생산
1850	- 독일에서 포틀랜드 시멘트 생산
1862	- 고로슬래그 시멘트 제조
1867	- 철근콘크리트 발명
1871	- 회전 소성 가마 등장, 미국에서 포틀랜드 시멘트 생산
1875	- 일본에서 시멘트 제품 생산
1887~1897	- 클링커 광물 분류
1907	- 알루미나 시멘트 발명
1919	- 국내 최초의 시멘트 공장 준공(평양근교 승호리 공장)
1924	- 조강시멘트 발명
1936	- 팽창시멘트 발명
1942	- 남한에 처음으로 시멘트 공장 준공(동양 삼척공장)
1968	- 초속경시멘트 발명

시멘트는 인류역사상 가장 오래전부터 사용되어온 접착제라 할 수 있다. 피라미드에는 석회와 석고를 혼합한 시멘트가 사용되었으며, 로마시대에는 석회와 화산재를 혼합하여 사용하기도 하였다. 석회와 석고 성분의 혼합성분은 18세기경까지 사용되어 왔다. 1750년대 영국의 에디스톤 등대를 건설할 때 J.스미턴이 점토질의 석회석을 구워서 얻은 시멘트가 수경성을 가진다는 사실을 발견하였으며, 이러한 발견이 수경성 시멘트 연구의 기초가 되었다. 이후 1790년대 영국의 J.비카가 석회석과 점토를 혼합, 소성하여 천연 시멘트를 만들었다. 1820년대 영국의 벽돌공 J.애스프딘이 석회석과 점토를 혼합한 원료를 구워서 오늘날의 시멘트와 유사한 시멘트를 발명하여 특허 등록을 하였으며, 그 시멘트의 겉모양, 색깔 등이 포틀랜드섬의 천연석과 비슷하다고 하여 포틀랜드 시멘트라 명명하였다.

2.1.3 시멘트의 종류 및 특성

일반적으로 시멘트라 함은 포틀랜드시멘트를 의미하지만 시멘트의 종류는 매우 다양하다.

표 2.2 시멘트의 종류

구 분	종 류	
포틀랜드 시멘트 (KS L 5201)	보통 포틀랜드 시멘트(Type I) 중용열 포틀랜드 시멘트(Type II) 조강 포틀랜드 시멘트(Type III) 저열 포틀랜드 시멘트(Type IV) 내황산 염 포틀랜드 시멘트(Type V)	
혼합 시멘트	슬래그 시멘트(KS L 5210) 실리카 시멘트(KS L 5401) 플라이애시 시멘트(KS L 5211)	
특수 시멘트	백색 포틀랜드 시멘트(KS L 5204) 시멘트계 고화제 초속경 시멘트 유정(油井) 시멘트 팽창 시멘트 전기 발열 시멘트	 알루미나 시멘트 콜로이드(colloid) 시멘트 지열정(地熱井) 시멘트 기타 특수 시멘트 전파 차단 흡수 시멘트

2.1.4 시멘트의 원료

석회석, 점토, 규석, 산화철 등의 원료를 혼합/분쇄한 후 고온 소성하여 클링커를 생성하고, 적당량의 석고를 첨가하여 미분쇄한 것을 시멘트라고 한다.

시멘트의 주 함유성분은 산화칼슘, 실리카, 산화알루미늄, 산화제2철 등 4가지가 있으며, 이외에도 산화마그네슘, 3산화황, 산화나트륨, 산화칼륨 등의 성분이 있다.

일반적으로 석회질 원료와 점토질 원료의 비는 약 4 : 1이다. 응결조정용으로 3～5%의 석고($CaSO_4 \cdot 2H_2O$)가 첨가되어 제조된다.

표 2.3 시멘트 주요 원료 및 함유성분

시멘트 원료	주 함유성분
석회석	CaO (생석회, 석회) SiO_2 (이산화규소, 실리카) Al_2O_3 (산화알루미늄, 알루민산, 알루미나) MgO (산화마그네슘, 마그네시아)
규 석	SiO_2 (이산화규소, 실리카)
점 토	SiO_2 (이산화규소, 실리카) Al_2O_3 (산화알루미늄, 알루민산, 알루미나) MgO (산화마그네슘, 마그네시아)
산화철	Fe_2O_3 (산화제2철)
석 고	$CaSO_4 \cdot 2H_2O$ (황산칼슘, 황산석회)

2.1.5 시멘트의 제조방법

① 건식법 : 원료를 건조시킨 후 소성하여 제조하는 것으로서 열효율이 좋고 품질도 좋아 가장 많이 사용한다. 습식법에 비해 연료를 미분말화 하기 쉽지 않고 제조 시 먼지가 많이 난다.

② 반건식법 : 미분쇄된 원료에 10～12%의 물을 가하여 소성하여 제조하는 방법으로 습식법의 단점을 보완하여 열량의 손실이 적다.

③ 습식법 : 물을 가한 슬러리(slurry) 상태의 원료를 소성하여 제조하는 방법으로 서 열손실이 많기 때문에 거의 사용되지 않는다.

2.1.6 시멘트의 화학성분

① 주성분 : 석회(CaO), 실리카(SiO_2), 알루미나(Al_2O_3), 산화철(Fe_2O_3)

② 부성분 : 산화마그네슘(MgO), 무수황산(SO_3), 알칼리(K_2O, Na_2O) 등

1) 포틀랜드시멘트

종류에 따라 성분량이 다르다.

표 2.4 포틀랜드시멘트의 화학성분(%)

구분 \ 항목	화학성분(%)					
	SiO_2	Al_2O_3	Fe_2O_3	CaO	MgO	SO_3
포틀랜드시멘트	17~25	3~8	0.5~6	60~70	0.1~4	1~5
성분량 순서	2	3	4	1	5	6

2) 포틀랜드 시멘트의 물리 성능

표 2.5 포틀랜드시멘트의 물리성능(KS L 5201)

항목 \ 종류		1종	2종	3종	4종	5종
분말도	비표면적(Blain) (cm^2/g)	2,800 이상	2,800 이상	3,300 이상	2,800 이상	2,800 이상
안정도	오토클레이브 팽창도(%)	0.8 이하	0.8 이하	0.8 이하	0.8 이하	0.8 이하
	르샤틀리에(mm)	10 이하	10 이하	10 이하	10 이하	10 이하
응결시간	비카트 시험 초결(분)	60 이상	60 이상	45 이상	60 이상	60 이상
	비카트 시험 종결(시간)	10 이하	10 이하	10 이하	10 이하	10 이하
수화열 (J/g)	7일	–	290 이하	–	250 이하	–
	28일		340 이하		290 이하	
압축강도 (MPa) (N/mm^2)	1일	–	–	10.0 이상	–	–
	3일	12.5 이상	7.5 이상	20.0 이상	–	10.0 이상
	7일	22.5 이상	15.0 이상	32.5 이상	7.5 이상	20.0 이상
	28일	42.5 이상	32.5 이상	47.5 이상	22.5 이상	40.0 이상
	91일	–	–	–	42.5 이상	–

(1) **강열감량**(ignition loss ; ig.loss)

시멘트를 950~1,050℃에서 강열하였을 때의 중량감소량을 말한다. 주로 시멘트 속에 포함된 물과 탄산가스의 양으로서 신선한 시멘트의 강열감량은 보통 0.6~0.8% 정도이다. 시멘트의 풍화 정도를 판단하기 위해 많이 사용된다.

(2) **불용해잔분**(insoluble residue ; insol)

불용해잔분은 시멘트를 염산 및 탄산나트륨용액에 넣었을 때 녹지 않고 남는 부분을 말한다. 보통포틀랜드시멘트의 경우 불용해잔분은 일반적으로 점토성분의 미소성에 의하여 발생되며 약 0.1~0.6% 정도이다. 불용해잔분의 양은 소성반응의 완전여부를 확인하는 척도이다.

3) 혼합시멘트의 경우

슬래그 미분말, 실리카질 혼합재, 플라이애시 등의 화학성 분 및 혼합량에 따라서 화학성분의 변화가 크다.

2.1.7 클링커 화합물의 특성

1) 클링커

시멘트의 원료를 소성로에서 소성하여 제조된 것으로서 여기에 석고를 첨가하여 미분쇄하면 시멘트가 제조된다.

(1) **규산 3석회**(C_3S, $3CaO \cdot SiO_2$) – Alite(**얼라이트**)

- 공기 중 수축팽창이 크다.
- 수화열이 C_2S에 비해 비교적 크며 조기강도가 크다.
- 수화반응 속도가 빠르다.

(2) **규산 2석회**(C_2S, $2CaO \cdot SiO_2$) – Belite(**벨라이트**)

- 수축팽창이 비교적 작다.
- 수화열이 작아서 강도발현은 늦지만 장기강도 발현성과 화학저항성이 우수하다.
- 수화반응 속도가 느리다.

(3) **알루민산 3석회**(C_3A, $3CaO \cdot Al_2O_3$) – Aluminate(**알루미네이트**)

- 공기 중 수축은 작지만 전체 수축팽창은 크다.
- 수화반응 속도가 가장 빠르다.
- 수화열이 매우 크다.

(4) **알루민산철 4석회**($4CaO \cdot Al_2O_3 \cdot Fe_2O_3$) – Felite(**펠라이트**)

- 공기 중 수축이 작다.
- 수화반응 속도가 느리다.
- 수화열이 가장 적다.

2) 포틀랜드시멘트 중 클링커 화합물 성분량의 크기

C_3S > C_2S > C_3A > C4AF

표 2.6 클링커 화합물 특성 비교

항목 / 구분	특성					화합물의 함유비율(%)			
	조기 강도	장기 강도	수화열	화학 저항성	건조 수축	보통	중용열	조강	내황 산염
C_3S	대	중	중	중	중	48~55	41~49	59~69	55~65
C_2S	소	대	소	대	소	26~27	29~37	7~17	15~23
C_4AF	소	소	소	대	소	8~10	3~6	8~9	1~3
C_3A	대	소	대	소	대	7~11	12~14	7~9	12~15

2.1.8 시멘트의 일반적인 성질

1) 시멘트의 수화

(1) **수화반응**(hydration)

- 시멘트에 물을 첨가하면 시멘트 중의 수경성 화합물이 물과 화학반응을 일으켜 열을 방출하면서 응결, 경화해 가는 과정을 말한다. 이때 발생하는 열을 수화열(heat of hydration)이라 한다.
- 수화 반응식 $CaO + H_2O = Ca(OH)_2$
- 수화열은 경화된 콘크리트의 온도 균열의 원인이 되기도 한다.

- 수화열은 시멘트의 화학조성, 분말도, 물－시멘트 비, 혼합재료 및 양생조건에 영향을 받는다.

2) 응결과 경화

(1) 응결과 경화

- 시멘트는 물과 접촉해도 바로 굳지 않고 일정기간 동안 유동성을 유지한 후 발열반응과 함께 수화되며 유동성을 잃게 된다.
- 이것은 시멘트 입자를 구성하는 클링커 광물이 물과 반응하여 새로운 조직을 발달시키기 때문이며, 이러한 반응시기를 응결(setting)이라 한다.
- 한국산업규격(KS)에서는 보통포틀랜드 시멘트의 경우 초결은 1시간 이상, 종결은 10시간 이내로 규정하고 있다.
- 응결 이후 서서히 굳으면서 강도가 발현되는데 이와 같은 단계를 경화(hardening)라고 한다.
- 이러한 수화과정에서 생성된 시멘트 수화물의 겔은 미세한 집합체로서, 시간경과에 따라 공극을 채우면서 밀도가 높은 경화체가 되면서 강도를 증가시킨다.
- 정상적인 응결을 하지 않고 수화초기에 시멘트 풀이 먼저 굳은 상태가 되는 현상을 위응결이라고 한다.
- 순결 또는 급결로서 짧은 시간에 응결이 종료되는 현상을 이상응결이라고 한다.
- 응결과 경화는 일반적으로 다음과 같은 경향이 있다.
  - 분말도가 크면 응결이 빨라진다.
  - C_3A가 많을수록 응결이 빨라진다.
  - 온도가 높을수록 응결이 빨라진다.
  - 습도가 낮을수록 응결이 빨라진다.
  - 석고의 첨가량이 많을수록 응결이 빨라진다.
  - 물－시멘트비가 낮을수록 응결이 빨라진다.
  - 시멘트의 풍화정도가 심할수록 응결이 지연된다.

3) 시멘트의 풍화

(1) 시멘트의 풍화

- 시멘트는 저장 중에 공기와 접촉하면 공기 중의 수분 및 이산화탄소를 흡수하여 가벼운 수화반응을 일으키는데 이것을 풍화라고 한다.
- 시멘트가 공기 중의 수분과 이산화탄소와 반응하여 탄산염을 만드는 과정은 다음과 같다.

  시멘트 + H_2O → $Ca(OH)_2$ + CO_2 → $CaCO_3$ + H_2O
- 일반적으로 풍화된 시멘트는 다음과 같은 성질을 가지게 된다.
  - 강열감량이 증가된다.
  - 비중이 떨어진다.
  - 응결이 지연된다.
  - 강도 발현이 저하된다.
- 시멘트 풍화의 정도는 주로 강열감량(ignition loss)으로 나타낸다.

4) 수축

(1) 시멘트의 수축

- 경화한 시멘트 풀은 건조시키면 시멘트겔 주변에 있는 미세한 모세관 속의 수분이 증발하여 모세관 수의 표면장력이 커지게 되어 수축한다. 경화한 시멘트 풀의 수축에는 수화에 의한 화학적 수축, 건조에 의한 수축, 탄산화에 의한 수축 등이 있다. 이 중에서 건조에 의한 수축은 물의 증발에 의해 발생하게 되며 경화체에 균열을 발생시키는 원인이 된다.

5) 시멘트의 비중

(1) 시멘트의 비중

- 포틀랜드시멘트의 비중은 한국산업규격에 3.05 이상으로 규정하고 있으며 포틀랜드시멘트의 종류에 일반적인 비중은 표 2.7과 같다.
- 시멘트의 비중은 시멘트의 품질이 나빠질수록 작아지는데 일반적으로 ① 클링커의 소성이 불충분할 때, ② 혼합물이 섞여 있을 때, ③ 시멘트가 풍화되었을 때, ④ 저장기간이 길 때 등이다.
- 시멘트의 비중은 일반적으로 SiO_2, Fe_2O_3가 많으면 크고 CaO, Al_2O_3

가 많으면 낮다. 시멘트의 비중은 콘크리트의 배합 및 단위용적중량 계산 등에 이용된다.

표 2.7 포틀랜드시멘트의 비중

시멘트의 종류	범위	평균	규정값
보통포틀랜드시멘트	3.10~3.18	3.15	3.05 이상
조강포틀랜드시멘트	3.10~3.15	3.12	3.05 이상
중용열포틀랜드시멘트	3.18~3.23	3.20	3.05 이상

6) 시멘트의 분말도

- 분말도란 시멘트 입자의 굵고 가는 정도로서 분말도 또는 비표면적으로 나타낸다. 일반적으로 분말도가 크면 수화작용이 빠르고 초기강도가 높아지며 워커블하며 블리딩도 작다. 그러나 수축이 크고 균열발생의 가능성이 크며 풍화되기 쉽다.
- 시멘트 1 g에 대한 전체표면적으로서 cm^2/g으로 표시하며 보통시멘트의 경우 2,800 cm^2/g 이상이다.

표 2.8 포틀랜드시멘트의 분말도

시멘트의 종류	범위	평균	규정값
보통포틀랜드시멘트	2,990~3,620	3,290	2,800 이상
조강포틀랜드시멘트	4,080~4,580	4,330	2,800 이상
중용열포틀랜드시멘트	3,070~3,290	3,160	2,800 이상

7) 시멘트의 강도

- 시멘트를 결합재로 사용했을 경우, 결합력의 발현 정도를 알면 그 시멘트를 사용한 콘크리트의 강도 발현 특성을 추정할 수 있다.
- 시멘트의 강도는 시멘트의 조성, 물-시멘트 비, 재령 및 양생조건 등에 따라 다르다.
- 시멘트 강도는 시멘트 풀의 강도가 아닌 시멘트 모르타르 강도시험을 통하여 나타내며, 모래의 영향을 배제하기 위해서 KS L 5100의 주문진 향호리산 표준사(standard sand)를 사용하며 압축강도 시험은 5 × 5 × 5 cm

의 공시체를 23 ± 2℃의 수중에서 양생한 후 시험한다.

- 시멘트의 압축강도 규정값은 다음 표 2.9와 같다.

표 2.9 시멘트의 압축강도 규정값(MPa)

시멘트의 종류	압축강도(MPa)			
	1일	3일	7일	28일
보통포틀랜드시멘트	-	13.0 이상	20.0 이상	29.0 이상
중용열포틀랜드시멘트	-	11.0 이상	18.0 이상	28.5 이상
조강포틀랜드시멘트	13.0 이상	25.0 이상	28.0 이상	31.0 이상
저열포틀랜드시멘트	-	-	7.5 이상	18.0 이상
내황산염포틀랜드시멘트	-	9.0 이상	16.0 이상	21.0 이상
백색포틀랜드시멘트	-	13.0 이상	20.0 이상	29.0 이상

2.1.9 시멘트의 종류

1) 포틀랜드 시멘트

포틀랜드시멘트에는 보통, 중용열, 조강, 내황산염, 백색포틀랜드시멘트 등이 있다.

(1) 보통포틀랜드시멘트

- 일반 공사용 또는 제품용으로서 가장 보편적으로 사용되며, 비중은 3.15 정도, 중용열과 조강포틀랜드시멘트의 중간적 성질을 나타낸다.
- 일반적으로 시멘트 또는 포틀랜드시멘트라고 말할 때는 보통포틀랜드시멘트를 가리키는 것이다.
- 보통포틀랜드시멘트가 다른 시멘트보다 우위를 차지하게 된 이유는 석회석과 점토와 같은 원료를 구하기 쉽고 제조공정이 간단하며 그 성질이 우수하기 때문이다.

(2) 중용열포틀랜드시멘트

- 수화열을 작게 하기 위하여 화학조성 중 C_3A양을 적게 하고 대신 장기강도 발현을 위하여 C_2S양을 많게 한 시멘트 이다. 수화열을 7일에 70 cal/g 이하, 28일에 83 cal/g 이하로 규정하고 있다.

- 특징

① 수화열이 보통포틀랜드시멘트보다 작고 건조수축도 적다.

② 보통포틀랜드시멘트보다 조기강도는 낮으나 장기강도는 거의 같다.

③ 화학성분은 C_2S, C_4AF가 비교적 많고 C_3S와 C_3A는 적다.

④ 댐, 포장 등의 단면이 큰 매스 콘크리트(mass concrete)용으로 사용.

⑤ 화학저항성 및 내산성 등의 내구성이 우수

* 저열포틀랜드시멘트 : 중용열포틀랜드시멘트보다 C_2S의 양을 늘려서 수화열이 5~10% 적도록 제조한 시멘트

(3) **조강포틀랜드시멘트**

- 조기강도를 발현하도록 C_3S의 양이 많고 분말도가 보통시멘트 보다 크다.
- 보통포트랜드시멘트의 재령 28일 강도를 재령 7일 정도에서 나타낸다.
- 특징

① 조기강도가 커서 양생기간 및 공기단축이 가능하고 도로 및 수중공사 등의 긴급공사, 시멘트 2차 제품, 프리스트레스트 콘크리트 등에 사용된다.

② 보통포틀랜드시멘트보다 1일 강도가 3배 정도 크다.

③ 수화열이 커서 매스콘크리트에 사용하면 균열이 발생위험이 크다.

④ 수화속도가 빠르고 수화열이 커서 동절기 공사에 유리하다.

※ 초조강시멘트 : 조강포틀랜드시멘트보다 더욱 경화가 빠른 시멘트로서 조강포틀랜드시멘트의 3일 강도를 24시간 만에 얻을 수 있다.

(4) **내황산염포틀랜드시멘트**

- 토양이나 물, 지하수, 공장폐수 및 해수 중의 황산염에 대한 화학저항성을 높이기 위하여 C_3A의 양을 줄이고 저항성이 큰 C_4AF의 양이 크다.
- 황산염 : 해수 중에 많으며 시멘트 수화물과 반응하여 팽창성 물질을 생성시켜 콘크리트의 균열 박리, 붕괴를 일으켜 열화 시키는 화학물질

(5) **백색포틀랜드시멘트**

- Fe_2O_3 양을 0.3% 이하로 줄임으로써 흰색의 시멘트가 얻어진다(보통포틀랜드시멘트는 Fe_2O_3가 3% 정도임).

- 일반적인 성질은 보통포틀랜드시멘트와 유사하며 건축물의 도장용, 인조대리석 제작용 등에 주로 사용된다.

2) 혼합시멘트

혼합시멘트는 포틀랜드시멘트 클링커에 적당한 포졸란 재료를 조합하여 분쇄한 것으로 포틀랜드시멘트의 단점을 보강하여 특유의 특성을 부여한 것을 말하며, 고로슬래그시멘트, 포틀랜드포졸란시멘트(실리카시멘트), 플라이애시시멘트 등이 있다.

(1) 고로슬래그시멘트

- 보통포틀랜드시멘트 클링커에 급냉한 고로슬래그를 혼합하여 미분쇄 또는 슬래그를 분쇄한 후 포틀랜드시멘트에 25~65% 정도 혼합하여 제조한 시멘트이다. 고로슬래그는 자신이 경화하지 않으나 포틀랜드시멘트의 수화에 의하여 생성되는 수산화칼슘 또는 석고 등의 화학작용에 의하여 수화하며 경화하는 성질, 즉 잠재수경성을 가지고 있다.
- 잠재수경성 : 고로슬래그가 시멘트수화물 중 수산화칼슘과 반응, 경화하여 장기 강도를 발휘하는 성질
- 특징

① 초기강도는 작으나 장기강도는 보통포틀랜드시멘트보다 같거나 크다.
② 내화학약품성이 좋아서 해수, 하수 및 공장폐수에 접하는 댐, 하천, 항만 등의 콘크리트에 적당하다.
③ 수화열이 적으며 내열성이 크고 수밀성이 크다.
④ 건조수축이 약간 크다.
⑤ 콘크리트의 블리딩이 적다.

(2) 포틀랜드포졸란시멘트(실리카시멘트)

- 포졸란(pozzolan)이란 천연산이나 인공 실리카질 혼화재료를 총칭하는 것으로, 포틀랜드 시멘트 클링커에 적당량의 석고를 가해 만든 시멘트를 포틀랜드포졸란시멘트라 한다.
- 실리카시멘트의 가용성 SiO_2 등은 수화기 생기는 $Ca(OH)_2$와 결합하여 불용성 규산칼슘 수화물 등을 생성한다.
- 이러한 작용을 포졸란반응(pozzolanic reaction)이라 하며, 이로 인하여

시멘트의 성질이 개선되고 수밀성이 증가하여 장기강도가 증진된다.

- 특징

① 초기강도는 작으나 장기강도는 약간 크다.
② 워커빌리티(workability)를 증가시키고 블리딩이 작다.
③ 수밀성이 좋고 내구성이 풍부하다.
④ 보통시멘트보다 화학저항성이 크다.

(3) 플라이애시시멘트

- 석탄을 원료로 하는 화력발전소에서 미분탄을 약 1,400~1,500℃의 고온으로 연소시킬 때 탄분이 용융되어 고온의 연소가스와 함께 굴뚝에 이르는 도중에 급격히 냉각되어 표면장력에 의해 구형으로 생성되는 1~150 μm 정도의 미세한 분말을 플라이애시라 한다.
- 플라이애시를 포틀랜드시멘트 클링커에 혼합하여 분쇄한 것을 플라이애시시멘트라 한다.
- 플라이애시시멘트는 실리카의 혼합률에 따라 표 2.10과 같이 3종류로 분류한다.
- 특징

① 플라이애시는 구형으로 볼베아링 효과에 의하여 워커빌리티의 증대 및 단위수량을 감소시킨다.
② 수화열이 작고 건조수축도 작다.
③ 수밀성이 양호하여 댐 등의 수리구조물에 적합하다.
④ 포졸란 반응으로 장기강도가 증가한다.
⑤ 해수에 대한 저항성이 크다.

표 2.10 플라이애시 및 실리카시멘트의 종류

종별	플라이애시 및 실리카의 혼합물(%)
A종	10 이하
B종	10~20
C종	20~30

2.1.10 특수시멘트

특수한 용도에 사용하기 위하여 시멘트의 제조방법이나 화학조성 등이 포틀랜드 시멘트와 매우 다르게 제조되는 시멘트를 말하며, 알루미나시멘트, 초속경시멘트, 팽창시멘트, 내 산성시멘트, 유정시멘트, 콜로이드시멘트 등이 있다.

(1) 알루미나시멘트

- 보오크사이트와 석회석을 전기로에서 용융 소성하여 분쇄한 것으로서 초조강성을 나타내고 6~12시간에서 보통포틀랜드시멘트의 28일 강도가 얻어진다.
- 포틀랜드시멘트는 칼슘실리케이트를 주성분으로 하는데 반해 알루미나시멘트는 칼슘알루미네이트를 주성분으로 한다.
- 특징

① 응결, 경화가 양생온도에 크게 영향을 받는다. 25℃ 이하로 양생온도를 유지하는 것이 필요하다.
② 산류, 염류, 바닷물, 유류 등의 화학적 침식 저항성이 크다.
③ 내화성이 우수하여 내화물용으로 사용한다.
④ 발열량이 커서 한중공사나 긴급공사에 이용한다.
⑤ 물-시멘트비가 크면 전이에 의한 강도저하가 크므로 40% 이하가 적당하다.
⑥ 포틀랜드시멘트와 혼합 사용시에 순결성을 나타낸다.
⑦ 알칼리성이 낮아 철근부식이 염려된다.

(2) 팽창시멘트

- 콘크리트의 응결, 경화시에 팽창을 일으켜 수축성을 개선할 목적으로 제조된 시멘트로서, 초기재령에서 팽창하여 그 후의 건조수축을 제거하고 균열발생을 방지하는 수축보상용과 크게 팽창을 일으켜 프리스트레스트 콘크리트로 이용하는 화학적 프리스트레스 도입용으로 구분된다.
- 팽창시멘트는 종래 시멘트 경화체에 함유되어 이상팽창을 일으키고, 붕괴의 원인이 되었던 시멘트바실러스(cemenet bacillus ; $3CaO \cdot Al_2O_3 \cdot 3CaSO_4 \cdot 32H_2O$)의 침상결정을 다량으로 생성시켜 그때의 팽창을 이용한 것이다.

(3) 초속경시멘트

- 미국에서 개발된 시멘트로 응결, 경화시간을 임의로 바꿀 수 있는 시멘트를 말하며, 제트시멘트(jet cement)라고도 불린다.
- 강도발현이 매우 빠르기 때문에 물을 가한 후 2~3시간에 압축강도가 10~20 MPa에 이르며 조기교통개방이나 거푸집의 조기제거가 가능하다.
- 긴급을 요구하는 공사, 동절기공사, 시멘트 2차 제품, 숏크리트(Shotcrete), 그라우트용으로 사용된다.
- 특징

① 응결시간이 짧고 경화 시 발열이 크다.

② 2~3시간에 큰 강도를 발휘한다.

③ 긴급공사나 동절기공사, 시멘트 2차 제품, 숏크리트, 그라우트 등에 사용된다.

④ 블리딩이 적기 때문에 표면마무리, 탬핑(tamping)의 시기에 주의한다.

(4) 유정시멘트

- 유정 굴착 시에 사용하는 시멘트로서 내황산염성이 매우 높다.

(5) 콜로이드시멘트

- 각종 그라우트 공법에 이용되며 암반 공극 등 미세한 공극부의 주입에는 초미분말 성의 시멘트가 요구되는데 최대지름 40 μm 정도로 미분쇄하여 제조한 시멘트이다.
- 공극 침투력이 강하고 분리저항성도 매우 크다. 터널 굴착시의 지수(止水), 댐의 지수공사 등에 사용한다.

2.1.11 시멘트의 저장

① 시멘트는 공기 중의 수분과 접촉하면 풍화하므로 방습에 주의하고 공기의 유통이 없게 하며 포대시멘트는 지상에서 30 cm 이상 높여야 한다.

② 포대로 적재할 시에는 13포대 이하로 쌓아야 하며 장기간 저장할 때는 7포대 이하로 쌓고 입하 순으로 사용한다.

③ 장기간 저장한 시멘트는 사용 전에 품질을 확인한 다음 사용하여야 하며, 배합 조정 등을 실시해야 한다.

④ 시멘트의 온도가 너무 높을 때는 온도를 낮추어 사용한다.

2.2 혼화재료

2.2.1 개요

혼화재료(admixture, additive)란 콘크리트를 만들 때 시멘트, 물, 골재 이외의 재료를 적당량 첨가하여 콘크리트의 제 성질을 개선, 향상시킬 목적으로 사용되는 재료를 말한다.

혼화재료가 콘크리트 제조에 본격적으로 사용되기 시작한 것은 제2차 세계대전 이후부터이며, 1930년대에 미국에서 AE제, 감수제가 발명된 것을 시작으로 그 후 다용도의 여러 특수성능을 부여하기 위한 혼화제의 개발이 촉진되어졌다.

이와 함께 혼화재는 1870년경 제철용 용광로의 부산물인 고로슬래그 및 화산재 등의 포졸란 재료를 포틀랜트시멘트와 혼합하면 그 성능이 현저히 개선된다는 사실이 밝혀지면서 인공 포졸란으로서 화력발전소용 미분탄의 분진으로서 얻어지는 플라이애시 및 팽창재 등의 연구개발이 실시되어 실용화 되어졌다.

2.2.2 혼화재료의 주요 사용목적

① 콘크리트의 워커빌리티의 개선
② 강도 및 내구성의 증진
③ 응결 경화시간 조정
④ 수화작용 및 발열량의 촉진 및 감소
⑤ 수밀성 및 화학저항성의 증진
⑥ 철근의 부식방지
⑦ 기타 콘크리트에 특수한 성능 부여

2.2.3 혼화재료의 분류

1) 혼화재

혼화재료 중 사용량이 비교적 많아 그 자체의 부피가 콘크리트의 배합계산에 고려해야 되는 것을 말하며 사용량이 시멘트 중량의 5% 이상 되는 것을 말한다. 혼화재의 중요한 특징 및 종류는 다음과 같다.

① 플라이애시, 규조토, 화산재, 규산백토 : 포졸란 작용에 의한 콘크리트 내구성, 수밀성 증대
② 고로슬래그 미분말 : 잠재수경성 반응에 의한 콘크리트 내구성, 수밀성 증대
③ 팽창재 : 경화과정에서 팽창을 일으키는 것
④ 규산질 미분말, 실리카흄 : 오토클레이브 양생으로 고강도 발현
⑤ 착색재 : 콘크리트의 착색이 가능한 것
⑥ 기타 : 고강도용 혼화재, 폴리머 등

2) 혼화제

혼화재료 중 사용량이 비교적 적어서 콘크리트의 배합계산에 무시되는 것으로서 사용량이 시멘트중량의 1% 전후로 첨가하는 것을 말한다.
혼화제의 종류 및 중요 특성은 다음과 같다.

① AE제, AE 감수제 : 작업성 개선, 내동해성 증진
② 유동화제 : 기본 콘크리트의 유동성 개선
③ 고성능 감수제 : 큰 감수효과 발현
④ 촉진제, 지연제, 급결제 : 응결경화 조절
⑤ 방수제 : 방수효과 부여
⑥ 방청제 : 철근 부식 억제 효과 발현
⑦ 수중 불분리제 : 수중 재료분리 억제
⑧ 기타 : 증점제, 보수제, 수화열저감제 등

2.2.4 혼화재의 종류 및 특성

1) 고로슬래그 미분말

- SiO_2가 주원료인 철광석을 용광로(고로)에 녹이면 비중이 큰 철은 가라앉고 슬래그는 위에 뜬다.
- 고로슬래그 미분말은 제철소에서 발생하는 용융슬래그를 찬공기나 냉수로 급냉한 수쇄슬래그를 미분쇄한 것으로서 시멘트 수화생성물인 수산화칼슘과 반응하여 경화하는 잠재수경성이 있다.
- 고로슬래그의 주된 화학성분은 SiO_2, Al_2O_3, CaO이다.
- 비중은 평균 2.90 정도이다.

※ 고로슬래그 미분말을 사용한 콘크리트의 성질

① 수화발열 속도를 저감하여 온도상승 억제하므로 온도균열 억제효과가 있다.
② 초기강도는 작으나 재령 28일 이후의 장기 강도가 향상된다.
③ 콘크리트의 수밀성이 향상된다.
④ 염화물 이온 침투억제에 의한 철근 부식억제 효과가 있다.
⑤ 황산염 등에 대한 화학저항성이 향상된다.
⑥ 알칼리 실리카 반응의 억제에 효과가 있다.
⑦ 혼합량이 클수록 블리딩이 작고 유동성이 향상된다.
⑧ 응결은 고로슬래그 미분말의 혼합에 의해 지연된다.
⑨ 고로슬래그 미분말을 혼합하면 알칼리성이 저하되므로 중성화가 빠르게 진행된다. 철근보호를 위해서 콘크리트의 덮개를 충분히 확보할 필요가 있다.

2) 플라이애시

- 화력발전소에서 미분탄 연소 시 발생된 석탄회로서 입자가 구형이고 주요 화학성분은 SiO_2 25~60%, Al_2O_3 5~25%, Fe_2O_3 10~30%이다.
- 자체적인 수경성은 없지만 실리카 성분이 수산화칼슘과 반응하여 경화하는 포졸란 반응을 한다.
- 비중은 2.2~2.8 정도이다.

※ 플라이애시를 사용한 콘크리트의 성질

① 플라이애시의 볼베아링효과로 워커빌리티가 양호하며 단위수량이 감소된다.

② 블리딩을 감소시킨다.

③ 초기강도는 작으나 포졸란 반응에 의하여 장기강도는 향상된다.

④ 수화열 저감효과로 매스콘크리트 공사나 교량공사에 많이 이용된다.

⑤ 포졸란 반응에 의해서 조직이 치밀해지므로 수밀성이 향상된다.

⑥ 건조, 습윤에 따른 체적변화와 동결융해에 대한 저항성을 향상시킨다.

⑦ 알칼리 실리카 반응의 억제에 효과가 있다.

⑧ 황산염 등의 화학저항성이 우수하다.

⑨ 미연소 탄소에 의한 AE제의 흡착에 의해서 AE제의 사용량이 증가된다.

3) 실리카흄

- 평균입경이 0.02～0.54 μm인 구형의 초미립자로서 규소합금을 제조할 때 발생하는 폐가스를 집진한 것
- 시멘트 수화물 중 수산화칼슘과 강력한 포졸란 반응을 하며 비중 2.1～2.2 정도이며, 비표면적이 20～25m^2/g으로 보통 포틀랜드시멘트의 50～70배이다.
- 주로 고강도콘크리트 제조용으로 사용된다.

※ 실리카흄을 사용한 콘크리트의 성질

① 마이크로 필러(micro filler)효과 및 포졸란 반응으로 강도증진 효과가 뛰어나다.

② 투수성이 작아 수밀성이 향상된다.

③ 수화초기에 발열량이 작아 온도상승 억제효과가 있다.

④ 비표면적이 매우 커서 단위수량이 증가하므로 고성능감수제를 사용해야 한다.

⑤ 점착성이 증대되어 재료분리저항성이 커지며 블리딩이 감소된다.

⑥ 염화물 이온 침투 억제에 효과가 있다.

⑦ 화학저항성이 양호하므로 고내구성 콘크리트의 제조에 효과적이다.

4) 팽창재

- 건조수축, 수화열에 의한 온도응력 및 크리프에 의한 구조물의 균열 및 변형을 방지할 목적으로 사용한다.

※ 팽창재의 사용목적

① 콘크리트의 수축보상에 따른 균열저감
② 화학적 프리스트레스의 도입
③ 팽창력에 따른 충전효과

※ 팽창재를 사용한 콘크리트의 성질

① 재령 7일까지 팽창이 급속히 진행되기 때문에 충분한 습윤양생 필요
② 팽창재의 혼합량이 증가하면 압축강도는 증가하나 시멘트량의 11% 보다 커지면 압축강도는 팽창률에 반비례하여 감소한다.
③ 건조수축 변형률은 팽창재를 사용한 경우에 보통콘크리트보다 절반정도 감소된다.

5) 착색재

- 착색재는 콘크리트에 색을 입히는 혼화재로서 칼라 콘크리트 제조를 위하여 사용한다.

※ 콘크리트용 착색재에 요구되는 성질

① 분산성이 좋을 것
② 내광성(耐光性)이 좋을 것
③ 내약품성이 좋을 것
④ 농도가 짙어 진한 색을 가질 것
⑤ 입자가 미세할 것
⑥ 콘크리트의 물성을 현저히 저하시키지 않을 것
⑦ 경제적일 것

2.2.5 혼화제의 종류 및 특성

1) AE제

- 콘크리트용 계면활성제의 일종으로 콘크리트 내부에 미세한 독립기포를 발생시켜 워커빌리티 증진과 동결융해에 대한 저항성을 갖도록 하는 화학혼화제이다.
- 1930년대 미국에서 콘크리트 포장 도로의 동결융해 작용에 의한 피해발생으로 연구가 시작되었으며, 인위적으로 콘크리트 속에 미세공기를 연행시키기 위해 개발되었다.

※ 콘크리트 중의 공기

① 갇힌공기(entrapped air)

콘크리트 중의 자연상태로 존재하는 1% 전후의 공기로서 비교적 입경이 크고, 불규칙하게 분포되어 있음.

② 연행공기(entrained air)

AE제에 의해 생성된 공기로서 입경이 0.025~0.25 mm(25~250 μm) 구형(球形)으로서 균일하게 분포되어 있음.

- AE제는 일반적으로 음이온계 또는 비이온계이며, 화학적인 주성분은 수지산염계, 황산에스테르계, 알킬벤젠설폰산염계 등으로 암갈색의 액체 또는 분말로 된 것이 많다.

※ AE제를 사용한 콘크리트의 품질

① 연행공기는 볼베어링 작용을 하여 워커빌리티를 개선하며 공기량이 1% 증가하면 슬럼프가 약 2.5 cm 증가한다.

② 빈배합일수록 워커빌리티를 개선효과가 크다.

③ 단위수량을 감소시켜 블리딩 등의 재료분리를 작게 한다.

④ 연행공기는 콘크리트 공극수의 동결에 의한 팽창응력을 흡수하여 동결융해에 대한 저항성을 증진한다.

⑤ 공기량이 1% 증가하면 압축강도는 약 4~6%, 휨강도는 2~3%, 탄성계수는 $7\sim8\times10^2$ MPa 정도 감소하며 철근 부착강도도 감소하는 경향이 있다.

표 2.11 콘크리트 내구성을 고려한 AE 공기량 표준

콘크리트 종류	굵은골재 최대치수(mm)	적절한 공기량(%)
무근 콘크리트	16 20 25 40 50 80	7.0 6.0 5.0 4.5 4.0 3.5
철근 콘크리트	20~40	2.0~6.0
포장 콘크리트	40 이하	4.0~5.0
댐 콘크리트	40 80 150	3.0~5.0 2.5~4.5 2.0~4.0

2) 감수제, AE감수제

- 감수제는 시멘트 입자를 분산시켜 워커빌리티를 개선하여 단위수량을 감소시키는 혼화제이며, AE감수제는 감수작용과 공기연행성을 겸하여 워커빌리티 개선 및 동결 융해저항성을 향상시키기 위한 혼화제이다.
- 시멘트 입자가 분산하면 입자 간에 물이 침투하기 용이해지고 이로 인해 시멘트풀의 반죽이 묽어지며 시멘트 입자가 물과 접촉하기 쉬워지므로 수화반응이 촉진되며 강도발현이 좋아진다.
- 감수제의 감수작용은 시멘트 입자의 분산효과에 의하기 때문에 시멘트분산제라도고 불린다.
- 감수제는 AE제와는 달리 콘크리트의 응결시간을 조절하는 작용을 함께 하기 때문에 응결특성에 변화가 없는 것을 표준형, 지연되는 것을 지연형, 촉진되는 것을 촉진형이라 한다.

※ 감수제, AE감수제를 사용한 콘크리트의 성질

① 소요의 워커빌리티를 얻는데 필요한 단위수량을 10~15% 감소 가능

② 동일한 워커빌리티 및 강도를 얻는데 필요한 단위 시멘트량을 감소

③ 지연형은 콜드조인트(cold joint)의 방지와 서중콘크리트의 시공에 사용된다.

④ 단위시멘트량이 감량되어 수화열이 감소되기 때문에 매스콘크리트에도 사용된다.

⑤ 단위수량이 감소하여 콘크리트의 압축강도는 증가한다.
⑥ 재료분리가 작고 밀실하게 되어 수밀성이 개선된다.
⑦ 내약품성 및 동결융해에 대한 저항성이 증대된다.
⑧ 건조수축을 감소시킨다.

3) 고성능감수제, 유동화제(superplasticizer)

- 고성능감수제, 유동화제는 1960년대 독일과 일본에서 처음 개발된 감수제의 일종으로 시멘트의 응결지연성 및 공기연행성이 없기 때문에 다량 첨가가 가능하고 단위수량을 크게 감소시킬 수 있다.
- 시멘트 입자의 분산능력이 현저하게 커서 단위수량을 20~30% 정도 크게 감소시킬 수 있는 혼화제로서 고강도콘크리트에 이용된다.
- 고성능감수제는 그 사용방법에 따라 고강도 콘크리트용 감수제와 유동화제로 나누어진다.
- 보통 콘크리트와 같은 작업성능을 가지면서 물－시멘트비를 저감시킬 목적으로 사용하는 경우에는 고성능감수제, 동일한 물－시멘트비에서 작업성능을 향상시킬 목적으로 사용하는 경우에는 일반적으로 유동화제로 불린다.
- 고성능감수제는 폴리알킬아릴 설폰산염계, 멜라민 포르말린수지 설폰산염계, 방향족 단환축합물 설폰산염계 등과 같은 것이 있다.

※ 고성능감수제(유동화제)를 사용한 콘크리트의 성질
① 고성능감수제의 감수효과는 첨가량의 증가에 따라 커지며 약 20% 이상의 감수효과가 얻어진다.
② 고성능감수제의 첨가량이 너무 과대하면 재료분리가 나타난다.
③ 고성능감수제를 사용한 콘크리트는 슬럼프 손실이 매우 크다.
④ 블리딩은 보통콘크리트보다 현저하게 작으며 공기량은 차이가 없다.
⑤ 물－시멘트비를 저하시켜 고강도가 가능하며, 동일한 물－시멘트비의 경우에도 압축강도가 크게 나타난다.
⑥ 건조수축은 수량이 대폭 감소하기 때문에 크게 저감된다.
⑦ 동결융해에 대한 저항성은 양호하다.

4) 응결, 경화 조정제

- 시멘트의 응결, 경화 속도를 촉진시키거나 지연시킬 목적으로 사용되는 혼화제이다.
  ① 급결제 : 순간적인 응결과 경화가 요구되는 숏크리트 공법 및 그라우트에 의한 지수공법 등에 주로 사용된다.
  ② 촉진제 : 거푸집의 조기탈형, 한냉시의 콘크리트의 응결과 경화불량 방지, 양생기간의 단축 등을 목적으로 사용한다.
  염화칼슘 또는 염화칼슘을 포함한 감수제가 사용되나 염화칼슘은 철근부식 촉진 염려가 있으므로 시멘트 중량에 대하여 2%이하가 바람직하다.
  ③ 지연제 : 시멘트의 수화반응을 늦추어 응결과 경화시간을 길게 할 목적으로 사용한다.
  서중콘크리트나 장거리 수송 레미콘의 워커빌리티 저하방지, 연속 타설을 필요로 하는 경우, 작업이음(cold and construction joint) 방지에 효과적이다.
  ④ 초지연제 : 수 시간에서 수일까지 응결지연이 가능하며 감수작용, 워커빌리티 개선 효과 및 슬럼프 저하 억제 효과가 있으며, 초기강도 저하가 있으나 재령 28일에서 는 압축강도가 증가한다.

5) 기포제, 발포제

- 콘크리트의 단위용적 중량을 가볍게 하거나, 단열성 및 내화성 등의 성질을 개선할 목적으로 사용되는 혼화제이다.
  ① 기포제 : AE제와 같이 기계적 교반 및 계면활성작용으로 기포를 도입하는 혼화제로서 최대 85%까지 공기량을 얻을 수 있다.
  ② 발포제 : 알루미늄 분말이나 아연분말을 콘크리트에 혼입시켜 알칼리 성분과 반응하여 수소가스를 발생시켜 기포를 형성시키는 혼화제로서 PC용 그라우트에 사용하면 굵은골재의 간극이나 PC강재의 주위에 충전성을 좋게 하여 부착을 양호하게 한다.

6) 방수제

- 모르타르나 콘크리트의 내부 공극을 충전하여 콘크리트의 흡수성과 투수성을 줄일 목적으로 사용한다.

※ 방수제의 종류별 기능

① 공극에 미세 물질을 혼입시켜 물리적으로 충전시키는 방법
② 수밀성을 높이는 막을 형성시키는 방법
③ 시멘트 초기 수화반응을 촉진시켜서 생기는 시멘트겔로서 공극을 충전시키는 방법
④ 발수성 물질을 혼합하여 흡수성을 개선시키는 방법

7) 방청제

- 염화물에 의해 철근이 부식하는 것을 억제할 목적으로 사용되는 혼화제이다.
- 방청제의 주성분으로는 아황산소다, 인산염, 염화제1주석, 리그닌설폰염화칼슘염 등이 있다.

※ 방청제의 방식방법

① 철근표면의 부동태 피막을 보강하는 방법
② 산소를 소비하여 철근에 도달하게 하지 않는 방법
③ 염소이온을 결합하여 고정하는 방법
④ 콘크리트의 내부를 치밀하게 하여 부식성 물질의 침투를 막는 방법 등

- 콘크리트는 강알칼리성(pH 12.5～13)으로서 철근표면이 부동태 피막으로 피복되어 부식으로부터 보호되지만 염화물이 존재하면 부동태 피막이 파괴되어 부식된다.
- 철근이 부식되면 체적이 2.5배로 팽창하여 콘크리트덮개에 균열이 발생하게 된다.

※ 방청제를 사용해야 되는 경우

① 해사의 세척이 불충분한 경우
② 염화칼슘을 섞는 경우
③ 염분이 포함된 흙에 접하는 경우 등의 염화물이 있는 환경

2.3 골재

2.3.1 개요

골재(aggregate)란 모르타르 또는 콘크리트를 만들기 위하여 시멘트 및 물과 함께 혼합하는 모래, 자갈, 부순돌, 슬래그, 기타 이와 비슷한 재료를 말한다. 골재가 콘크리트에서 차지하는 용적 비율은 65~80% 정도이며, 용적 대부분을 차지하는 재료이기 때문에 골재의 종류나 성질에 따라 콘크리트의 특성이 크게 달라진다.

2.3.2 골재로서 필요한 성질

① 단단하고 마모에 대한 저항성이 있을 것
② 깨끗하며, 유해량의 유해물이 포함되어 있지 않을 것
③ 물리적, 화학적으로 안정하며 내구성이 클 것
④ 입형이 입방체 또는 원형에 가까우며 부착에 좋은 표면조직을 가질 것
⑤ 입도(크고 작은 입자의 혼합상태)가 적절하고 소요의 중량을 가질 것
⑥ 시멘트 풀과의 부착강도가 클 것

2.3.3 골재의 분류

1) 입자의 크기에 의한 분류

(1) **잔골재**(fine aggregate)

- 콘크리트 표준시방서에 의하면 10 mm체를 통과하고 5 mm 체를 거의(85% 정도 이상) 다 통과하며, 0.08 mm체에 거의 다 남는 골재 또는 5 mm체를 통과하고 0.08mm체에 남는 골재로 정의하고 있다.

(2) **굵은골재**(coarse aggregate)

- 5 mm 체에 거의(85% 정도 이상) 다 남는 골재 또는 5 mm체에 남는

골재로 정의한다.

2) 산지 및 제조방법에 의한 분류

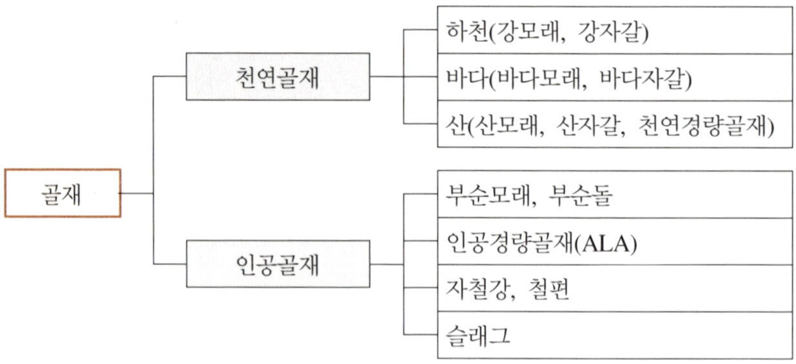

3) 비중에 의한 분류

- 보통골재 : 비중이 2.50~2.70 범위의 것 = 보통콘크리트용
- 경량골재 : 비중이 2.50 이하의 것 = 경량콘크리트용
- 중량골재 : 비중이 2.70 이상인 것 = 중량콘크리트, 방사선 차폐 콘크리트용

2.3.4 골재의 일반적 성질

1) 비중

골재의 비중에는 일반적으로 3가지가 있으나 표면건조포화상태의 비중을 기준으로 한다. 표면건조포화상태의 잔골재의 비중은 보통 2.50~2.65, 굵은골재는 2.55~2.70 범위에 있다.

골재의 비중은 콘크리트의 배합설계, 실적률, 공극률 등의 계산에 사용되며, 일반적으로 비중이 클수록 치밀하고 흡수량이 적으며, 내구성이 크다. 골재의 비중과 흡수량은 골재의 성질을 평가하는 수단으로 사용한다.

- 골재의 비중
  - 진(眞)비중 : 극을 포함하지 않은 원석만의 비중
  - 겉보기 비중
    - 절대건조상태의 비중 : 절대건조상태의 골재의 중량을 공극을 포함한 겉보기 용적으로 나눈 것
    - 표면건조포화상태의 비중 : 표면건조포화상태의 골재의 중량을 공극을 포함한 겉보기 용적으로 나눈 것

2) 골재의 함수량(water content) 함수상태

골재의 함수량이란 골재입자에 포함된 전 수량을 말하며, 일반적으로 흡수량과 표면수량으로 나눌 수 있다.

골재의 함수상태는 그림 2-1과 같이 4가지로 분류된다.

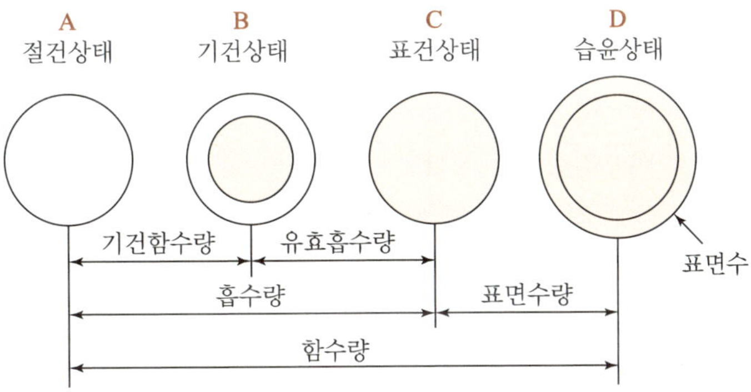

그림 2-1
골재의 함수상태

(1) **절대건조상태**(absolute dey condition) **또는 로건조상태**(oven dry condition)

골재를 100~110℃의 건조로에서 24시간 이상 골재를 건조시킨 상태로 절건상태라고도 한다.

(2) **공기 중 건조상태**(room dry condition)

골재 공극의 일부에 수분이 있지만 표면에는 수분이 없는 상태로 기건상태라고도 한다.

(3) **표면건조포화상태**(saturated surface dry condition)

골재의 공극은 물로 채워져 있으나 표면에는 수분이 존재하지 않는 상태로서 표건상태 또는 S.S.D 상태라고도 하며, 콘크리트 배합 시 기준이 된다.

(4) **습윤상태**(wet condition)

골재의 공극이 물로 포화되고 표면에도 수분이 존재하는 상태를 말한다.

(5) **흡수량**(absorption)

절대건조상태에서 표면건조포화상태가 될 때까지 흡수되는 수량으로 일반적으로 24시간 수침에 의하여 절대건조상태에 대한 골재 중량의 백분율로 나타낸다.

공기 중 건조상태로부터 표면건조포화상태로 되는데 필요한 수량을 유효함수량(effective absorption)이라 한다.

$$\text{흡수율} = \frac{C-A}{A} \times 100\ (\%) \quad ➡ \quad \text{유효흡수율} = \frac{C-B}{B} \times 100\ (\%)$$

여기서, A : 절건상태 중량
B : 기건상태 중량
C : 표건상태 중량
D : 습윤상태 중량

(6) **표면수량**(surface moisture)

골재의 표면에 묻어 있는 수량으로서 일반적으로 표면건조포화상태에 대한 시료중량의 백분율로 나타낸다.

$$\text{표면수율} = \frac{D-C}{C} \times 100\ (\%) \quad ➡ \quad \text{함수율} = \frac{D-A}{A} \times 100\ (\%)$$

여기서, A : 절건상태 중량
B : 기건상태 중량
C : 표건상태 중량
D : 습윤상태 중량

3) 골재의 단위용적중량

골재의 단위용적중량이란 1 m^3의 골재의 중량을 말한다. 골재의 비중, 모양, 입도, 함수량 및 계량용기의 모양과 크기, 그리고 다짐정도 등에 따라 상당히 달라진다. 잔골재의 단위용적중량은 습한 상태에서 1,350~1,520 kg/m^3, 굵은 골재의 경우 10~20 mm 크기에서 1,450~1,510 kg/m^3 정도이다.

(1) 공극률(percentage of voids)

골재의 단위용적중의 공극의 비율을 백분율로 나타낸 것을 말한다.

$$\text{공극률}(v) = \left(1 - \frac{\text{단위용적중량}(w)}{\text{비중}(\rho)}\right) \times 100 \ (\%)$$

골재의 공극률이 작으면 결합재의 양이 적게 들고 경제적으로 원하는 강도의 콘크리트를 만들기 쉬우며, 콘크리트의 밀도, 마모저항, 수밀성, 내구성이 증대된다. 또한 콘크리트의 건조추축이 적어지므로 균열발생의 위험이 줄어들며, 단위시멘트량을 적게 할 수 있어 온도에 의한 균열 발생을 줄일 수 있다.

(2) 실적률(percentage of solids)

골재를 어떤 용기에 채워 넣을 때 골재의 실제 부분의 비율을 백분율로 나타낸 것을 말한다.

$$\text{실적률}(d) = \frac{\text{단위용적중량}(w)}{\text{비중}(\rho)} \times 100 \ (\%)$$

실적률이 클수록 골재의 모양이 좋고 입도분포가 적당하여 결합재량이 줄어들게 된다. 또한 건조수축, 수화열을 줄일 수 있어 경제적으로 소요의 강도를 만족하는 콘크리트를 만들 수 있다.

4) 굵은골재의 최대치수

굵은골재의 최대치수란 중량으로 90% 이상 통과시키는 체중에서 최소치수의 체눈을 공칭치수로 나타낸 굵은골재의 치수를 말한다. 굵은골재의 최대치수가 클수록 요구하는 품질의 콘크리트를 얻기 위한 단위수량 및 시멘트량이 일반적으로 감소하여 경제적인 콘크리트의 제조가 가능하다.

표 2.12 굵은골재 최대치수의 표준값

구조물의 종류		최대치수(mm)
무근 콘크리트	단면이 큰 콘크리트(큰 기초, 큰 교각 등)	80~100
	보통 단면이 큰 콘크리트(기초, 교각, 두꺼운 벽 등)	50~80
철근 콘크리트	두꺼운 판	40~50
	판, 보, 벽, 기둥	25
	확대 기초	40
	지하벽, 케이슨	50
포장 콘크리트		50 이하
댐 콘크리트		80~150

하지만, 압축강도가 40 MPa 이상인 고강도콘크리트에서는 굵은골재 최대치수를 크게 할수록 단위시멘트량이 증가하게 되며, 시공면에서 최대치수가 클수록 혼합 및 취급이 곤란해지며, 재료분리가 생기기 쉽다. 굵은골재 최대치수는 구조물의 종류, 철근의 간격, 시공기계 등의 현장 시공조건을 고려하여 결정하는 것이 좋다.

5) 골재의 모양(shape of aggregate particles)

골재알의 모양은 둥글고 구형에 가까운 것이 좋다. 가늘고 길거나, 편평하거나 얇으면 부스러지기 쉽고 불안정하며 공극률이 커진다. 철근 콘크리트 부재의 경우 편평한 골재나 가늘고 긴 골재를 사용할 경우 철근과 철근 사이에 걸려 공극이나 수극을 만들기 쉽다.

6) 입도 및 입도곡선

골재의 입도란 골재의 작고 큰 입자가 혼합된 정도를 말한다. 작은 입자와 큰 입자가 적당히 혼합되어 있을 때는 입자의 크기가 균일한 경우나 작은 입지가 많은 경우와 비교하여 작업성, 강도, 내구성, 수밀성 등에 있어 요구하는 품질의 콘크리트를 제조하는데 있어 적은 단위시멘트량의 사용으로 가능하게 된다. 골재의 입도는 KS F 2502의 체가름시험(sieve analysis test)에 의하여 구한다.

입도가 좋은 골재를 사용한 콘크리트는 다음과 같은 장점이 있다.

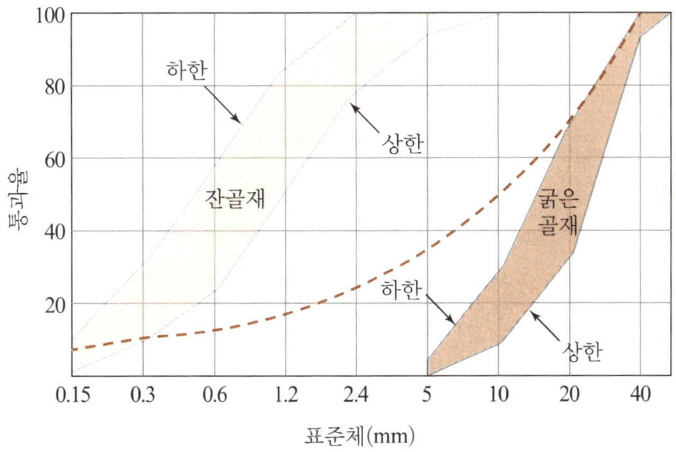

그림 2-2
골재 입도곡선의 예

① 콘크리트의 작업성(워커빌리티)이 증대된다.
② 요구하는 품질의 콘크리트를 만들기 위하여 필요한 단위수량 및 단위시멘트량의 절감이 가능하다.
③ 재료분리 저항성이 증가한다.
④ 건조수축이 적어지며 내구성이 증대된다.

체가름 시험에 의하여 구한 결과를 정리한 것이 입도곡선(granding curve)이며, 일반적인 입도곡선은 그림 2-2와 같다.

잔골재나 굵은골재는 콘크리트 표준시방서에 입도의 표준을 정하고 있으며, 잔골재와 굵은골재의 표준입도를 표 2.13, 표 2.14에 각각 나타내었다.

표 2.13 잔골재의 표준입도 표준값

체의 치수(mm)	체를 통과한 양의 중량 백분율(%)	체의 치수(mm)	체를 통과한 양의 중량 백분율(%)
10	100	0.6	25~60
5	95~100	0.3	10~30
2.5	80~100	0.15	2~10
1.2	50~85		

표 2.14 굵은골재의 표준입도 표준값

골재 번호	체의 호칭 / 골재의 크기(mm)	각 체를 통과하는 것의 중량 백분율(%)												
		100	90	80	65	50	40	25	20	13	10	5	2.5	1.2
1	90~40	100	90~100		25~60		0~15		0~5					
2	65~40			100	90~100	35~70	0~15		0~5					
3	50~25					90~100	35~70	0~15		0~5				
357	50~5					90~100		35~70		10~30		0~5		
4	40~20					100	90~100	20~55	0~15		0~5			
467	40~5					100	90~100		35~70		10~30	0~5		
57	25~5						100	90~100		25~60		10~30	0~5	
67	20~5							100	90~100		20~55	0~15	0~5	
7	13~5								100	90~100	40~70	0~15	0~5	
8	10~2.5									100	85~100	10~80	0~10	0~5

7) 조립률(finess modulus 또는 F.M.)

골재의 입도를 수량적으로 나타내는 방법으로서 80, 40, 20, 10, 5, 2.5, 1.2, 0.6, 0.3, 그리고 0.15 mm의 10개의 체를 1조로 하는 체가름시험을 했을 때, 각 체에 남아 있는 전체량의 전 시료에 대한 중량백분율의 합계에 대하여 100으로 나눈 값을 말한다.

일반적으로 잔골재의 조립률은 2.3~3.1 사이가 좋으며, 굵은골재의 조립률은 6~8이 적당하다. 조립률이 범위를 벗어나는 경우에는 2종 이상의 잔골재를 혼합하여 입도를 조정하여 사용하는 것이 좋다. 콘크리트 배합 설계 시 가정한 잔골재의 조립률에 비하여 0.20 이상의 변화를 나타내는 경우에는 배합을 변경해야 한다고 규정하고 있다. 골재의 조립률을 구하는 방법은 다음과 같으며 계산 예를 표 2.15에 나타내었다.

표 2.15 굵은골재의 표준입도 표준값

체의 크기 (mm)	각 체에 잔류한 것의 중량백분율(%)		
	굵은골재	잔골재	혼합골재
80	0	0	0
40	4	0	0
20	63	0	10
10	94	0	42
5	98	5	58
2.5	100	16	69
1.2	100	35	82
0.6	100	62	93
0.3	100	86	98
0.15	100	98	99
합계	757	302	551
조립율	7.57	3.02	5.51

$$\text{조립율(F.M.)} = \frac{\sum \text{각 체에 잔류한 중량 백분율(\%)}}{100}$$

조립률이 각각 다른 잔골재와 굵은골재를 일정한 중량비로 혼합한 혼합 골재의 조립률(F)은 다음 식으로 구한다.

$$F = \frac{m}{m+n} M_s + \frac{n}{m+n} M_g$$

여기서, M_s : 잔골재의 조립률

M_g : 굵은골재의 조립율

m : 모래의 혼합 중량비

n : 굵은골재 혼합 중량비

2.3.5 알칼리 골재반응(alkali-aggregate reaction)

알칼리 골재반응은 콘크리트 중의 알칼리 성분과 골재 중의 실리카질 반응성 골재가 반응하여 이상팽창을 발생시켜 균열을 야기하는 현상을 말한다.

알칼리 골재반응이 처음으로 제기된 것은 1930년대 후반 미국의 Stanation이 콘크리트 균열에 의한 피해를 시멘트 중의 알칼리와 골재와의 반응에 기인한다고 보고한 후 최근에는 중동, 영국, 일본 등에서 피해가 보고되고 있다. 국내에서도 최근 서해안고속도로 등을 중심으로 알칼리 골재반응의 피해가 보고되고 있다.

1) 알칼리 골재반응의 메커니즘

알칼리 골재반응에는 알칼리-실리케이트 반응, 알칼리-실리카 반응과 알칼리-탄산염 반응의 3종류가 알려져 있으며, 대부분의 반응은 알칼리-실리카 반응이다.

알칼리-실리카 반응에 의한 콘크리트의 성능저하는 그림 2-3과 같은 메커니즘에 의하며, 골재 중에 함유된 유해한 반응성 광물, 시멘트 및 기타 재료에서 공급되는 일정량 이상의 알칼리량 및 반응을 촉진하는 수분 등 3가지 조건이 모두 갖추어져야 발생한다.

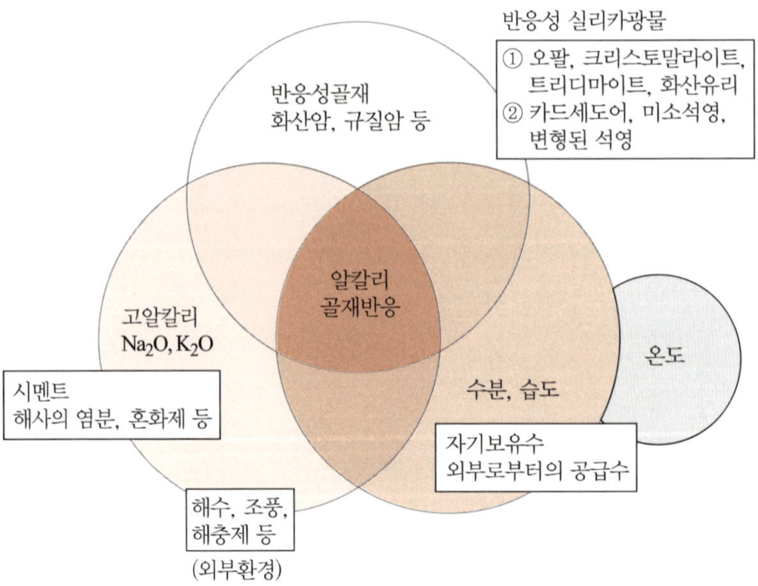

그림 2-3 알칼리 골재반응 메커니즘

알칼리－실리카 반응이 발생하면 콘크리트 내부의 골재 주변이 검게 변하기 시작하고, 반응이 계속 진행하면 콘크리트 표면에서 반응으로 생성된 알칼리－실리카 겔이 표면에 얼룩져 나오게 된다. 표면에 나오는 겔은 탄산화 반응에 의해 백색물질로 변화되며, 표면에 망상(그물형태)형의 균열이 나타나거나 골재가 pop-out 되는 특징이 있다.

2) 알칼리 골재반응에 의한 손상 현상

알칼리 골재반응으로 인해 나타나는 현상은 다음과 같다.

① 백화현상

② 골재 pop-out

③ 무근 콘크리트에서의 거북등(망상)균열

④ 철근 콘크리트의 경우 주철근 방향에서의 균열

3) 알칼리 골재반응의 저감대책

알칼리 골재반응은 반응성골재, 시멘트 및 기타재료에서 공급되는 일정량 이상의 알칼리, 반응을 촉진하는 수분의 3가지 조건이 만족되어야 발생한다. 따라서 알칼리 골재반응을 저감하기 위해 골재의 반응성 검토, 시멘트 및 기타재료에서의 알칼리함량의 제한, 등 다음과 같은 검토를 통해 발생을 방지하도록 노력해야 한다.

알칼리 골재반응의 억제를 위해서는 골재의 사용에 있어서는 ① 반응성 골재 사용 금지, ② 골재의 반응성에 대한 시험 실시, ③ 양질의 골재 사용하여야 하며, 반응성 광물 생성 억제, 저알칼리 시멘트의 사용, 단위시멘트량의 최소화, 물－결합재비는 요구하는 범위 내에서 최소가 되도록 하여야 하며, 수분의 이동을 방지할 수 있는 수밀성의 콘크리트를 제조하여야 한다.

4) 알칼리 골재반응에 대한 평가방법

알칼리 골재반응 여부를 판정하기 위한 평가방법은 암종판정, 알칼리 함유량분석, 팽창량 시험 및 실리카겔 확인 등의 4가지 시험을 실시하는 것을 원칙으로 하며, 알칼리 골재반응의 시험방법에는 광물학적 방법(KS F 2458, ASTM C 295), 화학적 방법(KS F 2545, ASTM C 289), 모르타르 봉 방법(KS F 2546, ASTM C 227), 비속법 등이 있다.

2.3.6 각종 골재의 특징

1) 하천골재와 육상골재

하천골재는 일반적으로 단단하고 내구적이며 입형이 양호한 것이 많다.
육상골재는 미립분의 함유량이 많고 유기불순물이 혼입되는 경우가 많다.

※ 유기불순물
유기불순물은 골재 중에 섞인 먼지, 점토, 실트, 부식토 속에 들어있는 후민산, 탄닌산 등의 유기물
① 시멘트의 응결을 방해하고 골재와의 부착력을 저하시킨다.
② 콘크리트의 강도, 내구성 및 안정성을 저하시킨다.
③ 레이탄스를 많이 발생시킨다.

※ 모래의 유기불순물 시험 방법
수산화나트륨(NaOH)에 용해하여 착색하는 것을 이용한 비색시험법
[KS F 2510 (모래의 유기불순물 시험방법)]

2) 바다골재

바다골재는 해안가에서 채취한 염화물을 함유한 골재를 말한다. 바다골재를 철근콘크리트나 프리스트레스트 콘크리트 구조물에 사용할 경우 염화물을 충분히 제거하지 않으면 해사중의 염화물이 화학작용으로 콘크리트 중의 강재를 부식시켜 구조물의 내하력을 저하시킬 수 있다. 콘크리트 표준시방서에서는 염화물의 허용 함유량을 0.02% 이하로 규정하고 있다.

※ 콘크리트 구조물에서의 염화물의 영향
① 콘크리트의 경화를 촉진시키며 장기강도 증진을 저해시킨다.
② 철근부식을 촉진시킨다.

※ 바다 모래 중 염분이 허용한도를 넘을 때의 조치 방안
① 제염
② 콘크리트를 부배합으로 하여 수밀성을 높임
③ 방청제의 사용
④ 아연도금 철근 사용

※ 제염방법 : 살수법, 침수법, 자연 방치법.

3) 부순골재

부순골재란 호박돌이나 폭파에 의해 채굴한 암석을 파쇄기로 파쇄하여 체별로 분류한 골재를 말한다. 부순돌은 강자갈에 비해 각기 진 모양이 거친 표면조직과 풍화암이 섞여 있기 쉽다. 강자갈과 동일한 워커빌리티를 얻기 위해서는 단위수량을 10% 정도, 잔골재율을 3~5% 정도 증가시킬 필요가 있다. 수밀성과 내구성은 강자갈 콘크리트보다 열등하지만 시멘트 풀과의 부착이 좋기 때문에 강도는 하천자갈 콘크리트보다 크다

콘크리트용 부순골재는 KS F 2527에 적합한 적이어야 하며, 낱알의 형상판정에 실적률을 사용하도록 규정하고 있다.

표 2.16 부순골재의 품질규정

비중	흡수량	안정성	마모감량
2.5 이상	3% 이하	12% 이하	40% 이하

4) 고로슬래그 골재

고로슬래그는 철을 생산하는 과정에서 생기는 광재를 냉각시킨 것으로 냉각시키는 방법에 따라 그 성질이 달라진다. 물을 가하여 급랭시킨 것을 수쇄슬래그, 냉풍으로 급랭시킨 것을 풍쇄슬래그, 공기 중에서 서서히 냉각시킨 것을 공냉슬래그라 한다. 수쇄슬래그는 강도에 따라 연질과 경질 수쇄슬래그로 구분되며, 연질수쇄슬래그는 시멘트, 규산질비료 등에 이용되고, 경질수쇄슬래그는 콘크리트용 잔골재로 이용된다. 공냉슬래그는 크러셔로 파쇄하여 콘크리트용 굵은골재로 이용된다.

콘크리트용 고로슬래그 잔골재는 KS F 2559, 굵은골재는 KS F 2544에 제정되어 있다. KS F 2544에서는 표 2.17과 같이 고로슬래그 굵은골재를 A 및 B로 분류하고 있지만, 콘크리트 표준 시방서에서는 B에 속하는 고로슬래그 굵은골재를 사용하는 것을 원칙으로 하며, A에 속하는 골재는 내구성이 중요하지 않고, 설계기준강도가 21 MPa 미만인 콘크리트에 한하여 사용하는 것으로 한다.

일반적으로 고로슬래그골재는 기공이 많기 때문에 강자갈보다 비중이 작고 흡수율이 크며 입형은 보통의 부순돌과 같으며 실적율은 56~64%의 범위이다. 혼합 및 타설 중에 흡수가 일어나지 않도록 미리 흡수시키는 Pre-wetting

이 필요하다.

※ 고로슬래그 잔골재 : 입형이 각이 져서 강모래보다 단위수량을 5~14% 정도 더 높여야 하며, 잔골재율을 크게 할 필요가 있다.

표 2.17 고로슬래그 굵은골재의 분류

분류 \ 비중	절건비중	흡수율(%)	단위중량(kg/L)
A	2.2 이상	6 이하	1.25 이상
B	2.4 이상	4 이하	1.35 이상

5) 경량골재

- 천연경량골재 : 경석, 화산암, 응회암 등
- 인공경량골재 : 고로광재, 점토, 규조토암, 플라이 애쉬, 절편암 같은 것을 팽창, 소성, 소괴하여 생산. 토목구조물에 주로 사용

인공경량골재는 다음과 같은 특징을 갖는다.

① 비중 : 절대건조상태의 비중을 사용하며 잔골재에서 1.6~1.8, 굵은골재에서 1.2 5~1.35 범위이다.

② 흡수율 : 굵은골재는 2~10%, 잔골재는 6~10% 정도의 범위이며, 사용 전에 미리 프리웨팅(pre-wetting) 작업이 필요하다.

③ 부립률 : 굵은골재 중에 물에 뜨는 입자의 전체량중의 중량백분율을 말한다. 콘크리트 표준시방서에서는 부립률을 10% 이하로 규정하고 있다.

6) 중량골재

원자로, 방사선 등의 차폐효과를 높이기 위하여 사용되는 갈철광(비중 : 2.7~4.0), 자철광(4.5~5.2), 중정석(4.0~4.7), 철편(7~8), 적철광(4~5.3) 등이 주로 사용된다. 방사선 차폐용 콘크리트는 고밀도, 비중이 큰 골재로서 실적률이 크고 작은 입자가 적당히 섞인 것이 좋으며 실적률이 60% 이하인 것은 피하는 것이 좋다.

7) 재생골재

재생골재 또는 순환골재는 폐콘크리트의 파쇄, 처리 과정에서 생산된 재생

골재 중에서 국토교통부장관이 정한 콘크리트용 품질기준을 만족하는 골재를 말한다.

표 2.18 순환골재 의무사용용도 및 사용량

<table>
<tr><th rowspan="2">순환골재
의무사용건설공사</th><th rowspan="2">사용
용도</th><th colspan="3">순환골재 의무사용량 적용기간</th></tr>
<tr><th>2014.1.1
부터
2014.12.
31까지</th><th>2015.1.1.
부터
2015.12.
31까지</th><th>2016.1.1
이후</th></tr>
<tr><td>「도로법」 제2조 또는 제7조에 따른 도로 중 다음 각 목에 해당하는 공사
가. 1킬로미터 이상의 신설공사
나. 1킬로미터 이상인 연속된 구간의 1차로 이상 확장공사</td><td>도로보조
기층용</td><td rowspan="9">골재
소요량의
30%
이상</td><td rowspan="9">골재
소요량의
35%
이상</td><td rowspan="9">골재
소요량의
40%
이상</td></tr>
<tr><td>「국토의 계획 및 이용에 관한 법률 시행령」 제2조 제2항 제1호의 규정에 의한 도로 중 1킬로미터 이상인 일반도로, 자동차전용도로, 보행자전용도로, 자전거전용도로의 신설 또는 확장공사</td><td>도로보조
기층용</td></tr>
<tr><td>「산업입지 및 개발에 관한 법률」 제2조 제6호의 규정에 의한 산업단지개발사업 중 면적이 15만 제곱미터 이상인 용지조성사업</td><td>도로보조
기층용</td></tr>
<tr><td>「하수도법」에 따른 공사 중 다음 각 목에 해당하는 공사
가. 제2조 제6호에 따른 하수관거의 설치공사
나. 제2조 제9호에 따른 공공하수처리시설의 설치공사
다. 제2조 제10호에 따른 분뇨처리시설의 설치공사</td><td>기초다짐
용 또는
채움용
도로보조
기층용
도로보조
기층용</td></tr>
<tr><td>「가축분뇨의 관리 및 이용에 관한 법률」 제2조 제9호에 따른 공공처리시설의 설치공사</td><td>도로보조
기층용</td></tr>
<tr><td>「수질 및 수생태계 보전에 관한 법률」 제48조 제1항에 따른 폐수종말처리시설의 설치공사</td><td>도로보조
기층용</td></tr>
<tr><td>「택지개발촉진법」에 따른 택지개발사업 중 면적이 30만 제곱미터 이상인 용지조성사업</td><td>도로보조
기층용</td></tr>
<tr><td>「물류시설의 개발 및 운영에 관한 법률」 제2조 제2호 및 제6호에 따른 물류터미널의 건설공사 및 물류단지의 개발공사</td><td>도로보조
기층용</td></tr>
<tr><td>「주차장법」 제2조 제1호 가목 및 나목에 따른 노상주차장 및 노외주차장의 설치공사</td><td>표토용 또
는 노반용</td></tr>
</table>

표 2.19 순환골재 재활용제품 의무사용용도 및 사용량

<table>
<tr><th rowspan="2">순환골재 재활용제품
의무사용건설공사</th><th rowspan="2">사용용도</th><th colspan="3">순환골재 재활용제품
의무사용량 적용기간</th></tr>
<tr><th>2014.1.1
부터
2014.12.
31까지</th><th>2015.1.1
부터
2015.12.
31까지</th><th>2016.1.1
이후</th></tr>
<tr><td>「도로법」 제2조 또는 제7조에 따른 도로 중 다음 각 목에 해당하는 공사
가. 1킬로미터 이상의 신설공사
나. 1킬로미터 이상인 연속된 구간의 1차로 이상 확장공사</td><td>아스팔트
콘크리트
포장용</td><td rowspan="9">제품
소요량의
25%
이상</td><td rowspan="9">제품
소요량의
30%
이상</td><td rowspan="9">제품
소요량의
40%
이상</td></tr>
<tr><td>「국토의 계획 및 이용에 관한 법률 시행령」 제2조 제2항 제1호의 규정에 의한 도로 중 1킬로미터 이상인 일반도로, 자동차전용도로, 보행자전용도로, 자전거전용도로의 신설 또는 확장공사</td><td>아스팔트
콘크리트
포장용</td></tr>
<tr><td>「산업입지 및 개발에 관한 법률」 제2조 제6호의 규정에 의한 산업단지개발사업 중 면적이 15만 제곱미터 이상인 용지조성사업</td><td>아스팔트
콘크리트
포장용</td></tr>
<tr><td>「하수도법」에 따른 공사 중 다음 각 목에 해당하는 공사
가. 제2조 제6호에 따른 하수관거의 설치공사
나. 제2조 제9호에 따른 공공하수처리시설의 설치공사
다. 제2조 제10호에 따른 분뇨처리시설의 설치공사</td><td>아스팔트
콘크리트
포장용</td></tr>
<tr><td>「가축분뇨의 관리 및 이용에 관한 법률」 제2조 제9호에 따른 공공처리시설의 설치공사</td><td>아스팔트
콘크리트
포장용</td></tr>
<tr><td>「수질 및 수생태계 보전에 관한 법률」 제48조 제1항에 따른 폐수종말처리시설의 설치공사</td><td>아스팔트
콘크리트
포장용</td></tr>
<tr><td>「택지개발촉진법」에 따른 택지개발사업 중 면적이 30만 제곱미터 이상인 용지조성사업</td><td>아스팔트
콘크리트
포장용</td></tr>
<tr><td>「물류시설의 개발 및 운영에 관한 법률」 제2조 제2호 및 제6호에 따른 물류터미널의 건설공사 및 물류단지의 개발공사</td><td>아스팔트
콘크리트
포장용</td></tr>
<tr><td>「주차장법」 제2조 제1호 가목 및 나목에 따른 노상주차장 및 노외주차장의 설치공사</td><td>아스팔트
콘크리트
포장용</td></tr>
</table>

재생골재를 사용한 콘크리트는 ① 단위수량이 증가하는 경향이 있기 때문에 적절한 AE감수제를 사용하여야 하며, ② 재생골재만을 사용한 콘크리트는 단위수량이 크고 동일한 물－시멘트비의 보통콘크리트에 비하여 강도와 탄성계수가 작고, 수축이 크며, 동결융해저항성도 작기 때문에 적용부위에 대한 신중한 선정이 요구되는 등의 특성을 갖는다.

폐콘크리트는 재활용의 가능성이 높아 매립이나 도로 노반재의 뒷채움재 이외에 콘크리트용 재생골재로 이용하는 것이 환경문제를 해결할 뿐만 아니라 부족한 골재문제를 해결할 수 있는 좋은 방안이 될 수 있다. 정부에서는 이러한 건설폐기물의 재활용 촉진을 위하여 건설폐기물의 재활용 촉진에 관한 법률에서 순환골재 의무사용량을 고시하였다.

2.3.7 골재의 저장 및 관리

골재의 저장 및 관리에 있어서는 다음과 같은 사항을 주의해야 한다.

1) 잔골재, 굵은골재 및 종류와 입도가 다른 골재는 각각 구분하여 저장해야 한다.
2) 골재의 받아들이기, 저장 및 취급에 있어서는 다소의 골재가 분리하지 않도록, 먼지, 잡물 등이 혼입되지 않도록 주의해야 하며, 굵은골재의 경우에는 골재알이 부서지지 않도록 설비를 해야 한다.
3) 골재의 저장설비에는 그 용량에 알맞게 적당한 배수시설을 설치하고, 표면수가 균일한 골재를 사용할 수 있도록 하여야 하며, 받아들여진 골재는 시험을 실시한 후 사용 하여야 한다.
4) 골재에 빙설의 혼입 및 동결되지 않도록 하여야 하며, 햇빛을 직접 받지 않도록 해야 한다.
5) 여름에는 골재의 건조나 온도의 상승을 방지하기 위하여 일광의 지사를 피할 수 있는 적당한 조치를 갖추고 저장해야 한다.

2.4 물

콘크리트 제조 시 사용되는 물은 시멘트와의 수화작용으로 응결, 경화하고 강도를 증진시키므로 물이 콘크리트의 강도와 내구성에 미치는 영향이 매우 크다.

2.4.1 혼합수 중의 불순물의 영향

불순물 : 현탁물질(점토, 후민산, 산화아연 등), 가용성 증발 잔유물(Ca^{2+}, Mg^{2+}, Na^{+}, K^{+}, HCO_3^{-}, SO_4^{2-}, Cl^{-} 등의 조합에 의한 염류), 가용성 유기물질(당류, 후 민산나트륨 등) 등.

1) 염화물은 작은 농도에서는 영향이 작으나 10,000 ppm을 넘으면 응결이 촉진되어 초기강도는 증가하지만 장기강도의 신장은 작다.
2) 염화나트륨과 염화칼슘은 농도가 증가하면 수축을 증가시키는 경향이 있다.
3) 탄산염은 응결촉진작용을 나타내며 농도가 높으면 이상응결을 발생우려 있다.
4) 당류, 후민산 등은 응결 지연시키며 콘크리트의 경화와 강도발현을 저하 시킨다.

2.4.2 혼합수의 종류

1) 수돗물

유해한 염류나 유기물 등이 거의 없으며 혼합수로서 양호하다.

2) 하천수

혼합수로서 적합하며 공업폐수로 오염된 것은 사용 시 주의필요 하다.

3) 지하수

일반 지하수는 유해량의 염류를 포함하는 경우는 드물어 혼합수로서 사용가능하지만 해안지대에서는 염소이온을 다량으로 함유한 것이 있어 철근콘크리트에 사용할 때에는 주의가 필요하다.

4) 해수

Na^{+}, Mg^{2+}, Cl^{-}, SO_4^{2-} 등의 이온이 용해되어 있으며 Cl^{-} 이온이 55%, Na^{+} 이온이 31% 정도를 차지한다. 응결시간이 촉진되고 조기강도의 발현이 있으나 장기강도의 신장이 작다. 철근콘크리트에는 철근의 부식발생 때문에 사용이 금지된다.

5) 회수수

레디믹스트 콘크리트 공장의 배수는 pH가 12 정도의 높은 알칼리성이며 시멘트 등의 미립분과 골재를 함유한다. 회수수를 사용하면 응결시간이 다소 짧아지며, 단위수량의 증가에 의해 건조수축이 증가하는 등의 영향이 있다.

6) 기타

도시하수, 공장폐수 및 유기물에 의해 오염된 것은 콘크리트용으로 부적당하다.

제 3 장

콘크리트

3.1 개요

콘크리트(concrete)란 시멘트, 물, 잔골재, 굵은골재 및 혼화재료를 일정비율로 배합설계(design of mix proportion)하여 혼합한 것으로, 시멘트와 물을 혼합한 것을 시멘트 풀(cement paste), 시멘트 풀에 잔골재를 혼합한 것을 모르타르(mortar)라 한다.

콘크리트는 많은 장점을 가진 재료이다. 가장 큰 장점은 내구성(durability)와 압축강도(compressive strength)가 크다는 것이다. 하지만 큰 압축강도에 비해 인장강도(tensile strength)가 매우 작다는 단점을 가지고 있는데, 이러한 인장강도의 단점을 보완하기 위하여 적용되는 방법에 따라 철근콘크리트(RC : reinforced concrete), 프리스트레스트 콘크리트(PSC : prestressed concrete) 등으로 분류할 수 있다.

일반적으로 사용되는 콘크리트의 재료구성 비율은 용적으로 약 70%가 골재이고 나머지는 약 30%가 결합재이다. 결합재는 골재 사이의 간극을 채우고 굳지 않은 콘크리트(fresh concrete)에서 유동성을 갖게 하며, 수화한 후에는 골재와 결합하여 강도를 발휘한다. 경화한 콘크리트(hardened concrete)의 성질은 시멘트 풀의 품질에 의하여 지배되지만 콘크리트 용적의 대부분을 차지하는 골재의 성질에 의하여 크게 영향을 받는다. 균질의 좋은 콘크리트를 제조하기 위한 조건으로서는 그림 3-2와 같이 강도, 내구성 및 시공성의 3가지

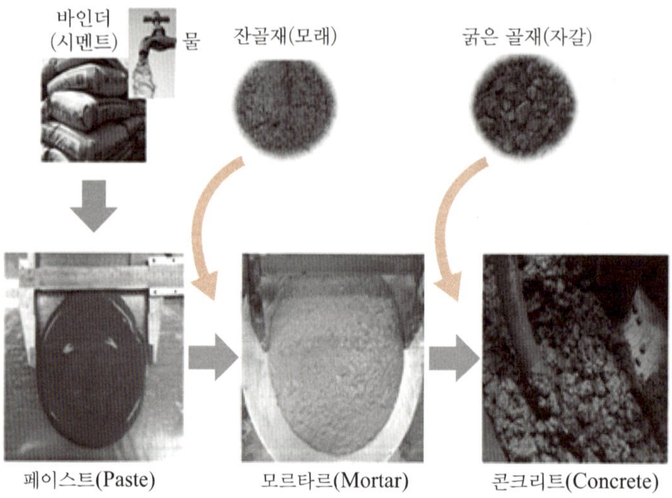

그림 3-1
시멘트 풀,
모르타르,
콘크리트의 개념

조건을 동시에 만족시켜야 한다. 이와 같은 균질의 좋은 콘크리트를 만들기 위해서는 재료, 배합을 적절히 선정하고, 혼합, 운반, 타설, 타지기, 양생 등의 시공을 알맞게 실시함으로써 전 공정이 잘 마무리될 수 있도록 세심한 주의가 필요하다.

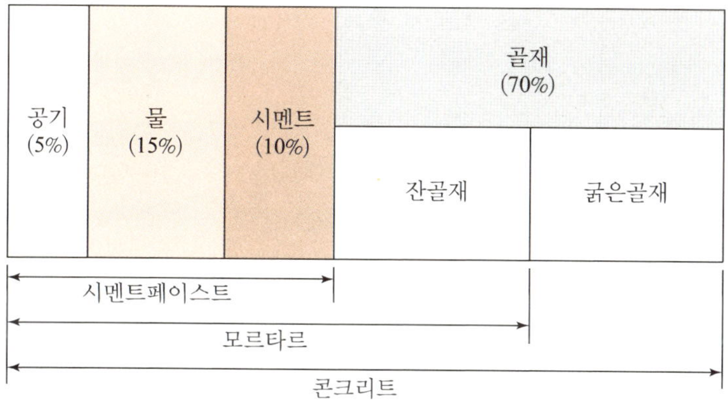

그림 3-2 콘크리트 재료의 용적 비율

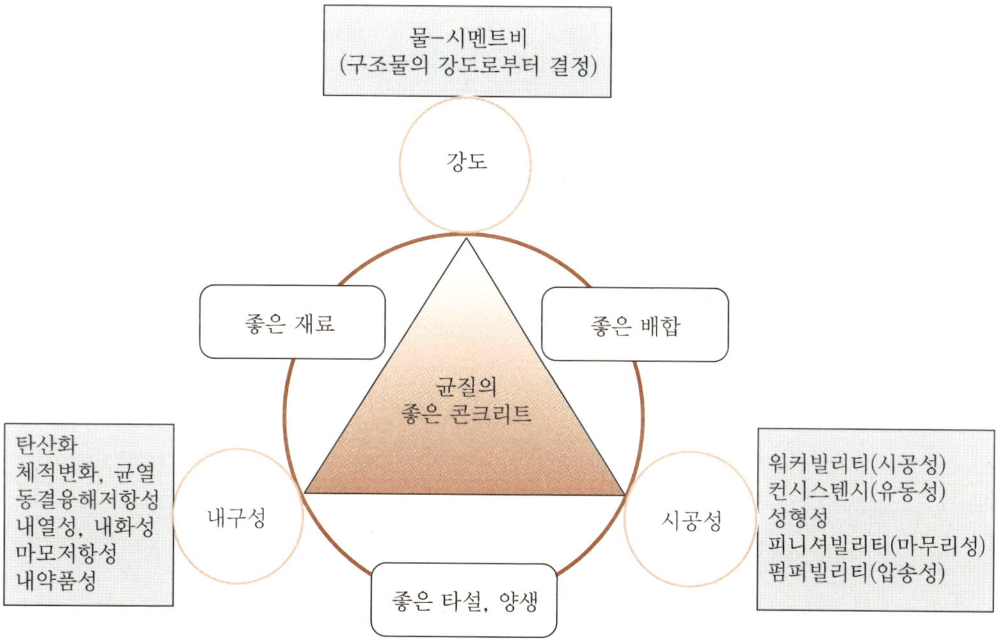

그림 3-3 좋은 콘크리트를 제조하기 위한 조건

콘크리트의 장단점은 다음과 같다.

(1) **장점**

- 크기, 모양에 제한을 받지 않고 부재나 구조물을 만들 수 있다.
- 재료의 확보, 운반이 용이하다.
- 내구성(耐久性), 내화성(耐火性), 내진성(耐震性), 차음성(遮音性)이 좋다.
- 압축강도가 다른 재료에 비해 비교적 크고, 필요로 하는 임의의 강도를 얻기가 쉽다.
- 시공 시 특별한 숙련을 요하지 않는다.
- 비교적 값이 싸고, 유지비가 저렴하여 다른 재료에 비해 경제적이다.
- 역학적인 결점은 다른 재료를 이용하여 보완하기 용이하다.
- 성분상 강알칼리성이 있어 철강재의 방청효과를 제공한다.

(2) **단점**

- 자중이 큰데 비해 강도가 작다. 하지만 중력댐, 콘크리트 침목 등에 이용될 때는 장점이 된다.
- 압축강도에 비해 인장강와 휨강도가 작다.
- 건조수축 등에 의하여 균열이 발생하기 쉽다.
- 구조물의 수선이나 보수 등이 어렵고 파괴가 곤란하며 재사용이 불가능하다.
- 경화하는데 일정시간이 소요되어 공사기간이 길어진다.

3.2 굳지 않은 콘크리트의 성질

콘크리트는 믹싱한 직후부터 시간이 경과함에 따라 유동성을 상실하며 응결과정을 거쳐 소정의 강도를 나타낼 때까지의 콘크리트를 굳지 않은 콘크리트(fresh concrete)라고 한다.

굳지 않은 콘크리트에 요구되는 성질은 다음과 같다.

① 거푸집 구석 또는 철근 사이에 충분히 잘 채워질 수 있도록 묽은 반죽질기로 운반, 다지기 및 마무리가 용이할 것

② 시공 시 및 그 전후에 있어서 재료 분리가 적을 것
③ 거푸집에 부어 넣은 후 많은 블리딩이 생기지 않을 것
④ 작업 중 균열이 발생하지 않을 것

굳지 않은 콘크리트의 성질을 나타내는 용어는 다음과 같은 것이 있다.

① 반죽질기(consistency)
단위 수량의 다소에 의한 되고 진 정도로 굳지 않은 콘크리트의 유동성을 말한다.
② 워커빌리티(workability)
반죽질기 여하에 따르는 작업의 난이도 및 재료분리에 저항하는 정도를 나타내는 굳지 않은 콘크리트의 성질을 말한다.
③ 성형성(plasticity)
거푸집에 쉽게 다져 넣을 수 있는 정도를 나타내는 굳지 않은 콘크리트의 성질을 말한다.
④ 피니셔빌리티(finishability)
굵은골재의 최대치수, 잔골재율, 잔골재의 입도, 반죽질기 등에 의하여 마무리하기 쉬운 정도를 나타내는 굳지 않은 콘크리트의 성질을 말한다.

3.2.1 워커빌리티(workability)

콘크리트를 혼합한 다음 운반해서 다져 넣을 때까지 시공성의 좋고 나쁨을 나타내는 성질로서, 작업의 용이한 정도 및 재료의 분리에 저항하는 정도로 나타낸다. 워커빌리티가 좋은 콘크리트는 작업성이 좋고 분리도 거의 일어나지 않는다. 콘크리트의 배합은 적절한 워커빌리티가 얻어질 수 있도록 정해야 한다. 콘크리트의 워커빌리티에 영향을 미치는 요인은 상당히 많으며, 그 중 주된 요인에 대한 영향 등을 다음에 나타내었다.

(1) 시멘트

시멘트의 종류, 단위시멘트량, 분말도, 풍화의 정도 등에 따라 워커빌리티가 달라진다. 단위시멘트량이 많은 콘크리트일수록 성형성이 좋으며, 혼합시멘트를 사용한 경우가 보통포틀랜드 시멘트를 사용한 경우보다 워

커빌리티가 좋다. 분말도가 낮은 시멘트 일수록 워커빌리티가 나쁘고 블리딩이 많아진다.

(2) **단위수량**

단위수량이 클수록 콘크리트의 반죽정도가 커진다. 단위수량이 일정량 이상으로 커지게 되면 재료분리가 발생하기 쉽고 콘크리트의 시공이 어려워진다.

(3) **잔골재**

잔골재의 입도는 콘크리트의 워커빌리티에 큰 영향을 미친다. 특히 0.3 mm 이하의 미립분은 성형성에 매우 큰 영향을 미치게 되는데, 입도분포는 연속입도일수록 좋으며, 둥근 모양의 자연모래가 모난 부순모래에 비해 워커블한 콘크리트를 얻기 쉽다. 잔골재량을 증가시키면 동일 워커빌리티를 얻기 위해 단위수량을 늘릴 필요가 있다.

(4) **굵은골재**

굵은골재의 입형이 워커빌리티에 크게 영향을 미치는데, 일반적으로 모가 난 골재를 사용하면 콘크리트의 워커빌리티가 나빠진다. 입형 이외에도 골재 입자의 입도 분포나 비표면적 등이 워커빌리티에 영향을 미치며 굵은골재의 최대치수는 시공조건과 관련한 콘크리트의 워커빌리티에 영향을 미친다.

(5) **혼화재료**

혼화재료의 사용으로 단위수량의 감소, 공기 연행 등에 따라 콘크리트의 워커빌리티는 크게 개선된다. 응결의 지연은 콘크리트를 워커블한 상태로 장시간 유지시킴으로서 시공성을 증대시킬 수 있다.

(6) **배합**

콘크리트를 구성하는 재료의 사용량이나 물-시멘트비, 잔골재율, 잔골재율(S/a) 등 재료의 구성비율은 콘크리트 워커빌리티에 영향을 미친다.

(7) **온도**

콘크리트는 온도가 높을수록 슬럼프가 감소된다.

3.2.2 워커빌리티의 측정

워커빌리티의 성질을 정량적으로 평가하지 못하는 경우가 많으며 아직까지도 워커빌리티를 정확하게 측정하는 방법은 확립되지 않고 있다. 지금까지 제안된 방법들은 여러 가지 외력의 작용 하에서 콘크리트의 제 성질을 측정하는 것으로, 워커빌리티와 관련된 성질을 나타낸다고 볼 수 있다. 콘크리트의 워커빌리티는 반죽질기에 좌우되는 경우가 많으므로 반죽질기를 측정하여 그 결과로 워커빌리티를 판단하기도 하는데 다음과 같은 방법이 실시되고 있다.

1) 슬럼프 시험(slump test)

가장 일반적으로 실시하는 시험 방법으로 KS F 2402 (포틀랜드시멘트 콘크리트의 슬럼프시험방법)에 따라 실시하며, 몰드는 그림 3-4, 3-5와 같이 밑지름 200 mm, 윗면의 지름 100 mm, 높이가 300 mm이며, 다짐봉은 지름 16 mm, 길이 500～600 mm인 강봉을 사용한다.

몰드에 콘크리트를 용적으로 3회 나누어 넣고 다짐봉으로 각각 25회씩 균일하게 다진 다음 몰드를 수직으로 들어올린다. 이 때 300 mm 높이의 콘크리트가 내려 앉은 값을 슬럼프 값(slump value)라 한다.

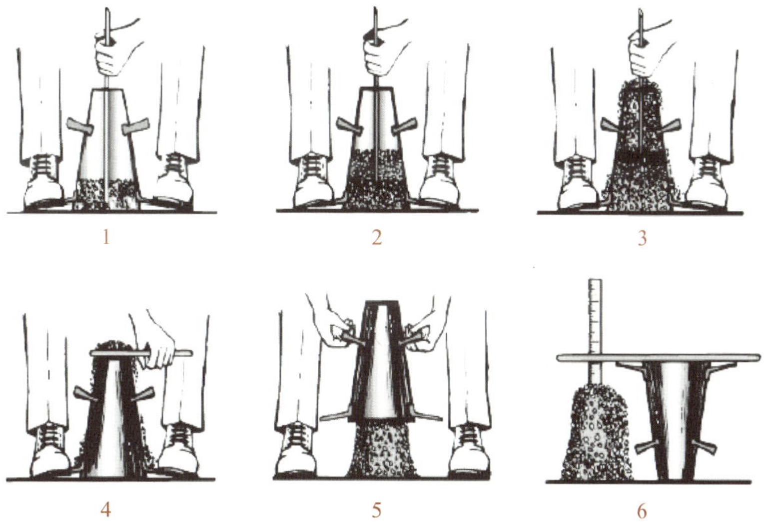

그림 3-4 콘크리트 슬럼프 시험 절차

그림 3-5 콘크리트 슬럼프 시험장치

그림 3-6 흐름시험 장치

2) 구관입시험(ball penetration test)

Kelly ball 관입시험이라고도 하며 전중량이 약 136 kg인 반구를 굳지 않은 콘크리트 표면에 놓았을 때 구가 자중에 의하여 콘크리트 속으로 가라앉는 관입깊이를 측정하여 콘크리트의 반죽질기를 알아보는 시험방법이다. 주로 포장 콘크리트의 같이 평면으로 타설된 콘크리트의 반죽질기를 측정하는데 유지하며, 관입값의 1.5～2배가 슬럼프값과 유사하다.

3) 비비시험(Vee-Bee test)

비비시험 방법은 진동대 위에 원통용기를 고정시켜 놓고 그 속에 슬럼프시험과 같은 방법으로 슬럼프 시험을 실시한 후 투명한 플라스틱 원판을 콘크리트 면 위에 높고 진동을 주어 원판의 전면에 콘크리트가 완전히 접할 때까지의 시간을 측정하는 시험방법으로 그 측정값을 VB값 또는 침하도라고 한다. 이 시험방법은 슬럼프 시험으로 측정하기 어려운 비교적 된 비비 콘크리트에 적용하기 좋다.

3.2.3 재료분리(segregation)

콘크리트는 비중과 입자가 각기 다른 여러 종류의 재료로 구성되므로, 콘크리트 믹싱, 운반, 다지기 작업 시 각각의 재료가 분리되기 쉽다. 재료분리가 발생하게 되면 콘크리트는 불균질하게 되어 강도, 수밀성, 내구성 등에 나쁜 영향을 미친다.

1) 작업 중에 생기는 재료분리

매우 묽은 반죽의 콘크리트를 일정 높이 이상에서 낙하시킬 때 재료의 분리가 일어나기 쉽다. 이와 같이 콘크리트 작업 중에 다양한 원인에 의해 재료분리가 발생하게 되며, 일반적인 재료분리의 원인은 다음과 같다.

① 굵은골재의 최대치수가 지나치게 큰 경우
② 입자가 거친 잔골재를 사용한 경우
③ 단위골재량이 너무 많은 경우
④ 단위수량이 너무 많은 경우
⑤ 배합이 적절하지 않은 경우

이러한 재료분리는 다음과 같은 사항을 유의해서 방지할 수 있다.

① 콘크리트의 성형성(plasticity)을 증가시킨다.
② 잔골재율을 크게 한다.
③ 물-시멘트비를 작게 한다.
④ 잔골재 중의 0.15~0.3 mm 정도의 세립분을 많게 한다.
⑤ AE제, 플라이애시 등의 혼화재료를 적절히 사용한다.

2) 콘크리트 타설 작업 후의 재료분리

(1) **블리딩**(bleeding)

콘크리트 타설 후 시멘트, 골재입자 등이 침하함으로서 물이 분리 상승되어 콘크리트 표면에 떠오르는 현상을 말한다. 블리딩도 일종의 재료분리이므로 블리딩이 크면 상부 콘크리트가 다공질이 되기 쉬우며, 강도, 수밀성 및 내구성이 저하되며, 골재입자나 수평철근의 밑부분에 수막을 만들고 시멘트풀과의 부착을 저해하며 수밀성을 감소시킨다.

(2) **레이턴스**(laitance)

블리딩에 의하여 콘크리트 표면에 떠올라 침전한 미세한 물질을 말한다. 레이턴스는 시멘트나 모래속의 미립자의 혼합물로서 굳어져도 강도가 거의 없으며, 콘크리트의 작업 이음 시 제거하지 않으면 콘크리트의 타설 이음부가 약점이 되는 원인이 된다.

3.2.4 초기 균열

콘크리트는 타설 초기 다양한 원인에 의해 균열이 발생할 가능성이 높다. 시공 초기 균열에는 콘크리트의 부등침하에 의한 침하수축균열과 표면에서 급속한 건조에 의해 생기는 소성수축균열이 있다.

1) 침하수축균열

침하수축균열은 콘크리트 타설 후 콘크리트의 표면 가까이에 있는 철근, 매설물 또는 입자가 큰 골재 등이 콘크리트의 침하를 방해하여 발생한다. 이러한 침하수축균열은 타설 이후 발생하기 쉽다.

2) 소성수축균열

소성수축균열은 콘크리트 표면에서 수분의 증발이 급격하게 발생하여 마무리면에 생기는 가는 균열을 말한다. 소성수축균열은 수분의 증발을 방지하고 콘크리트 표면에서 급격한 온도변화가 발생하지 않도록 하여 방지한다.

3.3 경화한 콘크리트의 성질

3.3.1 중량

콘크리트의 중량은 ① 사용하는 골재의 종류, ② 굵은골재의 최대치수, ③ 콘크리트의 배합, ④ 건습의 정도에 따라 달라진다. 콘크리트의 중량은 단위용적중량(kg/cm^3) 또는 기건비중으로 나타낸다.

① 무근 콘크리트 : 2,300~2,350 kg/cm^3
② 철근 콘크리트 : 2,400~2,500 kg/cm^3
③ 경량 콘크리트 : 1,500~1,900 kg/cm^3

각종 골재를 사용한 콘크리트의 비중을 표 3.1에 나타내었다.

표 3.1 각종 골재를 사용한 콘크리트의 중량

콘크리트의 종류	잔골재	굵은골재	기건비중
중량콘크리트	중정석	중정석	3.40~3.62
	적철광	적철광	3.03~3.86
	자철광	자철광	3.40~4.04
	자철광	철편	3.80~5.12
보통콘크리트	하천모래	하천자갈	2.20~2.40
경량콘크리트	하천모래	팽창혈암	1.70~2.00
	팽창혈암	팽창혈암	1.40~1.70
	화산암	화산암	1.20~1.60
기포콘크리트	-	-	0.55~1.20

3.3.2 압축강도

콘크리트의 강도는 일반적으로 표준양생을 한 시편의 재령 28일 압축강도를 말한다. 일반 콘크리트의 강도는 재령 28일의 압축강도를 기준으로 하며, 댐콘크리트는 재령 91일의 압축강도, 포장 콘크리트는 재령 28일의 휨강도를 기준으로 한다.

콘크리트의 압축강도에 영향을 미치는 주된 요인은 다음과 같다.

1) 재료 품질의 영향

(1) **시멘트**

콘크리트의 강도는 시멘트의 품질에 따라 크게 달라진다.

시멘트 강도 K와 콘크리트의 압축강도 사이에는 다음과 같은 관계가 성립한다.

$$f = K(AX + B) \tag{3.1}$$

여기서, f : 콘크리트의 압축강도

X : 시멘트물비

A, B : 상수

K : 시멘트의 강도

(2) 골재

골재의 강도는 시멘트풀의 강도보다 큰 것이 보통이므로 일반적으로 골재 강도의 변화는 콘크리트 강도에 거의 영향을 미치지 않는다. 그러나 천연경량 골재나 약한 석편을 많이 포함한 경우에는 콘크리트의 강도가 저하한다.

콘크리트의 강도가 고강도가 될수록 골재의 영향이 매우 커진다. 골재의 표면이 거칠수록 골재와 시멘트풀과의 부착이 좋기 때문에 일반적으로 부순돌을 사용한 콘크리트의 강도는 강자갈을 사용한 콘크리트보다 크다. 물-시멘트비가 일정하더라도 굵은골재의 최대치수가 클수록 콘크리트의 강도는 작아지며, 이러한 경향은 부배합일수록 더욱 커진다.

(3) 혼합수

콘크리트의 재료 중에서 혼합수에는 관심이 적은 편이나 수질은 콘크리트의 강도, 시공시의 응결시간 및 경화한 후의 콘크리트의 여러 가지 성질에 영향을 미치는 재료이다.

2) 배합의 영향

콘크리트 강도에 영향을 미치는 요인 중에서 가장 큰 영향을 미치는 것은 물-시멘트 비이다.

(1) **물-시멘트비 설**(water-cement ratio theory)

1919년 D.A. Abrams에 의하여 제창된 이론으로, 깨끗하고 강경한 골재를 사용한 콘크리트가 워커블하고 플라스틱하다면 콘크리트의 강도는 시멘트풀의 물-시멘트비에 의하여 결정된다. 그 관계는 다음 식으로 나타낸다.

$$f = \frac{A}{B^x} \tag{3.2}$$

여기서, f : 콘크리트의 압축강도
x : 물-시멘트비
A, B : 시멘트 품질 등에 의하여 정해지는 상수

(2) **시멘트-물비 설**(cement-water ratio theory)

1925년 경 I. Lyse에 의하여 제창된 이론으로서 강도와 시멘트물비와의 사이에는 직선관계가 성립된다. 실용상 편리하므로 보통 콘크리트의 배합설계 등에 유효하게 이용된다.

$$f = A + B\left(\frac{C}{W}\right) \tag{3.3}$$

여기서, A, B : 실험정수

(3) **시멘트 공극비설**(cement-void ratio theory)

1921년 A.N. Talbot에 의하여 제창된 이론으로 콘크리트의 강도는 시멘트 공극비(cement-void ratio, $\frac{c}{v}$)에 의하여 지배된다는 설로서 다음 식과 같은 관계가 성립된다. 매우 된 반죽의 콘크리트에 공극이 남는 경우, AE콘크리트 등의 경우에 잘 적용된다.

$$f = A + B\left(\frac{c}{v}\right) \tag{3.4}$$

여기서, c : 시멘트의 절대용적
v : 공극의 용적(공기 등)
A, B : 상수

3) 공기량의 영향

물-시멘트비가 일정한 콘크리트에서 공기량이 1% 증가하는 데 따라 압축강도는 4~6% 감소한다. AE 콘크리트 경우, 소요의 워커빌리티를 얻기 위해 단위수량이 적게 되기 때문에 단위시멘트량과 슬럼프를 일정하게 할 경우 AE제를 사용하지 않은 콘크리트와 압축강도가 거의 비슷하다.

4) 시공방법의 영향

비비기 방법에서는 비비기 시간이 길수록 시멘트와 물과의 접촉이 좋게 되기 때문에 일반적으로 강도는 증대된다. 이러한 경향은 빈배합일수록, 굵은골재의 최대치수가 작을수록, 된 반죽일수록 효과가 크다. 충분히 비비는 데 필요한 시간은 믹서의 형식, 용량에 따라 다르므로 시험에 의하여 정해야 한다. 콘크리트를 비빈 후 방치한 것을 물을 가하지 않고 다시 충분히 균일하게 되도록 다시 비비면 일반적으로 강도는 증대한다. 그러나 워커빌리티가 나쁘게 되고 다짐이 곤란하게 되므로 오히려 강도가 저하하는 경우도 있다. 콘크리트가 굳기 시작한 후에 다시 비비는 작업을 되비비기라고 한다.

콘크리트나 모르타르가 엉기기 시작하지 않았으나 비빈 후 상당한 시간이 지났거나 또는 재료가 분리되는 경우에 다시 비비는 작업을 거듭비비기라고 한다.

(1) 진동다짐

① 진동기(vibrator)를 사용하여 다짐을 할 경우, 된 반죽의 콘크리트의 강도는 크게 되지만 묽은 반죽은 그 효과가 적다. 이것은 진동에 의하여 콘크리트 속의 기포가 적어지며, 치밀한 콘크리트가 되기 때문이다.

② 묽은 반죽의 경우에는 진동시간이 너무 길어지면 재료가 분리하여 오히려 강도는 저하한다. 또한 응결 도중 적당한 시기에 재진동을 하게 되면 강도가 오히려 증대하는 경우도 있다.

(2) 성형압력

① 콘크리트는 성형 시에 가압하여 경화시키면 일반적으로 강도는 크게 된다. 이것은 가압에 의하여 기포나 잉여수분이 배출됨으로써 강도가 증대한다.

② 묽은 반죽 콘크리트의 경우에 효과가 크다.

5) 양생방법의 영향

콘크리트에 충분한 습도와 적당한 온도 및 재령을 주며 유해한 응력을 가하지 않는 것을 양생이라고 한다.

(1) 양생방법

① 습윤양생(wet curing) : 습윤상태로 유지하여 콘크리트 중의 수분이 급격히 증발하지 않도록 하는 것. 수중, 습사, 분무, 살수, 피막 등

② 촉진양생 : 시멘트의 수화반응을 촉진하기 위하여 고온양생에는 증기, 온수 특히 한중콘크리트에 대해서는 전기 전열양생 등

(2) 콘크리트의 강도발현 양상

① 습윤양생 후 공기 중에서 건조시키면 강도가 20~40% 증가한다. 이 강도증가는 일시적이며 그대로 건조상태에 두면 증가하지 않는다.

② 건조상태의 공시체를 다시 습윤상태에 두면 강도가 다시 증가한다.

(3) 양생온도가 강도에 미치는 영향

① 시멘트의 품질, 배합 등에 의하여 달라지나 일반적으로 양생온도가 4~40℃의 범위에 있어서는 온도가 높을수록 재령 28일까지의 강도는

커진다.

② 그러나 지나치게 온도가 높으면 오히려 강도발현에 나쁜 영향을 미친다.

③ 양생온도가 −0.5~2.0℃ 이하로 되면 콘크리트 속의 수분이 동결하므로 특히 초기 재령에서 심한 동해(凍害)를 받는다.

(4) **고온고압증기양생**(autoclave curing)

① 온도 170~185℃, 7~15 kg/cm^{2}의 압력의 증기 속에서 6~12시간 양생하면 재령 1일에 보통양생 28일 강도에 해당하는 강도를 얻을 수 있다. 프리캐스트 제품 제조에 널리 응용된다.

(5) **재령**

① 콘크리트의 강도는 경과시간(재령)에 따라 강도가 증가하고 증가비율은 재령이 짧을수록 현저하다.

② 강도의 증진과 재령과의 관계 : 시멘트의 종류, 골재의 성질, 양생상태에 따라 현저하게 다르다.

③ 습윤양생한 콘크리트 또는 모르타르의 재령과 강도와의 관계를 나타내는 실험식은 D.A. Abrams나 C. Bach에 의하면 다음과 같다.

$$f = A\log t + B \tag{3.5}$$

여기서, t : 재령(일)

A, B : 상수

④ 콘크리트의 강도는 양생온도에 영향을 받기 때문에 양생온도를 고려하여, 온도와 재령과의 성숙도 또는 적산온도(maturity) M 또는 DD (degree-day)를 Plowmann은 다음 관계식으로 나타내었다.

$$f = \alpha\log_{10}M + \beta \tag{3.6}$$

여기서, α, β : 실험상수

M : $\sum(10+T)^\circ C \times t(\text{일})$

⑤ 조기강도로서 28일 강도를 추정하는 식

- O. Graf의 식

1 : 3 모르터 7 cm 입방체 7일 강도

$$W_7 = 50 \sim 450\,\mathrm{kg/cm^2} \tag{3.7}$$
$$W_{28} = 13.5\,W_7 + 35\,\mathrm{kg/cm^2}$$

- Slater의 식

$$f_{28} = f_7 + 8\sqrt{f_7}\ \mathrm{kg/cm^2} \tag{3.8}$$

- Oregon State Highway Commission의 식

$f_{28} = 300\,\mathrm{kg/cm^2}$ 이하의 콘크리트에 대하여

$$f_{28} = 1.51 f_7 + 3.43\,\mathrm{kg/cm^2} \tag{3.9}$$

- 일본건축학회의 추정식 : 표 3.2

6) 시험방법의 영향

(1) 공시체(specimen)의 모양과 크기

① 공시체의 높이와 지름 또는 한 변의 길이와의 비의 영향은 콘크리트 강도에 매우 큰 영향. 이 비가 작을수록 강도가 크게 된다.

② 우리나라 공업규격 KS F 2405 : 콘크리트의 압축강도시험은 공시체의 높이가 지름의 2배인 원주형공시체를 사용하는 것을 표준

③ 각주공시체(prism specimen)나 입방체공시체(cube specimen)를 사용하여 압축강도를 실시한 경우 이들 강도 시험값을 표준공시체의 강도로 환산

표 3.2 콘크리트 7일 압축강도에서 28일 압축강도 추정식

양생방법	콘크리트의 타설부터 4주가지의 예상 평균기온(℃)	보통포틀랜드시멘트, 고로시멘트, 플라이애시시멘트, 실리카시멘트 A종(MPa)	조강 포틀랜드시멘트 (MPa)
21 ± 3℃의 수중양생	15 이상	$F_{28} = 1.35F_7 + 3.0$	$F28 = F_7 + 8.0$
	10~15	$= 1.35F_7 + 1.0$	$F28 = F_7 + 8.0$
	5~10	$= 1.35F_7 - 1.0$	$F28 = F_7 + 8.0$
	2~5	$= 1.35F_7 - 2.0$	$F28 = F_7 + 8.0$
	0~2	$= 1.35F_7 - 3.5$	$F28 = F_7 + 8.0$
공사현장의 실외에서의 수중양생	15 이상	$F_{28} = 1.35F_7 + 3.0$	$F28 = F_7 + 8.0$
	10~15	$= 1.35F_7 + 5.0$	$F28 = F_7 + 8.0$
	5~10	$= 1.35F_7 + 7.0$	$F28 = F_7 + 8.0$
	2~5	$= 1.35F_7 + 8.0$	$F28 = F_7 + 8.0$
	0~2	$= 1.35F_7 + 10.0$	$F28 = F_7 + 8.0$

표 3.3 표준공시체에 대한 강도환산표

높이와 지름의 비	2.00	1.75	1.50	1.25	1.10	1.00	0.75	0.50
계수	1.00	0.98	0.96	0.94	0.90	0.85	0.70	0.50

(2) 공시체 표면의 모양

① 공시체의 가압면은 평면으로서 공시체의 축에 직각이라야 한다. 이것은 가압면이 평면이 아니면 공시체 편심하중 또는 집중하중이 작용하여 실제의 강도보다 작은 응력에서 파괴하기 때문

② H.F. Gonnerman : 공시체의 가압면이 0.05 in (약 1.3 mm) 정도 오할 때 최대 5%의 강도가 감소되며, 0.05 in 볼록할 때 최대 30%의 강도가 감소

③ 공시체 표면이 요철(凹凸)인 경우 : 캡핑(capping)으로 공시체 표면을 평면이 되도록 하여 압축강도시험을 실시. 캡핑의 재료나 두께도 강도에 영향을 미치며, 캡핑의 두께는 가능한 엷은 것이 좋으나 2~3 mm 정도가 적당하며 6 mm를 넘으면 강도의 저하가 커진다. 캡핑 재료로서는 시멘트풀, 황과 플라이애시와 같은 미분말재료와의 혼합물 등이 있다.

(3) 시험의 재하속도

압축강도시험에서 재하속도(loading speed)는 콘크리트의 강도에 영향을 미치며, 일반적으로 재하속도가 빠를수록 강도가 크게 나타나며, 이 경향은 100 kg/cm^2/sec를 넘으면 급격히 증대된다. 압축강도의 재하속도를 2~3 kg/cm^2/sec로 규정하고 있으나, 인장이나 휨강도시험의 재하속도는 각각 달리 규정하고 있다.

3.3.3 기타 강도

1) 인장강도

콘크리트의 인장강도(tensile strength)는 압축강도와 비교해서 매우 작아 약 $\frac{1}{10} \sim \frac{1}{13}$ 정도이다. 콘크리트의 압축강도와 인장강도와의 비 $\frac{f_c}{f_t}$인 취도(脆度)계수(coefficient of brittleness)의 값은 압축강도가 클수록 크다.

또 인장강도는 콘크리트를 건조시키면 습윤한 콘크리트보다 저하된다. 이러한 경향은 흡수량이 큰 인공경량골재 콘크리트에 있어서 더욱 현저하다. 철근콘크리트 부재의 설계에서 인장강도는 무시하나, 보의 사인장응력, 슬래브 및 수조의 설계 등에서는 콘크리트의 인장강도는 중요하며 직접 영향을 미친다.

① 콘크리트의 인장강도 시험방법 : KS F 2423의 할렬시험(splitting tensile test) 원주형 공시체를 그림 3-7과 같이 옆으로 놓고 상하방향에서 가압하여 공시체를 할렬하여 그 때의 파괴하중 P로부터 다음 식을 사용하여 인장강도를 구한다.

$$f_t = \frac{2P}{\pi d l} \tag{3.10}$$

여기서, f_t : 인장강도(kg/cm^2)
d : 공시체의 지름(cm)
P : 시험기에 나타난 최대하중(kg)
l : 공시체의 길이(cm)

② 할렬에 의한 인장강도는 순인장강도와 거의 비슷한 값을 나타낸다.

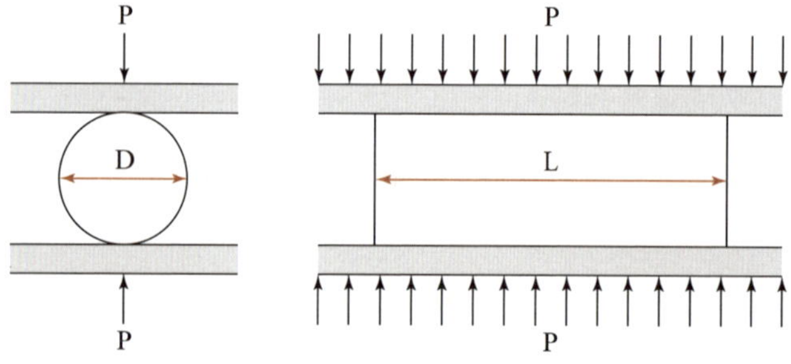

그림 3-7 할렬인장강도 시험방법

2) 휨강도

콘크리트의 휨강도(flexural strength, modulus of rupture) : 압축강도의 $\frac{1}{5} \sim \frac{1}{8}$ 정도이며, 장방형 보를 그림 3-8과 같이 중앙집중 재하(center point loading) 또는 3등분점 재하(third point loading)에 의하여 다음 식으로 구한다.

$$f_b = \frac{M}{Z} \tag{3.11}$$

여기서, f_b : 휨강도(kg/cm²)

M : 최대 휨모멘트(kg · m)

Z : 보의 단면계수(cm³)

콘크리트의 휨강도는 인장강도의 1.6~2.0배 정도로서, 파괴하중의 근방의 응력 상태는 소성 성질을 나타내므로 응력이 직선분포로 나타나지 않는다. 콘크리트의 휨강도는 도로, 공항 등의 콘크리트 포장의 설계기준강도, 이들 콘크리트의 품질결정 및 관리 등에 사용된다.

3등분점 재하에 의한 휨강도는 집중하중에 의해 시험한 휨강도보다 약간 작은 (0.75~0.80) 값을 나타낸다. 그 이유는 콘크리트는 엄밀히 말해서 균일재료가 아니며, 3등분점 재하의 경우에는 재하점 사이의 지간에 최대휨모멘트가 생기고 이 부분 중에서 가장 약한 단면에서 파괴하는데 반하여, 집중재하방법의 경우에는 최대휨모멘트가 재하점에서 생기므로 파괴단면이 정해져 있기 때문에 3등분점 재하의 휨강도가 작다.

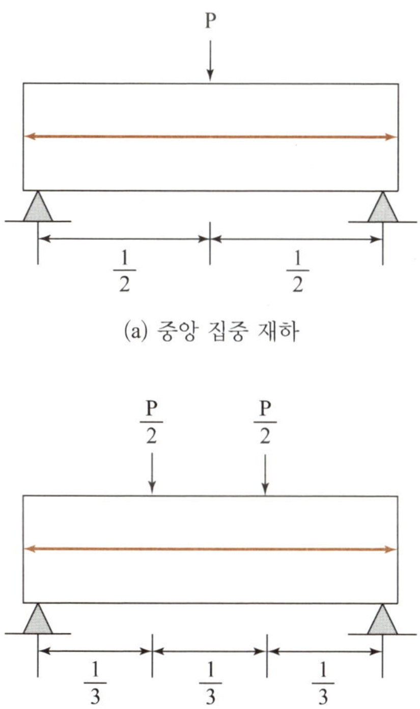

(a) 3등분점 재하

그림 3-8
콘크리트의 휨강도 시험방법

3) 전단강도

콘크리트, 석재, 주철과 같은 취성재료는 인장강도가 매우 작기 때문에 탄성체의 경우와 같이 비틀림시험에 의하여 진(眞)의 전단응력을 구하기 어렵다.

콘크리트의 전단응력은 그림 3-9에서와 같은 직접전단시험에 의하여 구한다. 최대하중 P를 측정하여 전단응력이 횡방향에 일정하게 분포한다고 가정하고 다음 식으로 구한다.

$$\tau = \frac{P}{A} \tag{3.12}$$

이와 같이 구한 직접전단강도(shear strength)는 압축강도의 $\frac{1}{4} \sim \frac{1}{6}$, 인장강도의 2.3~2.5배 정도이며, 일반적으로 높이 또는 폭이 클수록 또 지간이 커질수록 직접전단강도는 작아진다. 진(眞)의 전단강도는 3축시험을 실시하여 Mohr의 응력원을 그려 파괴포락선이 세로축과 교차하는 점의 세로 좌표에서 구할 수 있다.

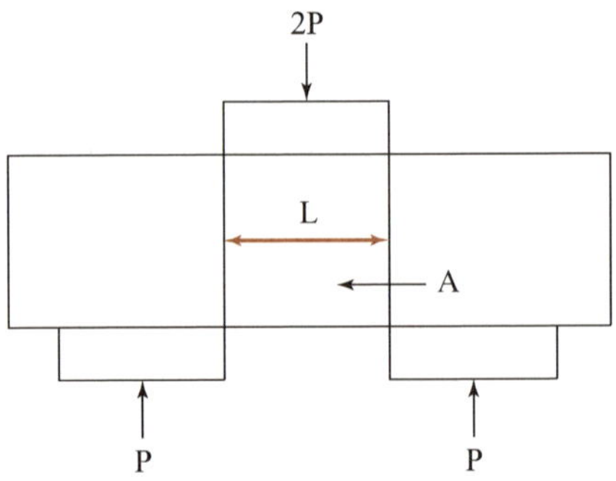

그림 3-9
직접전단시험방법

4) 부착강도(附着强度)

철근콘크리트 구조가 성립하기 위해서는 철근과 콘크리트가 항상 일체가 되어 하중에 저항하지 않으면 안 된다. 그러기 위해서 부착(bond)이 필요하며, 부착의 정도를 부착강도라 하며, 부착강도는 철근과 시멘트풀과의 순부착력, 철근과 콘크리트 사이의 마찰력 및 철근 표면의 요철에 의한 기계적 저항력 등에 의한다.

부착강도는 다음과 같은 요인에 의해 변화된다.

① 철근의 종류 및 지름
② 콘크리트 속의 철근의 위치 및 방향, 묻힌 길이
③ 콘크리트의 피복두께
④ 콘크리트의 품질

콘크리트의 압축강도와 원형철근 및 이형철근의 부착강도와의 관계 : 압축강도가 증가하는데 따라 부착강도가 증가하여 이형철근의 부착강도는 원형철근의 약 2배 정도이다.

수평철근의 부착강도는 연직철근의 $\frac{1}{2} \sim \frac{1}{4}$ 정도이며, 수평철근의 아래쪽의 콘크리트 두께가 클수록 부착강도는 저하한다. 그 이유는 콘크리트 속의 고체 입자의 침하, 블리딩 등에 의해 철근 밑에 공극, 수막(水膜)이 생겨 부착을 약하게 만들기 때문이다.

일반적으로 철근과 콘크리트의 부착강도 시험은 잡아빼기(인발시험) 시험이 많이 사용되고 있으며, 이 방법은 콘크리트 속에 묻어둔 철근에 인장력을 가하여 콘크리트에 대한 철근의 미끄러지는 양을 측정하여, 인장력과 미끄러지기 시작할 때의 하중과 어느 미끄러진 양에 대한 하중 또는 최대하중을 취하여, 부착응력은 철근의 표면에 일정하게 분포한다고 가정하여 다음 식으로 계산한다.

$$\tau_0 = \frac{P}{\pi d l} \tag{3.13}$$

여기서, τ_0 : 부착강도(kg/cm^2)
l : 묻힌길이(cm)
P : 최대하중(kg)
d : 철근의 지름(mm)

5) 지압강도(支壓强度)

지압강도(bearing strength)란 교각의 지지부나 프리스트레스트 콘크리트의 긴장재 정착부 등에서 부재의 일부분만이 국부적인 하중을 받는 경우의 콘크리트의 압축강도를 말한다.

지압강도는 국부응력에 의한 최대압축하중 P를 국부재하면적(지압면적) A'로 나눈 값이다.

$$f_c' = \frac{P}{A'} \tag{3.14}$$

여기서, f_c' : 지압강도(kg/cm^2)
A' : 지압면적(cm^2)

6) 피로강도(疲勞强度)

콘크리트도 다른 재료와 마찬가지로 반복하중을 받거나, 일정한 하중을 지속적으로 받게 되면 피로 때문에 정적(靜的) 파괴하중보다 작은 하중으로 파괴된다. 전자를 피로파괴(fatigue fracture)라 하며, 후자를 크리프 파괴(creep fracture)라 한다.

피로에 의한 파괴강도는 주로 작용하는 응력의 상한치와 하한치의 범위와 반복횟수에 의하여 변화된다.

내구한계(endurance limit) 또는 피로한계(fatigue limit)란 무한대의 반복횟수에 견딜 수 있는 응력의 최대치를 말하며 피로강도(fatigue strength)는 소정의 반복횟수에 견디는 응력의 한도로 반복횟수와 함께 나타낸다.

콘크리트의 200만회 피로강도는 정적 파괴강도의 50~60% 정도이며, 피로에 의한 강도 저하의 원인은 다음과 같다.

① 콘크리트 속의 미세한 균열(micro crack)의 발생
② 미세한 균열은 콘크리트의 응력이 $0.5f_c$ 정도일 때 발생하기 시작하여 반복재하에 의하여 발달하여 파괴한다.

일반적인 콘크리트의 크리프 한계는 콘크리트의 정적 강도의 70~80% 정도이다.

7) 콘크리트 강도의 비파괴시험(non-destructive test)

① 코어를 채취하여 시험하는 방법
② 매립한 쇠붙이를 인발하여 측정하는 방법
③ 초음파를 이용하는 음향에 의한 방법
④ 햄머를 이용하여 콘크리트 표면의 경도를 측정하는 방법(슈미트 햄머에 의한 콘크리트 강도의 비파괴시험)

3.3.4 탄성(彈性)과 소성(塑性)

1) 응력-변형률 곡선

콘크리트는 완전 탄성체가 아니므로 그림 3-10과 같이 하중 재하의 초기단계에서부터 곡선을 나타내며 엄밀히 직선부분은 존재하지 않는다.

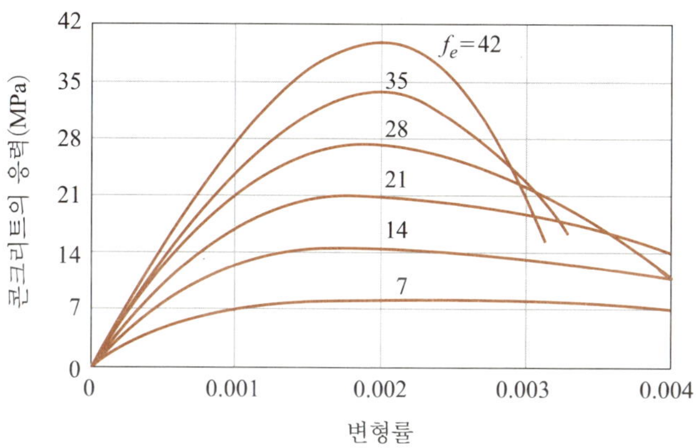

그림 3-10 콘크리트의 응력-변형률 곡선

곡선의 형태는 콘크리트의 강도, 품질 등에 따라 다르지만 고강도 콘크리트 쪽의 곡선의 기울기가 강도가 낮은 콘크리트 쪽의 기울기보다 급하다.

하중이 작은 초기에는 거의 직선에 가까우나 하중의 증가와 더불어 점차 곡선으로 나타나고 있어 콘크리트는 훅크의 법칙(Hooke's Law)이 성립하지 않는 재료, 즉 비선형재료에 속함을 알 수 있지만, 철근콘크리트 부재를 허용응력설계법으로 설계할 때에는 콘크리트를 탄성체로 가정하여 설계한다.

그림 3-11의 응력-변형률 곡선에서와 같이 비교적 작은 하중을 가하더라도 잔류변형률(η)이 생긴다. 이것은 소성변형률이라고도 한다. 그리고 전 변형률(δ)에서 잔류변형률을 뺀 것을 탄성변형률(ϵ)이라 하며, 탄성변형률은 하중을 제거하면 회복하는 변형률이다.

보통 콘크리트에서 잔류변형률에 대한 전 변형률의 비는 응력이 클수록 크고, 파괴강도의 50% 정도의 응력에서 약 10% 정도이다.

- 콘크리트 응력과 변형률과의 관계 : C. Bach의 관계식은 다음과 같다.

$$\epsilon = \alpha f^{m} \tag{3.15}$$

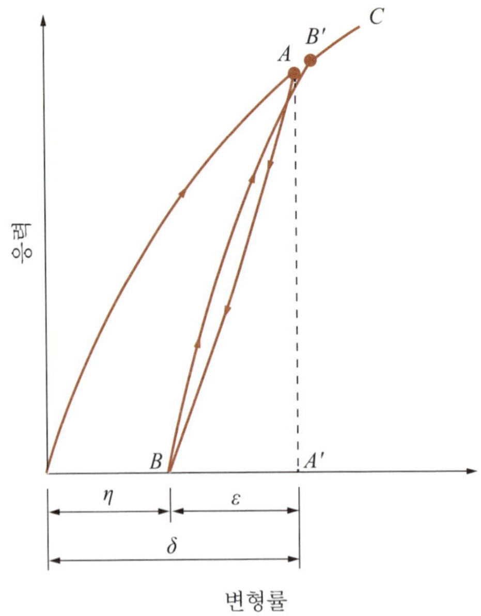

그림 3-11
콘크리트의 응력과 변형률과의 관계

여기서, α : 상수(1/E)
m : 재료의 품질에 따라 정해지는 상수
(콘크리트의 경우 m = 1.11~1.16)

압축강도 12~42.5 MP의 보통 콘크리트가 파괴에 도달할 때까지의 응력과 변형률과의 관계를 다음과 같이 나타낸 경우도 있다.

$$f = a\delta + b\delta^2 + c\delta^3 \tag{3.16}$$

여기서, a, b, c : 재령 및 압축강도에 의하여 결정되는 상수

2) 정탄성계수(靜彈性係數, static modulus of elasticity)

정탄성계수란 정적 하중에 의하여 얻어진 응력-변형률 곡선에서 구한 탄성계수를 말한다.
콘크리트 정탄성계수는 초기탄성계수, 할선탄성계수, 접선탄성계수로 구하나 일반적으로 할선탄성계수로 나타낸다.
할선탄성계수는 파괴강도의 $\frac{1}{3} \sim \frac{1}{4}$로 하며, 이 값은 허용응력을 파괴강도의 $\frac{1}{3} \sim \frac{1}{4}$로 취하는 것과 같다. 콘크리트의 탄성계수는 일반적으로 압축강도 및 밀도가 클수록 크다.

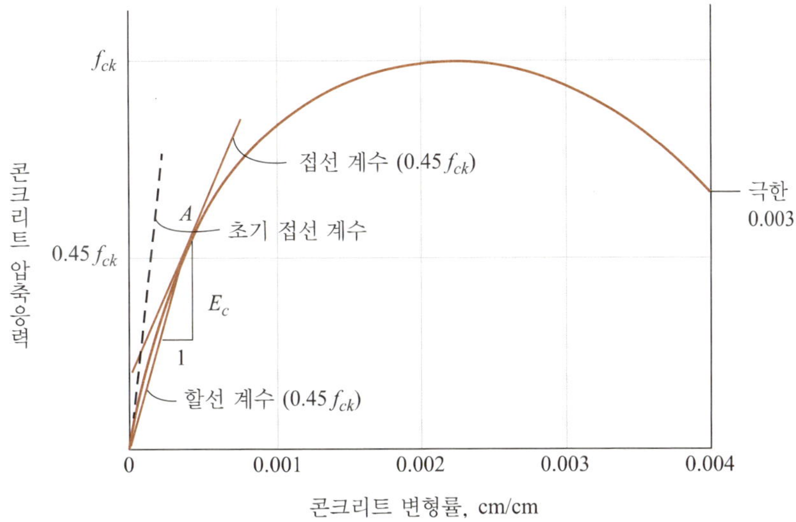

① 초기접선탄성계수(Intial Tangent Modulus of Elasticity)
② 접선탄성계수(Tangent Modulus of Elasticity)
③ 할선탄성계수 또는 시컨트계수(Secant Modulus of Elasticity)
A는 압축강도의 30~50%에 해당점

그림 3-12
콘크리트 정탄성계수

표 3.4 콘크리트 탄성계수 E_c의 값

f_{ck} (MPa)	21	24	27	30	35	40
f_{cu} (MPa)	29	32	35	38	43	48
E_c (Mpa)	26,000	27,000	28,000	29,000	30,000	31,000

- 콘크리트의 탄성계수 : 시방서

$$E_c = 0.077 m_c^{1.5} \sqrt[3]{f_{cu}} \quad (MPa) \tag{3.17}$$

$$E_c = 8500 \sqrt[3]{f_{cu}} \ (\mathrm{MPa}) \tag{3.18}$$

(= 2,300 kgf/m^3 : 보통콘크리트)

여기서, m_c : 콘크리트의 단위중량(kgf/m^3)

$f_{cu} = f_{ck} + 8$: 재령 28일에서 콘크리트 평균 압축강도

f_{ck} : 콘크리트의 설계기준 강도

3) 프와송비(Poisson's ratio)

콘크리트 공시체에 단순 압축력 또는 단순 인장력을 가할 때 공시체의 축방향 변형률(ϵ_l)과 축과 직각방향 변형률(ϵ_t)과의 비 $\nu = \frac{\epsilon_t}{\epsilon_l}$ 을 프와송비라 한다. 프와송비의 역수 $m = \frac{1}{\nu}$ 을 프와송수(Poisson's number)라 한다.

프와송비는 탄성계수와 마찬가지로 사용재료, 배합, 강도 등에 따라 다르지만 일반적으로 허용응력 부근에서는 $\frac{1}{5} \sim \frac{1}{7}$, 파괴응력 부근에서는 $\frac{1}{2} \sim \frac{1}{4}$ 정도이다.

경량 콘크리트의 프와송비는 보통 콘크리트와 거의 같거나 약간 크다.

4) 전단탄성계수(shear modulus, modulus of rigidity)

흑크의 법칙이 성립하는 재료의 전단탄성계수는 다음 식 3.19와 같이 나타낸다.

$$G = \frac{\tau}{\gamma} \tag{3.19}$$

여기서, τ : 전단응력(kg/cm^2)

γ : 전단변형률

콘크리트의 경우, 영계수와 마찬가지로 전단탄성계수를 구하기가 쉽지 않으므로 탄성계수 E_c 와 프와송수 m 을 사용하여 다음 식으로 산출하는 경우가 많다.

$$G = \frac{E}{2} \cdot \frac{m}{m+1} \tag{3.20}$$

여기서, $m = 5 \sim 7$ 정도이므로

$$G \fallingdotseq (0.42 \sim 0.44) \cdot E \tag{3.21}$$

5) 동탄성계수(dynamic modulus of elasticity)

탄성재료로 만든 원형단면 봉의 공명진동수와 탄성계수와의 사이에는 다음과 같은 관계가 성립된다.

$$f_l = \frac{1}{2l} \cdot \sqrt{\frac{E_d}{\rho}} \tag{3.22}$$

여기서, f_l : 봉의 종공명진동수(從共鳴振動數)

l : 봉의 길이(cm)

E_d : 영계수(dyne/cm^2)

ρ : 봉의 밀도(g/cm^3)

보통 재료의 공명진동수나 초음파와 같은 파장이 짧은 펄스(pulse)의 전달속도를 구하여 동탄성계수를 산출한다. 콘크리트의 동탄성계수(E_d)는 정탄성계수(E_s)와 반드시 일치하지는 않는다. 이들 탄성계수의 관계는 $\frac{E_d}{E_s} = 1.04 \sim 1.37$ 정도로서 압축강도가 클수록, 장기재령일수록 이 비는 작아진다.

- 콘크리트의 압축강도와 동탄성계수 사이의 관계식

$$E_d = 0.265 \cdot \sqrt{f_c} \times 10^5 \tag{3.23}$$

$$E_d = 0.228 \cdot \sqrt{f_c} \times 10^5 \tag{3.24}$$

$$E_d = 0.52 \cdot f_c^{\ 0.342} \times 10^5 \tag{3.25}$$

동탄성계수도 정탄성계수와 마찬가지로 콘크리트의 강도에 의해서만 정해지는 것이 아니고 사용재료의 종류, 배합, 건습의 정도 등에도 관계가 있다. 동탄성계수는 동결융해작용 등에 의한 콘크리트의 열화(劣化)의 정도를 파악하는 좋은 척도로 사용된다.

3.3.5 체적변화(volume change)

1) 수분의 변화에 따른 체적변화

콘크리트를 수중에서 양생하면 시멘트겔의 팽윤(澎潤)에 의하여 $100 \sim 200 \times 10^{-6}$ 정도의 팽창을 나타낸다. 이 팽창현상은 매우 완만하게 일어나므로 일반적으로 팽창에 의한 압축응력에 의하여 구조물이 위험하게 되는 경우는 거의 없다.

물로 포화된 콘크리트 공시체를 완전히 건조시키면 $600 \sim 900 \times 10^{-6}$ 정도 수축한다. 콘크리트 표준시방서에서 부정정구조물 설계 계산에 사용되는 건조수축변형률은 다음 표 3.5와 같다.

콘크리트의 건조수축(drying shrinkage)에 영향을 미치는 요인은 다음과 같다.

표 3.5 콘크리트의 건조수축 변형률

구조물의 종류		건조수축변형률
라아멘		0.00015
아치	철근량 0.5% 이상	0.00015
	철근량 0.1～0.5% 이상	0.00020

① 단위수량 ② 시멘트량과 품질
③ 골재량과 품질 ④ 공기량
⑤ 양생방법 ⑥ 부재의 모양과 크기

시멘트의 화학성분 중에서 C_3A의 함유량이 크면 수축이 크다. 골재의 경우에는 탄성계수, 압축강도가 수축에 영향을 미치며 일반적으로 연사암, 점판암은 수축이 크고, 석영질, 장석류는 수축이 작다.
인공경량골재 콘크리트의 건조수축은 일반적으로 보통 콘크리트와 거의 같거나 약간 작다.

2) 온도변화에 따른 체적변화

시멘트풀의 열팽창계수는 1℃에 대하여 $15 \sim 18 \times 10^{-6}$ 정도이나, 콘크리트는 재료, 배합 등에 따라 다르며, 보통 온도변화의 범위에서는 $7 \sim 13 \times 10^{-6}$/℃ 정도이다.
경량콘크리트의 경우 보통콘크리트의 70～80% 정도이지만, 설계 계산에서는 편의상 보통골재콘크리트와 같은 10×10^{-6}/℃를 사용한다.

3.3.6 크리프(creep)

크리프란 콘크리트에 일정한 하중을 지속적으로 재하하면 응력의 변화가 없이도 변형은 시간에 따라 증가한다. 이와 같이 시간에 따라 증가하는 변형을 말한다(그림 3-13 참조).

콘크리트 크리프는 다양한 요인에 의해 영향을 받으며, 주로 영향을 미치는 요인은 다음과 같다.

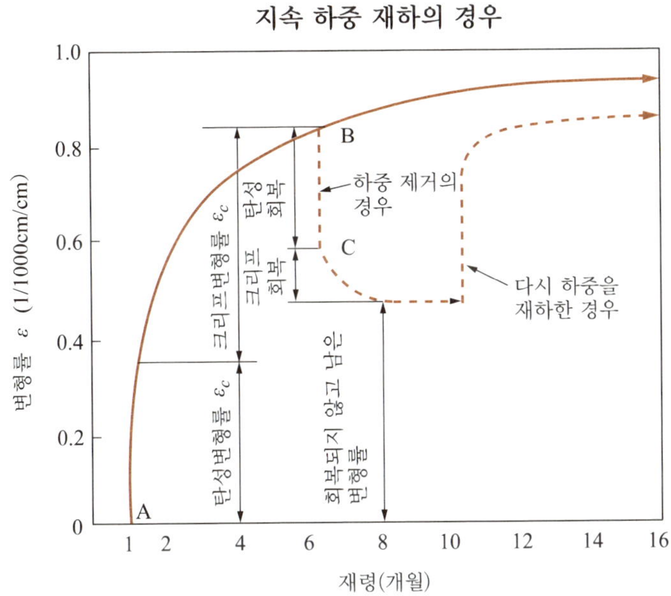

그림 3-13
콘크리트 크리프

① 시멘트의 성질
② 골재의 광물적 성질 및 입도
③ 배합 중에서 물-시멘트비와 골재량
④ 재하시의 재령
⑤ 재하기간 중의 온도와 습도
⑥ 재하응력의 크기와 하중의 종류 및 공시체의 크기

재하 시의 재령이 짧을수록, 재하재령이 길수록 크리프는 크며, 크리프의 증가비율은 재하기간에 따라 점차 감소한다. 일반적으로 지속시간 3개월에 50%, 1년에 거의 100%가 된다. 크리프는 외부습도가 높을수록 작고 온도가 높을수록 일반적으로 크다.

① Davis-Granville의 법칙
지속응력이 콘크리트 강도의 1/3 정도 이내에 있으면 크리프 변형률은 응력에 비례하며, 압축이나 인장에 대해서도 비례상수는 같다.

② Whitney의 법칙
동일한 콘크리트에서는 단위응력에 대한 크리프 변형률의 진행은 그림 3-14의 곡선 AB와 CD가 각각 시간 t_1과 t_2에서 지속하중을 가했을 때

일정하게 평행이동한 것과 같다.

그림 3-14에서 AB는 크리프의 시간적 경과를 나타낸 것으로서, 크리프 변형률은 재하의 초기에 증가율이 매우 큰 반면, 시간이 지속될수록 증가율이 작게 된다.

그림 3-14에서 전 변형률 δ, 탄성변형률 ϵ, 크리프 변형률 f 사이에는

- $t=0$에서 재하된 경우에는

$$\delta=\epsilon+f=\epsilon(1+\frac{f}{\epsilon})=\epsilon(1+\varphi_t) \tag{3.26}$$

- $t=t_1$에서 재하하는 경우

$$\delta=\epsilon+f-f_1=\epsilon(1+\frac{f}{\epsilon}-\frac{f_1}{\epsilon})=\epsilon(1+\varphi_t-t_1) \tag{3.27}$$

여기서, φ_t : 크리프 계수(creep coefficient)

구조물 설계 시 콘크리트의 크리프 변형률은 탄성변형률에 비례한다고 보며, 콘크리트의 크리프 계수는 보통의 대기 중에 있는 부정정구조물로서, 조기에 재하되지 않을 때 일반적으로 옥내의 경우 3.0, 옥외의 경우 2.0을 표준으로 적용한다.

인공경량골재 콘크리트의 크리프 변형률은 일반적으로 보통 콘크리트보다 크고 탄성변형률도 크기 때문에 크리프 계수는 작다.

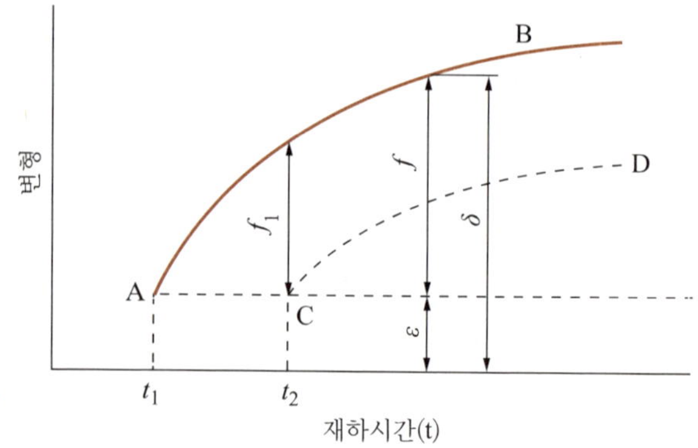

그림 3-14
크리프 변형률 계산 방법

3.3.7 내구성(耐久性, durability)

콘크리트의 내구성은 기상작용, 화학약품, 해수 및 전류의 작용 등에 내구성을 들 수 있다.

1) 기상작용에 대한 내구성

기상작용에 의한 콘크리트의 열화에는 물의 침식작용, 동결융해작용, 건습의 반복작용, 온도변화, 탄산가스의 작용 등이 있다.
일반적으로 수밀성이 크고 체적변화가 작은 콘크리트일수록 내구성이 크다.

(1) 동결융해작용에 대한 내구성

동결융해에 의한 콘크리트의 열화의 기구는 모세관수의 동결에 의한 체적팽창이 직접적인 원인이 아니고 이로 인하여 동결되지 않은 물의 압력이 높아져서 이것에 의하여 콘크리트 속의 미세균열이 생기기 때문이다.
AE 콘크리트는 수압이 공기포(空氣泡)로 완화되기 때문에 동결융해작용에 대한 저항성이 증가하며 물-시멘트비가 작은 콘크리트는 동결 가능한 물 및 수압을 생기게 하는 물이 적기 때문에 동결융해에 대한 저항성을 증가시키며, 이러한 이유 때문에 건조한 공시체는 포수상태의 공시체보다 내구적이다.
골재의 성질도 콘크리트의 동결융해에 대한 저항성에 큰 영향을 미친다.
인공경량골재 콘크리트의 동결융해작용에 대한 내구성은 보통 콘크리트보다 못하지만, 적당한 공기량을 가진 콘크리트의 경우 충분히 내구적인 경량골재 콘크리트 구조물을 만들 수 있다.

(2) 건습의 반복작용에 대한 내구성

콘크리트가 급격하게 건조하게 되면 내부는 습윤상태이지만 표면이 건조하여 수축하기 때문에 표면에 수축균열이 발생한다.
이러한 균열은 건습의 반복에 의하여 진행된다. 건습반복작용과 동결융해작용이 중복하여 작용할 때는 매우 가혹한 조건이 된다.

(3) 중성화에 대한 내구성

경화한 콘크리트는 표면에서 공기 중의 탄산가스의 작용을 받아 서서히 수산화석회가 탄산석회로 바뀐다.

$$Ca(OH)_2 + CO_2 \rightarrow CaCO_3 + H_2O \quad (3.28)$$

이 반응은 콘크리트에 수축과 균열 발생의 위험성을 가져오며, 동시에 콘크리트의 중성화(탄산화, carbonation), 즉 알칼리성의 상실을 촉진시킨다. 콘크리트 속의 철근이 녹이 생기지 않는 것은 콘크리트가 알칼리성이기 때문이며, 중성화가 철근의 위치까지 도달하면 수분과 탄산가스에 의해 철근은 부식되며, 철근이 녹이 슬면 체적이 늘어나며, 철근에 따른 균열이 발생하여 피복두께가 박락(剝落)되고 파괴하게 된다.

콘크리트의 중성화에 미치는 요인 중에서 중요한 것은 물-시멘트비와 환경조건으로서 혼합시멘트, AE제, 감수제를 사용한 콘크리트라도 그 중성화의 깊이는 순시멘트량과 물량과의 비로 정리하면 거의 일직선상에 놓인다.

콘크리트의 중성화는 공기 중의 탄산가스의 농도가 높을수록 또 온도가 높을수록 중성화 속도는 빨라진다.

2) 해수 및 화학약품에 대한 내구성

① 황산, 염산, 초산 등의 무기산 : 시멘트 수화물 중의 석회, 규산, 알루미나 등을 용해하므로 콘크리트는 심하게 침식되어 붕괴한다.

② 초산, 유산 등의 유기산의 작용 : 무기산에 비해서 약간 약하나 상당한 피해를 준다.

③ 나트륨, 마그네슘 및 칼슘의 황산염 : 시멘트의 $Ca(OH)_2$, C_3A와 반응하여 시멘트 바실루스(cement bacillus)를 만들고, 팽창하여 콘크리트를 파괴한다.

④ 해수에 의한 콘크리트의 침식 : 주로 해수 중에 포함되어 있는 황산염의 작용에 의한다. 해수 중의 콘크리트 구조물은 위의 화학작용 이외에 해수위 부근에서 건습, 동결융해의 반복, 파랑에 의한 파괴작용을 받으므로 물-시멘트비가 작은 치밀한 콘크리트를 만들 필요가 있다.

⑤ 광유 : 콘크리트에 대하여 거의 해를 끼치지 않는다. 그러나 식물성 및 동물성의 기름은 공기 중의 산소에 의하여 쉽게 분해되어 지방산을 생성한다. 지방산은 콘크리트 중의 석회와 화합하여 유기산의 염류를 생성하므로 콘크리트는 침식된다.

3) 전류의 작용에 대한 내구성

① 건조한 콘크리트는 전류에 대하여 다소의 통전성(通電性)을 나타내지만 습윤상태에서는 수산화석회 등의 전해질을 포함하고 있어 양도체(良導體)가 된다.

② 무근콘크리트는 직류 및 교류 전류에 의하여 해을 받지 않으나 철근콘크리트의 경우 교류전류는 해를 받지 않으나 직류, 특히 고압직류전류는 유해하다.

③ 철근에서 콘크리트에 직류전류가 흐르면 전해에 의하여 철근 계면에 산소 및 무기산이 새겨서 철근을 녹슬게 한다. 전압이 2～3 V의 경우에 온도가 80℃ 이하라면 이들의 부식은 가벼우나 전압, 온도가 위의 값보다 크게 되면 부식은 급속히 진전한다.

④ 콘크리트에서 철근에 전류가 흐르면 알칼리 이온이 음극 부근의 콘크리트에 집중되고 거기서 전하를 방출하여 수산화물로 변하여 철근의 주위에 집적된다. 그래서 철근 주위의 콘크리트가 연화현상을 일으켜 철근과 콘크리트의 부착력을 감소시킨다. 이 작용은 저전압에서 일어난다. 지하철, 고가궤도 등에 있어서도 이런 종류의 해가 생기기 쉬우므로 주의해야 한다.

⑤ 염류는 미량이라도 습윤한 콘크리트의 전기전도성을 증가시키며 콘크리트의 방청성을 감소시키기 때문에 사용해서는 안된다.

4) 침식에 대한 내구성

(1) 침식(erosion)

콘크리트가 경화 후 그 표층이 침해되어 손상되는 것을 말하며, 침식의 원인으로는 ① 흐르는 물속의 모래 등에 의한 마모, ② 교통하중에 의한 마찰, ③ 공동현상(cavitation)에 의한 침식, ④ 넓은 의미에서는 동결융해 및 화학적 침식도 포함된다.

(2) 공동현상

고속의 흐르는 물에 노출된 수리구조물의 표면에 요철이나 굴곡이 있는 경우, 물의 흐름이 도약하여 표면에서 이탈하며 내부는 심한 부압(負壓)이 되고 공동부가 생기는 현상이다. 이 공동부는 물의 흐름 때문에 없어지지만 이때는 반대로 매우 고압이 생겨 부압, 고압의 충격작용이 반복되어 콘크리트는 매우 심하게 침식된다. 공동현상이 일어나는 한계유속은 암거는 12 m/sec, 관거에서는 7.5 m/sec 정도이다.

침식은 콘크리트의 압축강도와 밀접한 관계가 있으므로 침식에 대한 저항성이 큰 콘크리트를 제조하기 위해서는 물-시멘트비를 적게 하고 강경하고 미분의 적은 골재를 사용하여 충분히 습윤 양생하여 고강도, 고밀도로 하는 것이 중요하며, 이와 함께 공동현상이 생기지 않는 대책을 수립하여야 한다.

3.3.8 수밀성(水密性)

수밀성(watertightness)은 콘크리트가 가지는 매우 중요한 성질이다. 콘크리트는 물에 접하면 흡수하고 압력수가 작용하면 콘크리트 내부까지 침수한다. 수리구조물은 말할 것도 없이 대개의 구조물은 흡수와 투수에 대한 저항성은 매우 중요한 성질이다.

콘크리트는 본질적으로 다공질이기 때문에 흡수 및 투수가 가능한 요소들을 가지고 있다. 즉, 시멘트의 수화에 필요한 수량 이외의 물을 사용하여 콘크리트를 만들기 때문에 내부에 생기는 모세관수극, 시멘트의 수화에 의한 경화수축에 의하여 생기는 공극, 블리딩에 의해 물이 상승한 흔적과 골재 또는 철근 밑의 수극(水隙) 등이 있다.

실용적인 배합으로 잘 시공된 콘크리트의 투수계수는 10^{-8}～10^{-10} cm/sec 정도이다.

콘크리트의 수밀성을 지배하는 인자로는 다음과 같은 것이 있다.

① 시공불량에 의하여 생긴 벌집 모양의 결함부(honey comb)의 존재

② 불완전 이음부 등의 결함부

폭 0.05 mm, 길이 30 cm의 균열 1개소를 투과하는 수량은 물-시멘트비가 50～60%의 치밀한 콘크리트 1 m^3의 단면을 투과하는 수량의 수백 배에 달한다. 이는 수밀성을 확보하기 위해서 시공이 얼마나 중요한 지를 나타내는 한 예로 볼 수 있다.

콘크리트의 수밀성은 물-시멘트비가 적을수록, 굵은골재일수록, 습윤양생이 충분할수록 크고, 충분히 양생한 콘크리트라도 건조시키면 건조수축의 영향에 의하여 공극이 서로 연결되어 투수가 용이하게 된다. 그래서 수밀콘크리트는

초기양생 뿐만 아니라 계속해서 습윤상태에서 양생하는 것이 좋다.

3.3.9 내화성(내열성)

콘크리트 및 철근콘크리트는 현재 사용되고 있는 구조재료 중에서 가장 내화성이 풍부한 재료로 내화성이란 화재와 같이 1,000℃ 정도의 고온에 일시적으로나마 노출되는 경우에 나타나는 콘크리트의 성질이다.

내열성은 공업용으로 또는 원자력용기 등과 같이 연속하여 고온에 노출되는 경우의 콘크리트 성질을 말한다.

콘크리트는 고온을 받으면 강도 및 탄성계수가 저하하며 철근과 콘크리트와의 부착력이 저하된다. 이것은 시멘트풀은 탈수하여 수축하지만 골재는 온도가 상승하는데 따라 팽창함으로써 시멘트풀과 골재의 체적변화의 상이, 시멘트 수화물 및 골재의 열분해, 철근과 콘크리트의 온도팽창계수의 상이 등에 의한다.

시멘트 수화물은 가열에 의하여 결정수를 방출하여, 500℃ 전후에서 $Ca(OH)_2$가 분해하여 CaO가 되며, 750℃ 전후에서는 $CaCO_3$의 분해가 시작된다. $Ca(OH)_2$의 분해에 의하여 콘크리트 강도는 급격하게 감소된다.

화강암, 사암계의 암석은 석영의 변태점 전의 약 500℃에서 급격히 팽창을 나타내고, 575℃의 변태점에서 붕괴한다. 또 석회암계의 암석은 750℃ 전후에서 $CaCO_3$의 분해가 시작된다.

인공경량골재 콘크리트가 고온을 받았을 때 압축강도의 감소는 일반적으로 보통 콘크리트보다 작다. 이것은 경량골재 자신이 그 제조과정에서 보면 열에 안정하며, 골재의 탄성계수가 작기 때문에 시멘트풀과의 부착면에서 마찰에 의하여 생기는 응력이 작기 때문이다.

60~70℃ 정도의 온도에서는 콘크리트는 악영향을 받지 않으나, 그 이상의 온도에서는 온도상승에 따라 강도는 감소하고, 특히 인장강도나 탄성계수의 감소의 정도는 현저하다.

3.3.10 균열

콘크리트 구조물에 발생하는 균열(crack)은 미관상으로나 내구성 등에 지장을 줄 뿐만 아니라 콘크리트 구조물에서는 중요한 문제점으로 대두되고 있다.

균열이 발생하는 주요 원인은 다음과 같다.

① 시공 불량	② 건조수축
③ 온도응력	④ 손식(損蝕)
⑤ 화학반응	⑥ 이상하중
⑦ 설계상의 과오	⑧ 설계세목의 불량

1) 경화 전의 균열

응결경화 과정 중에 비교적 조기에 생기는 균열을 총칭하여 플라스틱 균열(plastic crack)이라 한다. 이러한 종류의 균열은 발달하지는 않는 것이 보통이며, 미세한 경우 구조에 유해하지 않지만 외관상 좋지 않을 뿐만 아니라 경화 후의 콘크리트에 나쁜 영향을 미칠 위험이 있다. Mercer는 플라스틱 균열을 콘크리트의 침강수축과 구조적 이동에 의하여 생기는 침하수축 균열, 응결수축에 의하여 생기는 플라스틱 수축균열로 분류하였다.

(1) 침하수축 균열

콘크리트의 타설 후 1~3시간 정도의 사이에 발생하며, 균열 폭 3 mm 정도까지, 길이는 2~3 m까지, 깊이는 대부분 5 cm 이하이지만 얇은 슬래브에서는 두께를 관통하는 것도 있다.

(2) 플라스틱 균열

가늘고 얇은 균열. 이러한 종류의 균열 중에서 가장 많이 발생하는 것은 콘크리트 표면의 수분의 급격한 증발에 의하며, 특히 응결에서 경화로 옮겨가는 시기에는 시멘트의 수화반응이 가장 활발히 진행되는 시기이며, 블리딩수가 콘크리트의 내부에 흡수되어 수축이 조장되므로 균열이 발생하기 쉽다. 균열 발생의 한계증발수량은 1.0~1.5 kg/m^2・h 정도이다.

2) 경화 후의 균열

(1) 수축균열

건조수축은 정도의 차이는 있을지라도 모든 콘크리트에 생기며, 그 수축량이 부재단면의 표면과 내부에서의 차이는 있지만 철근 등에 의하여 구속되거나 또는 구조물의 기타 부분에 의하여 구속을 받는지에 따라 콘크리트에 인장응력이 생긴다. 이 인장응력이 증가하여 어느 시점에서 콘크리트의 인장강도를 추월하게 되면 균열이 발생한다. 현재까지도 수축균열을 시간함수로써 정량적으로 표현할 단계에 도달하지는 못했지만 다음과 같은 점이 명확하다.

수축곡선이 일정하면 콘크리트의 탄성계수가 작고 짧은 재령에서 건조를 개시한 쪽이 균열발생의 유무에 한하여서는 유리하다. 수축곡선이 일정하면 조강성의 콘크리트는 균열이 발생하기 쉽다. 장기간에 걸쳐서 서서히 수축응력이 작게 되고 강도의 발현에도 좋다. 수축이 어느 기간 완료하여, 그 이후에도 크리프는 진행하는 것으로 하면 수축응력은 점차 감퇴한다. 이는 팽창시멘트에 의하여 프리스트레스 또는 수축보상을 목적으로 할 때 중요한 성질이다.

(2) 온도균열

온도상승의 원인으로 인해 생기는 균열을 말하며, 온도균열을 일으킨 콘크리트는 상당히 큰 균열이 생기며 재령이 짧은 시기에 발생한다. 이 때 온도상승이 피크에 도달하여 온도강하로 바뀌는 직후와 대개 일치한다. 발생한 온도균열의 방향이나 위치 및 균열의 폭은 규칙성이 있다.

온도균열에 대한 시공 시 대책은 다음과 같다.

① 단위시멘트량을 적게 할 것
② 수화열이 낮은 시멘트를 선택할 것
③ 재료를 사용하기 전에 미리 온도를 낮추어(pre-cooling) 사용할 것
④ 양생방법에 주의할 것
⑤ 1회의 타설 높이를 줄일 것
⑥ 수축이음부를 설치하고, 파이프를 사용하여 콘크리트 내부온도를 낮추어(pipe-cooling) 사용하는 등 종합적인 대책이 요망된다.

3.4 콘크리트 배합설계

3.4.1 배합설계 개요

콘크리트의 배합설계(mix proportion)란 콘크리트를 만들기 위한 각 재료의 비율 또는 사용량을 적절히 결정하는 것을 말한다. 또한, 콘크리트의 배합설계는 소요의 워커빌리티, 강도, 내구성, 균일성 등을 가진 콘크리트가 가장 경제적으로 얻어지도록 시멘트, 물, 잔골재, 굵은골재 및 혼화재료의 비율을 산정하는 것이다. 콘크리트 배합의 선정 방침은 다음과 같다.

① 타설이 가능한 범위 내에서 최소의 단위수량, 즉 최소의 슬럼프의 콘크리트일 것
② 설계 및 시공상 허용되는 범위 내에서 가능한 최대치수의 굵은골재를 쓸 것
③ 기상작용, 화학적 작용에 의한 파괴, 침식작용에 충분히 저항하도록 적당한 내구성을 가져야 한다.
④ 소요의 강도를 충분히 가져야 한다.

배합의 데이타로부터 얻는 경우도 있다. 이같은 경우는 같은 배합일지라도 사용재료가 다르면 자연적으로 워커빌리티, 강도 등의 여러 성질이 변화하므로 실제로 사용되는 여러 재료에 대하여 배합설계에 필요한 시험을 한다. 이와 같은 결과를 가지고 계획배합을 결정하고 시험배합을 거쳐 그 배합을 수정하여 가는 것이 일반적으로 취해지는 순서이다.

또, 배합에는 시방배합(계획배합)과 현장배합이 있다. 시방배합은 시방서 또는 책임기술자에 의해 표시된 배합이고, 골재는 표면건조포화상태이며, 규격으로는 모래가 5 mm체를 전부 통과하고, 자갈은 5 mm체에 전부 잔류하는 것을 사용했을 때의 배합을 말하고, 현장배합은 시방배합의 콘크리트가 되도록 현장에 따른 재료의 상태 및 계량방법에 따라 정해지는 배합을 말한다.

3.4.2 배합설계 목적

콘크리트는 적당한 조작에 의하여 용이하게 다룰 수 있는 범위 내에서 가장

적은 배합수량으로 비벼 강도, 내구성 기타 소요 제성질을 개선하도록 하여야 한다. 배합선정 시에는 다음과 같은 콘크리트가 되도록 정해야 한다.

① 균일한 콘크리트를 만들기 위하여 타설할 수 있는 가장 된 반죽질기, 즉 최소 슬럼프의 콘크리트
② 경제적으로 이용할 수 있고 또 콘크리트를 타설하는데 지장이 없는 한도 내에서 될 수 있는 대로 최대치수의 골재를 사용한 콘크리트
③ 풍화 기타 파괴적인 작용에 대하여 충분히 저항할 수 있는 내구성의 콘크리트
④ 재하되는 하중에 대하여 파괴의 위험이 없이 저항할 수 있는 강도를 가진 콘크리트

3.4.3 배합설계 절차

배합설계 순서에 들어가기 전에 각 재료에 대한 다음 성질을 알고 있어야 한다.

① 시멘트 : 비중
② 잔골재 : 비중, 입도, 조립률, 표면수량, 흡수량 및 단위용적중량
③ 굵은골재 : 비중, 입도, 조립률, 표면수량, 흡수량 및 단위용적중량

위와 같은 성질을 시험을 통하여 알고 있다면 다음과 같은 순서를 밟아야 한다.

① 물-시멘트비(W/C) 결정
② 굵은골재의 최대치수 결정
③ 슬럼프치 결정(워어커빌리티)
④ 절대 잔골재율(S/a) 결정
⑤ 단위수량(W)결정
⑥ 시방배합 산출 및 조정
⑦ 현장배합으로 수정

재래식 방법은 시멘트, 모래 및 굵은골재의 비율을 1 : 2 : 4나 1 : 3 : 6과 같

이 정하는 방법으로서 간단하기 때문에 널리 사용되어 왔으나 지금은 소규모 공사 이외에는 사용되지 않고 있다. 골재공극에 의한 방법은 공극이 최소로 되는 콘크리트, 즉 최대밀도의 콘크리트를 만드는 것인데 같은 공극의 골재라도 표면적의 합이 서로 다르므로 불충분한 방법이다.

이외에 소요성질의 콘크리트를 만드는 데 단위 시멘트량을 최소로 하는 방법, 물-시멘트비나 워커빌리티로부터 정하는 방법 등이 있다. 일반적으로 물-시멘트비에 의하여 결정하는 방법이 경제적인 배합을 찾는데 가장 쉬운 방법이다.

3.4.4 배합설계 방법

1) 재료선정

콘크리트의 배합은 주어진 재료를 가장 경제적으로 사용하여 소정의 강도·내구성 및 수밀성을 가지도록 선정하지 않으면 안 된다. 가장 적합한 조합을 찾는데 지침이 되는 기본적인 관계는 이미 확립되어 있으나 그 최종결정은 실제로 시험배합을 통하여 결정하여야 하고 이를 다시 현장실정에 맞도록 수정하여야 한다.

콘크리트는 본질적으로 물, 시멘트 및 골재로 이루어진다. 골재 및 시멘트의 산지와 형은 어느 쪽이나 콘크리트의 강도 및 내구성에 영향을 미치며 또한 콘크리트를 타설하는데 필요한 배합수량에도 현저한 영향을 미친다.

2) 배합설계 시 요소의 결정방법

콘크리트의 배합은 소요의 강도, 내구성, 수밀성 및 작업에 적합한 워커빌리티을 갖는 범위 내에서 단위수량이 될 수 있는 대로 적게 되도록 해야 한다.

작업에 적합한 워커빌리티의 콘크리트라는 것은, 콘크리트체의 크기와 형상, 콘크리트의 다지기 방법 등에 따라서 거푸집의 구석구석까지 콘크리트가 충분히 돌도록 처넣고, 다지는 작업이 용이함과 동시에 재료의 분리가 거의 생기지 않는 콘크리트를 가리킨다.

콘크리트의 강도, 내구성, 수밀성 등에 가장 큰 관계가 있는 것은 콘크리트의 물-시멘트비 및 단위수량이다. 즉, 단위수량과 단위 시멘트량에 의하여 콘크리트의 품질이 지배된다.

콘크리트의 중요한 성질 가운데 강도, 수밀성 및 내구성은 주로 콘크리트의 배합에 내화성은 주로 굵은골재의 성질에, 마모에 대한 저항성은 주로 배합에, 골재의 성질, 다지기의 방법과 정도, 단위용적중량은 주로 골재의 비중에, 건조수축은 주로 단위수량에, 온도변화에 의한 체적변화는 주로 단위 시멘트량에 의해 좌우된다. 작업에 적당한 범위 내에서 단위수량을 적게 하면 소요품질의 콘크리트를 얻는데 필요한 단위 시멘트량이 적게 되고, 또 콘크리트에 균열이 생길 우려도 적어진다. 그리고 단위수량이 많은 콘크리트를 사용하면, 단위 시멘트량도 많아져서 비경제적으로 될 뿐 아니라 재료의 분리가 일어나기 쉽고, 결점이 적은 콘크리트를 만들기 어렵다. 그래서 소요의 강도, 내구성 및 수밀성을 갖는 콘크리트를 만들자면, 작업에 적합한 워커빌리티를 얻는 범위 내에서 단위수량을 될 수 있는 대로 적게 하는 것이 극히 중요하다.

현장에서의 콘크리트의 품질은 골재, 시멘트 등의 품질의 변동, 계량의 오차, 비비기 작업의 변동 등에 따라 공사기간에 걸쳐 상당히 변동하는 것이 보통이다. 따라서 구조물의 어느 부분에 사용된 콘크리트의 압축강도로 구조물의 설계에서 기준으로 한 압축강도보다 적어지지 않는다는 것을 보증하기 위하여 현장에서의 콘크리트 품질의 변동에 따라 콘크리트의 배합강도(f_{cr})를 설계기준강도(f_{ck})보다 충분히 크게 정해야 하는 것이다. 설계기준강도에 대하여 필요한 콘크리트의 배합강도 및 배합설계는 다음과 같이 정해야 한다.

① 콘크리트의 배합강도는 설계기준강도 및 현장에서의 콘크리트의 품질의 변화를 고려해서 정해야 한다.
② 콘크리트의 배합강도는 일반적인 경우 현장에서의 콘크리트의 압축강도의 시험치가 설계기준강도(f_{ck}) 이하로 되는 일이 1/20 이상의 확률로 일어나서는 안 된다.

(1) 물-시멘트비 결정

① 콘크리트의 압축강도를 기준으로 해서 물/시멘트비(W/C)를 정할 경우 압축강도와 물-시멘트비와의 관계는 시험에 의하여 정하는 것을 원칙으로 한다. 이때 공시체는 재령 28일을 표준으로 한다. 단, 구조물이 소규모이거나 높은 강도를 필요로 하지 않는 공사 등에서는 시험을 하지 않을 경우 혼화제를 쓰지 않고 포틀랜드시멘트로 만드는 콘크리트에 있어서 시멘트/물 비와 압축강도와의 관계는 다음 식을 사

용해도 좋다.

$$f_{28} = -21.0 + 21.5\frac{C}{W} \tag{3.28}$$

이 식은 품질의 관리가 만족스럽지 못한 곳에서의 시험결과까지를 포함하여 거의 최저선을 나타낸 것이며, 조강포틀랜드시멘트로 만드는 콘크리트에 대해서는 이 식을 사용할 경우에 한하여 재령 28일은 재령 7일의 압축강도를 생각해도 좋다. 배합에 사용할 물/시멘트 비는 기준 재령의 시멘트/물비와 압축강도와의 관계식에서 배합강도에 해당하는 시멘트/물 비 값의 역수로 한다. 혼화재로서 양질의 포졸란을 적당하게 사용할 경우 시멘트/물 비의 분자를 시멘트와 포졸란 중량의 합계로 해도 좋다.

② 콘크리트의 내구성을 고려하여 물/시멘트비를 정하는 경우

AE콘크리트는 기상작용에 대한 내동해성이 대단히 우수하기 때문에 내구성을 향상시키기 위해서는 AE콘크리트를 이용하는 것을 원칙으로 하고 있다. 일반적으로 콘크리트이 내동해성을 고려하여 물/시멘트비를 정하는 경우 그 값은 다음 표 3.6의 값 이하라야 한다.

그리고 해양환경 하에서 철근콘크리트 및 프리스트레스트콘크리트 부재는 동결융해작용, 해수 중에 포함되어 있는 여러 가지 염류에 의한

표 3.6 내동해성을 기준으로 물/시멘트비를 정하는 경우

환경구분 \ 시공조건 (단면)	기상작용이 심한 경우 또는 동결 융해가 종종 반복되는 경우		기상작용이 심하지 않은 경우, 빙점 이하의 기온으로 되는 일이 드문 경우	
	얇은 경우 1)	보통의 경우 3)	얇은 경우 2)	보통의 경우 3)
계속해서 또는 종종 물로 포화되는 부분	45	50	50	55
보통의 노출상태에 있으며 위에 해당하지 않는 경우	50	55	55	60

주) 1) 수로, 수조, 교대, 교각, 옹벽, 터널의 라이닝 등으로서 수면에 가까워 물로 포화되는 부분 및 이들 구조물 외에 보, 슬래브 등으로서 수면으로부터 떨어져 있기는 하나 융설 유수 등 때문에 물로 포화되는 부분

2) 단면 두께가 약 200 mm 이하인 구조물

3) 단면이 두꺼운 경우에도 보통의 경우와 같다.

화학적 작용을 받을 가능성이 있으며 시간이 경과함에 따라 재료의 열화, 강재의 부식 등을 일으킬 염려가 있다. 이와 같은 열악한 환경 하에서는 충분한 내구성을 가지기 위하여 일반콘크리트보다 적은 물/시멘트비를 사용하는 것이 바람직하다. 해양 콘크리트 구조물에서는 내구성으로부터 정해지는 물/시멘트비의 최대값은 다음 표 3.7, 표 3.8 이하라야 한다.

표 3.7 해양콘크리트에서 내구성으로 정하여진 AE콘크리트의 최대 W/C비

시공조건 / 환경구분	일반현장 시공의 경우	공장제품 또는 재료의 선정 및 시공에서 공장제품과 동등 이상의 질이 보증될 때
해중	50	50
해상대기 중 [1]	45	50
물보라 [2]	45	45

주) 1) 해상대기 중이란 물보라의 위쪽에서 항상 조풍을 받으며 파도의 물보라를 가끔 받는 열악한 환경조건을 말한다.
2) 물보라 지역은 평균 간조면에서 파고의 범위에 있으므로 조석의 간만, 파랑의 물보라에 의한 건습의 반복작용을 받는 내구성 면에서 가장 열악한 환경이기 때문에 콘크리트 속의 강재부식, 동해, 화학적 침식 등의 손상을 받을 가능성이 크다.
3) 실적, 연구성과 등에 의해 확증이 있을 때는 물/시멘트 비를 위 값에 5～10 정도 더한 값으로 해도 좋다.

표 3.8 황산염을 포함한 용액에 노출된 콘크리트의 최대 W/C비(%)

황산염 노출정도	토양 내의 수용성 황산염(SO_4) 질량(%)	물속의 황산염(ppm)	시멘트 종류	W/C (%)
무시할 수 있음	0.00～0.10	0～150	-	-
보통 [1]	0.10～0.20	150～1,500	보통포틀랜스시멘트＋포졸란 [2] 플라이애쉬 시멘트 중용열포틀랜드시멘트 고로슬래그시멘트	50
심함	0.20～2.00	1,500～10,000	내황산염 포틀랜드시멘트	45
매우심함	2.00 초과	10,000 초과	내황산염 포틀랜드시멘트＋포졸란 [3]	45

주) 1) 바닷물
2) 여기서 포졸란이란 플라이애쉬, 고로슬래그 미분말 등의 혼화재를 말한다.
3) 황산염에 대한 저항성을 개선시킬 수 있다는 입증된 자료가 있거나 실험에 의하여 그 효과가 증명된 포졸란을 말한다.

염화칼슘 등의 제빙화학제를 살포하는 콘크리트에서는 강재 방청에 대한 조치가 필요하며 이와 같은 제빙화학제가 사용되는 콘크리트의 W/C 비는 45%이하로 한다.

③ 콘크리트의 수밀성을 고려하여 W/C 비를 결정하는 경우
일반적으로 콘크리트이 수밀성은 콘크리트의 품질, 부재의 두께, 외부의 압력 등에 영향을 받으며, 다짐 및 양생을 충분히 한 콘크리트에서도 W/C 비가 55~60% 이상이 되면 콘크리트의 수밀성은 매우 감소된다. 또 일반적으로 W/C 비가 큰 콘크리트는 재료분리의 경향이 크고, 타설한 콘크리트에 결점이 생기기 쉽다. 수밀을 요하는 콘크리트의 W/C 비는 50% 이하를 표준으로 정하고 있다. 그러나 부재의 두께가 큰 경우는 수밀성의 활보가 용이하고 매스콘크리트에 대한 배려도 필요하므로 필요에 따라 W/C비를 5% 정도 크게 해도 좋다.

(2) 굵은골재의 최대치수 결정(G_{max})

콘크리트를 경제적으로 제조한다는 점에서 가능한 큰 굵은골재를 사용하는 것이 일반적으로 유리하다. 그러나 최대치수가 지나치게 크면 콘크리트의 취급이 곤란하게 되기도 하고 재료분리가 심하게 일어나기도 하여 동일한 W/C 비에서는 강도가 저하하는 경향이 있다. 따라서 구조물의 종류, 부재의 최소치수, 철근간격 등을 고려하여 작업에 적합한 워커빌리티가 얻어지고 강도, 내구성, 수밀성 등에 지장이 없는 점위에서 굵은골재의 최대치수를 선정해야 한다.

① 철근콘크리트용 굵은골재의 최대치수는 부재 최소치수의 1/5 및 철근피복 및 철근의 최소 순간격의 3/4을 초과해서는 안 된다.
② 무근콘크리트용 굵은골재는 부재의 최소치수의 1/4을 초과해서는 안 된다.

일반적으로 굵은골재 최대치수는 25mm의 것을 사용하는 경우가 대부분이지만 단면 얇은 건축공사나 프리스트레스트콘크리트 부재, 펌프압송 등의 사정에 따라 20 mm를 사용하는 경우도 있으며, 콘크리트표준시방서에서는 구조물의 종류에 따라 표 3.9와 같이 정하고 있다.

표 3.9 굵은골재 최대치수 표준

구조물 종류	굵은골재의 최대치수(mm)
일반적인 경우	20 또는 25
단면이 큰 경우	40
무근 콘크리트	40 (부재 최소치수의 1/4을 초과해서는 안 됨)

(3) 슬럼프의 범위

작업에 알맞은 워커빌리티를 얻을 수 있는 슬럼프 값은 콘크리트체의 크기 및 형상, 콘크리트의 취급 및 다지기 방법 등에 따라 다르다. 슬럼프가 큰 콘크리트를 사용하면 콘크리트 작업은 쉽지만, 블리딩이 많아지고, 굵은골재가 모르타르로부터 분리하는 경향이 심해진다. 그러므로 작업에 알맞은 범위 내에서 될 수 있는 대로 작은 슬럼프의 콘크리트를 사용할 필요가 있다. 이 조항에서 제시된 정도의 슬럼프 값으로도 작업이 쉽지 않을 경우에는 배합을 변경하거나 유동화제의 사용, 기타의 조치를 강구할 필요가 있다.

일반적인 콘크리트의 슬럼프값의 표준은 표 3.10과 같이 정하고 있다. 그러나 콘크리트의 운반시간이 길 경우 또는 기온이 높을 경우에는 특히 슬럼프가 크게 저하되므로 운반중의 슬럼프의 저하를 고려한 슬럼프 값에 대하여 배합을 정해야 한다. 한편 진동기를 사용하지 않는 경우에는 표. 3.10의 슬럼프값보다 어느 정도 큰 슬럼프 값을 써야 하며 된반죽 콘크리트의 경우에슨 슬럼프 시험 대신에 진동기를 사용한 반죽질기 시험방법을 채택하는 것이 효과적이다.

표 3.10 슬럼프 표준값

구조물 종류		슬럼프(mm)
무근콘크리트	일반적인 경우	50～150
	단면이 큰 경우	50～100
철근콘크리트	일반적인 경우	80～150
	단면이 큰 경우	60～120

표 3.11 콘크리트의 단위 굵은골재 용적, 잔골재율 및 단위수량 표준값

굵은 골재 최대 치수 (mm)	단위 굵은 골재 용적 (%)	AE제를 사용하지 않은 콘크리트			AE콘크리트				
		갇힌 공기 (%)	잔골 재율 (S/a)	단위 수량 W (kg)	공기량 (%)	양질의 AE제를 사용한 경우		양질의 AE감수제를 사용한 경우	
						잔골재율(%)	단위수량(kg)	잔골재율(%)	단위수량(kg)
15	58	2.5	49	190	7.0	47	180	48	170
20	62	2.0	45	185	6.0	44	175	45	165
25	67	1.5	41	175	5.0	42	170	43	160
40	72	1.2	36	165	4.5	39	165	40	155

주) 1) 이 표의 값은 보통의 입도를 가진 모래(조립률 2.8 정도)와 자갈을 사용한 물/시멘트 비 55% 정도, 슬럼프 80 mm 정도의 콘크리트에 대한 것이다.
2) 사용재료 또는 콘크리트의 품질이 (주 1)의 조건과 다를 경우에는 위 표의 값을 표 1-7에 따라 보정한다.

(4) 단위수량

콘크리트의 단위수량은 소요의 워커빌리티를 갖는 범위 내에서 될 수 있는 대로 적게 되도록 시험에 의하여 정한다. 일정한 슬럼프를 얻는데 필요한 단위수량은 굵은골재의 최대치수, 골재의 입도와 입형, 혼화재료의 종류, 콘크리트이 공기량 등에 따라 영향을 받으므로 이들 재료에 대한 시험을 하여 단위수량을 정한다.

한편 AE제, AE감수제, 감수제 등 적당히 사용하면 단위수량을 상당히 감소시킬 수 있는데, 감소시키는 정도는 공기량, 혼화제의 종류, 콘크리트의 배합 등에 따라 다르나, 일반적으로 양호한 AE제의 경우 6~10%, AE감수제의 표준형 또는 자연형의 경우 10~14%, 촉진형의 경우 8~12% 정도 이다. 또 부순돌을 사용할 경우의 단위수량은 입자의 형상에 따라 다르지만, 강자갈을 사용했을 경우에 비하여 10% 정도 증가한다. 콘크리트의 단위수량의 대략의 표준은 표 3.11에 나타내었다.

(5) 단위 시멘트량

단위 시멘트량을 어느 정도 이상 적게 하면 소요의 반죽질기에 대하여 시멘트풀이 너무 묽어서 굳은 콘크리트의 공극이 커진다.

단위 시멘트량은 소요의 강도, 내구성 및 수밀성 등을 갖는 콘크리트를 얻도록 시험에 의하여 정해야 한다. 이들의 시험을 할 경우, 단위 시멘트량과 강도, 수밀성 및 내구성 등과 관계를 정하는 것보다는 물론 물-시멘트와 강도, 수밀성 및 내구성 등과 관계를 정하는 것이 편리하다. 그래서 시험의 결과로부터 정한 물-시멘트와 단일수량으로부터 단위 시멘트량을 정하도록 규정한 것이다. 일반적으로 단위 시멘트량을 300 kg 이상으로 하는 것이 좋다. 포장콘크리트의 단위 시멘트량은 280~350 kg을 표준으로 하고 있으며, 댐콘크리트의 경우에는 내부 콘크리트의 단위 시멘트량은 일반적으로 그 최소량이 160 kg 정도이나, 외부 콘크리트의 단위시멘트량은 단위수량과 소요의 물/시멘트 비로부터 정하도록 규정하고 있다.

해양환경에 접해지는 경우 단위 시멘트량은 구조물의 규모, 중요성, 환경조건 등을 고려하여 소요의 내구성이 얻어지도록 정해야 한다. 단, 플라이애쉬나 고로슬래그 미분말을 혼화재로 사용할 경우 이것을 시멘트의 일부로 계산한다.

(6) 잔골재율

잔골재율(S/a)은 콘크리트 속의 골재 전체용적에 대한 잔골재 전체용적의 중량 백분율이다.

$$S/a = \frac{\text{잔골재의 절대용적}}{\text{전체골재의 절대용적}} \times 100(\%) \tag{3.29}$$

잔골재율은 소요의 워커빌리티를 얻을 수 있는 범위 내에서 단위수량이 최소가 되도록 시험에 의하여 정하도록 되어 있다. 공사 중에 잔골재의 입도가 변화하여 조립률이 ±0.20 이상 차이가 발생하는 경우에는 소요의 워커빌리티를 가지는 콘크리트를 얻을 수 있도록 잔골재율이나 단위수량을 변경하여야 한다.

일반적으로 잔골재율을 작게 하면 소요의 워커빌리티를 얻기 위하여 필요한 단위수량은 적게 되어 단위시멘트량이 적어지므로 경제적으로 되지만, 너무 작게 하면 콘크리트는 거칠어지고 재료분리가 일어나는 경향이 있으며 워커블한 콘크리트를 얻기 어렵다.

(7) 잔골재율 및 단위수량의 보정

잔골재율, 단위수량 및 단위 굵은골재용적의 대략의 표준을 나타낸 것이 표 3.11이다. 이 배합표에서 잔골재의 조립률, 슬럼프 값, 공기량 및 부순돌이나 부순모래를 사용할 경우 표 3.12를 참고하여 잔골재율과 단위수량을 보정해야 한다.

표 3.12 배합의 보정표

구분	S/a의 보정(%)	W의 보정
모래의 조립률이 0.1만큼 클(작을) 때마다	0.5만큼 크게(작게) 한다.	보정하지 않는다.
슬럼프 값이 1 cm만큼 클(작을) 때마다	보정하지 않는다.	1.2%만큼 크게(작게)한다.
공기량이 1%만큼 클(작을) 때마다	0.5～1만큼 작게(크게) 한다.	3%만큼 작게(크게)한다.
잔골재율 1%만큼 클(작을) 때마다	보정하지 않는다.	1.5 kg만큼 크게(작게)한다.
물/시멘트비 0.05만큼 클(작을) 때마다	1%만큼 크게(작게) 한다.	보정하지 않는다.
자갈을 사용한 경우	3～5만큼 크게 한다.	9～15 kg만큼 크게 한다.
부순 모래를 사용할 경우	2～3만큼 크게 한다.	6～9 kg만큼 크게 한다.

주) 1) 단위굵은골재용적에 의하는 경우에는 모래의 조립률이 0.1만큼 커질(작아질) 때마다 단위굵은골재 용적을 1%만큼 작게(크게) 한다.

(8) 공기량

적당량의 AE공기를 가지고 있는 콘크리트는 기상작용에 대한 내구성이 매우 우수하므로 심한 기상작용을 받는 경우에는 AE콘크리트를 사용하는 것이 좋다. 심한 기상작용을 받을 경우, 적당한 AE공기량은 콘크리트 용적의 4～7% 정도의 값이 일반적이 표준이다. 콘크리트의 공기량은 운반, 진동다지기 등에 의하여 1/4～1/6 정도 감소되는 데 주의해야 한다. 따라서 콘크리트를 비빈 후의 공기량은 표 3.11의 값을 참고로 하면 좋다, 또한 AE제, AE감수제 또는 고성능 AE감수제를 사용한 콘크리트의 공기량은 굵은골재 최대치수와 내동해성을 고려하여 표 3.13과 같이 정한다. AE공기는 콘크리트의 워커빌리티를 크게 개선하므로 AE공기에 의하여 소요의 워커빌리티를 얻는데 필요한 단위수량을 크게 감소시킬 수 있다. 그러나 콘크리트의 강도는 공기량이 증가되면 작아진다. 또 콘크리트의 품질의 균등성은 공기량이 증가할수록 나빠지는 경향이 있다.

표 3.13 AE콘크리트 공기량 표준값

굵은골재 최대치수(mm)	공기량(%)	
	심한노출 1)	보통노출 2)
10.0	7.5	6.0
15.0	7.0	5.5
20.0	6.0	5.0
25.0	6.0	4.5
40.0	5.5	4.5

주) 1) 동절기에 수분과 지속적인 접촉이 이루어져 결빙이 되거나, 제빙제를 사용하는 경우
2) 간혹 수분과 접촉하여 결빙이 되지만 제빙제를 사용하지 않는 경우

(9) 혼화재료

AE제 및 AE감수제 등의 단위량은 소요의 공기량을 얻을 수 있도록 시험에 의하여 정해야 한다. 소요의 공기량을 얻는데 필요한 단위AE제량(AE감수제를 포함)은 시멘트의 분말도, 단위수량, 단위시멘트량, 혼화재의 종류 및 사용량, 골재의 입도 및 성형, 비비기시간, 슬럼프, 콘크리트의 온도에 따라 다르므로 시험에 의하여 정해야 한다.

같은 재료를 사용하고, 같은 배합으로 콘크리트 작업을 진행하는 경우에도 골재의 입도, 기타가 조금 변화하면 AE콘크리트의 공기량이 상당히 변화하는 경우가 있다. 그러므로 AE콘크리트의 시공에서는 공기량의 시험결과를 바탕으로 소요의 공기량을 얻을 수 있도록 단위AE제량을 가감시켜야 한다.

특히 사용하는 혼화재의 종류에 따라서는 소요의 공기량의 콘크리트를 만들기 위해 필요로 하는 단위AE제량이 몹시 많아지든가 공기량의 변화 등이 현저하게 되는 수도 있으므로 주의야 한다. 이외에 혼화재료의 단위량은 시험결과나 경험 등을 바탕으로 해서 소요의 효과를 얻을 수 있도록 정해야 한다.

혼화재료의 효과는 각 혼화재료의 특성뿐만 아니라 콘크리트의 배합, 시공조건, 환경조건 등에 따라서 다르므로 이들의 조건에 따라 사용목적에 알맞은 시험을 하거나 경험을 참고로 해서 그 사용량을 정해야 한다.

3.4.5 배합강도와 보정계수

콘크리트 배합설계 콘크리트 구조물의 안전을 확보하기 위하여 현장에서의 콘크리트 품질변화 및 구조물의 중요도를 고려하여 설계기준강도(f_{ck})에 할증계수를 곱한 것을 배합강도(f_{cr})라 하며 설계기준강도보다 충분히 크게 정해야 한다.

콘크리트의 배합강도는 다음 두 식에 의한 값 중에서 큰 값으로 결정한다.

$$f_{cr} \geq f_{ck} + 1.34S \ (\mathrm{MPa}) \tag{3.30}$$

$$f_{cr} \leq (f_{ck} - 3.5) + 2.33S \ (\mathrm{MPa}) \tag{3.31}$$

여기서, S는 압축강도의 표준편차이다.

$$s = [\frac{\sum(X_i - \overline{X})^2}{(n-1)}] \tag{3.32}$$

여기서, X_i : 각 강도 시험값

$\overline{X}$: n회 압축강도 시험값의 평균값

n : 연속적인 압축강도 시험횟수

콘크리트 압축강도의 표준편차는 실제 사용한 콘크리트의 30회 이상의 시험실적으로부터 결정하는 것을 원칙으로 하지만 콘크리트표준시방서에서는 콘크리트를 생산하고자 하는 생산설비에 의하여 유사한 재료와 조건을 이용하여 30회 이상의 연속된 강도시험결과가 얻어졌을 때 그 값을 표준편차로 사용할 수 있도록 하였다.

압축강도 시험횟수가 29회 이하이고 15회 이상인 경우는 그것으로 계산한 표준편차에 표 3.14에 나타낸 보정계수를 곱하여 표준편차로 사용한다.

표 3.14 시험횟수가 29회 이하일 때 표준편차의 보정계수

시험횟수	표준편차의 보정계수
15	1.16
20	1.08
25	1.03
30 이상	1.00

표 3.15 시험횟수가 14회 이하인 경우의 배합강도

설계기준강도 f_{ck} (MPa)	배합강도 f_{cr} (MPa)
21 미만	f_{ck} + 7.0
21～35	f_{ck} + 8.5
35 초과	f_{ck} + 10

표 3.16 콘크리트강도의 표준편차 값(예)

변동발생위치 및 시험장소		표준편차(MPa)		배치내의 변동계수(%)	
		공사현장	시험실	공사현장	시험실
관리상태	매우 우수	2.8 이하	1.4 이하	3.0 이하	2.0 이하
	우수	2.8～3.5	1.4～1.8	3.0～4.0	2.0～3.0
	양호	3.5～4.2	1.8～2.1	4.0～5.0	3.0～4.0
	보통	4.2～4.9	2.1～2.5	5.0～6.0	4.0～5.0
	불량	4.9 이상	2.5 이상	6.0 이상	5.0 이상

또한 콘크리트의 압축강도 표준편차를 알지 못하거나 시험횟수가 14회 이하인 경우 콘크리트의 배합강도는 표 3.15와 같이 정한다. ACI에 보고된 콘크리트 강도의 표준편차에 대한 통계값의 예를 소하하면 표 3.16과 같다.

3.4.6 배합설계방법 및 현장배합의 결정

1) 배합설계의 방법

콘크리트의 배합설계 방법은 현장의 규모, 구조물의 중요성, 시험배합을 할 수

있고 시간 및 인원 등에 따라 다르며, 일반적으로 간이 배합설계법(기존 배합표에 의한 방법), 계산에 의한 방법, 시험배합에 의한 시적배합설계법 등 세 가지가 있다.

(1) **간이 배합설계법(기존배합표에 의한 방법)**

비교적 소규모 공사나 중요하지 않는 구조물의 공사에서 사용재료의 대략적인 성질을 알고 표 3.17과 표 3.18에 소개한 시험 배합표를 참고로 하여 배합을 정해도 좋다.

(2) **계산에 의한 방법**

표 1.6과 같은 배합의 표준값을 기준으로 하여 단위수량, 공기량 및 잔골재율을 정한 후 기대하는 조건에 맞도록 계산에 의하여 수정하며 배합설계를 하는 것으로 다음과 같은 순서화 계산방법에 의한다.

① 사용재료의 물성을 실험한다.

시멘트의 비중 : 3.12~3.16

골재의 비중 : 2.60~2.65

② 물/시멘트비를 각각의 경우에 대하여 결정한다.

③ 굵은골재의 최대치수 및 슬럼프를 각각 표 3.9 및 표 3.10에 의해 정한다.

④ 정해진 굵은골재의 최대치수에 대하여 표 3.11에서 잔골재율(S/a), 단위수량 W 및 공기량을 구한다.

⑤ 정해진 W/C와 단위수량으로부터 단위시멘트량 C를 계산한다.

⑥ 단위골재량을 다음 식에 의하여 계산하여 정한다.

골재의 절대용적 $$a\,(\mathrm{m}^3) = 1{,}000 - \left(W + \frac{C}{G_c} + \mathrm{Air} \times 10\right) \tag{3.33}$$

단위잔골재량 $$S\,(\mathrm{kg}) = a \times S/a \times G_s \tag{3.34}$$

단위굵은골재량 $$G\,(\mathrm{kg}) = a \times (1 - S/a) \times G_g \tag{3.35}$$

여기서, G_c : 시멘트의 비중

G_s : 잔골재의 비중

G_g : 굵은골재의 비중

Air : 공기량(%)

표 3.17 AE콘크리트의 시험배합(슬럼프 75~100 mm)

물/시멘트비	굵은 골재 최대 치수 (mm)	공기량 (%)	단위 수량 (kg)	단위 시멘트량 (kg)	잔모래 F.M = 2.50			굵은모래 F.M = 2.90		
					잔골재율 S/a(%)	단위 잔골재량 (kg)	단위 굵은 골재량 (kg)	잔골재율 S/a (%)	단위 잔골재량 (kg)	단위 굵은 골재량 (kg)
40	10	7.5	202	504	50	742	748	54	807	682
	13	7.5	193	484	41	629	902	46	700	830
	19	6	178	445	35	546	1068	39	647	997
	25	6	769	424	32	534	1151	36	599	1086
	40	5	157	395	29	516	1252	33	587	1181
45	10	7.5	202	448	51	789	748	56	854	682
	13	7.5	193	427	43	676	902	47	748	830
	19	6	178	395	37	617	1068	41	688	997
	25	6	769	375	33	575	1151	37	641	1086
	40	5	157	350	31	552	1252	35	623	1181
50	10	7.5	202	403	53	831	748	57	896	682
	13	7.5	193	356	44	712	902	49	783	830
	19	6	178	356	38	653	1068	42	724	997
	25	6	769	338	34	605	1151	38	670	1086
	40	5	157	314	32	581	1252	36	356	1181
55	10	7.5	202	368	54	860	748	58	926	682
	13	7.5	193	350	45	742	902	49	813	830
	19	6	178	323	39	676	1068	43	748	997
	25	6	769	309	34	629	1151	39	694	1086
	40	5	157	285	33	611	1252	37	682	1181
60	10	7.5	202	335	54	884	748	58	949	682
	13	7.5	193	320	46	765	902	50	837	830
	19	6	178	297	40	700	1068	44	771	997
	25	6	769	282	36	653	1151	40	718	1086
	40	5	157	261	33	629	1252	37	700	1181
65	10	7.5	202	311	55	908	748	59	973	682
	13	7.5	193	297	47	789	902	51	860	830
	19	6	178	273	40	718	1068	44	789	997
	25	6	769	261	37	670	1151	40	736	1086
	40	5	157	225	34	659	1252	38	730	1181
70	10	7.5	202	288	55	926	748	59	991	682
	13	7.5	193	276	47	807	902	51	878	830
	19	6	178	255	41	736	1068	45	807	997
	25	6	769	240	37	688	1151	41	753	1086
	40	5	157	225	34	659	1252	38	730	1181

표 3.18 Non AE콘크리트의 시험배합(슬럼프 75~100 mm)

물/시멘트비	굵은 골재 최대치수 (mm)	공기량 (%)	단위수량 (kg)	단위 시멘트량 (kg)	잔모래 F.M = 2.50			굵은모래 F.M = 2.90		
					잔골재율 S/a (%)	단위 잔골재량 (kg)	단위 굵은 골재량 (kg)	잔골재율 S/a (%)	단위 잔골재량 (kg)	단위 굵은 골재량 (kg)
40	10	3	228	573	50	736	748	54	801	682
	13	2.5	217	543	42	659	902	47	724	831
	19	2	202	504	35	570	1068	39	641	997
	25	1.5	193	484	32	540	1151	36	605	1086
	40	1	178	455	29	522	1252	33	593	1181
45	10	3	228	507	51	789	748	56	854	682
	13	2.5	217	481	44	700	902	48	771	831
	19	2	202	448	37	617	1068	41	688	997
	25	1.5	193	429	34	587	1151	38	653	1086
	40	1	178	395	31	570	1252	35	641	1181
50	10	3	228	457	54	866	748	58	931	682
	13	2.5	217	435	45	742	902	49	813	831
	19	2	202	403	38	659	1068	42	724	997
	25	1.5	193	386	35	623	1151	39	688	1086
	40	1	178	356	32	599	1252	36	670	1181
55	10	3	228	457	54	866	748	58	931	682
	13	2.5	217	395	46	777	902	51	848	831
	19	2	202	368	39	682	1068	43	753	997
	25	1.5	193	350	36	653	1151	40	718	1086
	40	1	178	323	33	629	1252	37	700	1181
60	10	3	228	380	55	896	748	58	961	682
	13	2.5	217	362	47	801	902	51	872	831
	19	2	202	335	40	712	1068	44	783	997
	25	1.5	193	320	37	676	1151	41	742	1086
	40	1	178	297	34	647	1252	38	718	1181
65	10	3	228	350	55	920	748	59	985	682
	13	2.5	217	332	48	825	902	52	896	831
	19	2	202	311	41	730	1068	45	801	997
	25	1.5	193	297	38	700	1151	41	765	1086
	40	1	178	273	35	670	1252	39	742	1181
70	10	3	228	326	56	943	748	60	1009	682
	13	2.5	217	309	48	848	902	53	920	831
	19	2	202	288	41	753	1068	45	825	997
	25	1.5	193	276	38	718	1151	42	783	1086
	40	1	178	255	35	682	1252	39	753	1181

(3) 시적배합설계법

소요의 워커빌리티를 갖는 단위수량을 시적으로 구한 다음, 가장 알맞은 잔골재율을 구하여 이에 따른 적당한 단위수량을 결정한다.

① 재료시험 : 시멘트의 비중, 잔골재와 굵은골재의 비중, 입도, 조립률, 표면수량, 흡수량 및 단위용적중량시험을 행한다.

② 시험배합설계 : 주어진 조건에 대한 경험 또는 계산에 의한 방법 등에 의하여 시험배합을 설계한다.

③ 시적배치량 및 각 재료의 양 : 시적배치량은 믹서의 용량에 따라 결정되는데, 소형 믹서에서 시멘트량은 굵은골재의 최대수치가 40 mm 이하일 때는 5 kg, 40~75 mm일 때는 10 kg 정도를 취한다. 시적배치에서의 각 재료의 양은 시방배합설계에서 정한 배합을 기준으로 계량한다.

④ 단위수량의 시적결정 : 시적배치의 콘크리트에 대한 슬럼프시험을 한다. 슬럼프 값이 소정의 값과 다른 경우에는 표 3.12의 수정표에 의해 수정하며, 소요의 워커빌리티가 얻어질 때 까지 반복하여 새로운 시적배치를 만들어 소요의 슬럼프를 얻을 수 있는 단위수량을 결정한다. 단위수량이 얻어지면 이 콘크리트의 공기량 및 단위용적중량을 측정하고 잔골재율 S/a 및 워커빌리티의 적당여부를 검토한다.

⑤ 시험배합계산 : ④에서 측정한 공기량이 소정의 값이 아닌 경우 AE제의 사용량을 가감하여 소정의 공기량이 되도록 하고, 잔골재율도 공기량의 정도에 따라 수정하여 수정된 잔골재율에 대하여 또다시 단위수량을 결정한다. 이렇게 해서 얻어진 단위수량과 소정의 물/시멘트비로부터 단위시멘트량을 계산하고 단위골재량을 계산한다. 이렇게 해서 얻어진 단위수량과 소정의 물/시멘트비로부터 단위시멘트량을 계산하고 단위골재량을 계산한다. 이상의 방법으로 정해진 배합의 콘크리트에 대하여 ③의 방법으로 다시 시험배치와 재료를 계량하여 시험비빔을 행하고 슬럼프, 공기량, 단위중량을 측정하여 워커빌리티가 적당한가를 검토한다.

⑥ 최적 잔골재율의 결정 : 최적의 잔골재율(S/a)은 소요의 물/시멘트비, 슬럼프 및 공기량을 갖고 소요의 슬럼프에 대하여 단위수량이 최소가 되도록 한 것이다. 최적의 S/a를 구하려면 ⑤의 방법으로 설계된

배합에서 단위수량, 단위시멘트량 및 단위골재량의 절대용적은 그대로 두고 S/a만 감소시켜 시적배합을 만들어 소요의 슬럼프와 워커빌리티에 대한 최소의 단위수량을 갖는 배합을 찾아내어 그 잔골재율을 채택한다.

⑦ 압축강도시험 : ②의 시험배합에서 정해진 W/C가 실험에 의해 소정의 압축강도를 얻을 수 있도록 구해진 것이면 그대로 적용하고, W/C가 어떤 가정 하에서 정해진 것일 경우에는 소정의 압축강도를 낼 수 있는 W/C를 구하기 위하여 압축강도 시험을 행한다.

⑧ 시적배합의 수정 : 압축강도시험의 결과로부터 구한 소요의 압축강도에 대한 W/C의 값이 ②에서 사용한 W/C의 값과 다를 경우, W/C의 변화량에 대해 잔골재율(S/a)을 변화시켜 표 3.12의 방법으로 수정한다. 이상의 방법에 의하여 소요의 W/C, 슬럼프 및 공기량을 갖는 경제적인 콘크리트 배합설계가 된다.

2) 현장배합의 결정

(1) 골재의 입도에 의한 수정

시방배합의 단위잔골재량 S

시방배합의 단위굵은골재량 G

모래 속에 5 mm (No.4)체에 남는 것이 a %

자갈 속에 5 mm (No.4)체에 남는 것이 b %

현장배합의 단위잔골재량 Z_s

현장배합의 단위굵은골재량 Z_G

$$Z_s = \frac{100 \cdot S - b(S+G)}{100-(a+b)} \tag{3.36}$$

$$Z_G = \frac{100 \cdot G - a(S+G)}{100-(a+b)} \tag{3.37}$$

$$Z_G = S + G - Z_S \tag{3.38}$$

(2) 골재의 표면수에 대한 보정

현장상태의 모래의 표면수량 c %

현장상태의 자갈의 표면수량 d %

$$Z_C = S + S \times \frac{c}{100} \tag{3.39}$$

$$Z_G = G + G \times \frac{d}{100} \tag{3.40}$$

$$Z_W = W - \frac{(S \cdot c + G \cdot d)}{100} \tag{3.41}$$

단위시멘트량(C) 및 AE제량 등은 시방배합과 동일하다.

3.4.7 배합설계 예

1) 보통콘크리트

Example 1.1

다음의 설계조건과 재료로써 배합설계를 하라.

1. 설계조건
   기상작용이 심하고 보통의 노출상태에 있는 철근콘크리트 구조물로서 콘크리트의 설계기준강도 f_{ck} = 35 MPa, 현장에서 예상되는 압축강도의 표준편차 s 는 3.1이다. 아래의 재료를 사용하여 AE콘크리트의 배합설계를 하시오.
2. 재료의 성질
   시멘트 : 보통포틀랜드시멘트, 비중 = 3.16
   잔골재 : 조립률 = 2.70, 표면건조포화상태의 비중 = 2.60
   굵은골재 : 최대치수 = 25 mm, 표면건조포화상태의 비중 = 2.65
   AE제 : 표준 사용량으로서 시멘트 중량의 0.04%를 사용

Solution

1) 배합설계

(1) 슬럼프값은 표 3.10을 참고로 하여 150 mm로 정한다.

(2) 공기량은 표 3.11에 의하면 5.0%이지만 현장의 관리상태를 고려하여 5.0%를 목표로 한다.

(3) 물/시멘트비의 결정

콘크리트의 물질변동에 따른 압축강도의 표준편차가 3.03이므로

$f_{cr} = f_{ck} + 1.34\ s = 35 + 1.34 \times 3.1 = 39.15$ MPa

$f_{cr} = (f_{ck} - 3.5) + 2.33\ s = (35 - 3.5) + 2.33 \times 3.1 = 38.72$ MPa

이므로 배합강도는 39.15MPa이다.

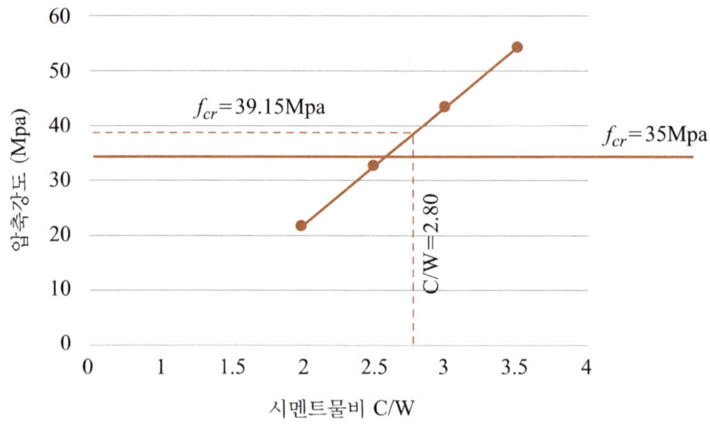

그림 3-15 시험배합시 시멘트물비와 압축강도와의 관계

3종류의 시멘트/물비에 의한 압축강도 시험결과가 연습그림 3-1이다. 이 그림에서 배합강도 39.15 MPa에 해당하는 시멘트/물비 C/W = 2.80이 구해지므로 역수인 물/시멘트비 W/C = 35.7%가 된다.

콘크리트의 내구성을 고려한 물/시멘트비는 표 3.6에서 기상작용이 심한 경우 얇은 단면일지라도 최대 물/시멘트비가 50%이므로 여기서 물/시멘트비는 36%로 정한다.

(4) 잔골재율 및 단위수량의 결정

잔골재율과 단위수량을 표 3.11, 표 3.12를 참고로 하여 제조건에 맞도록 표 3.19와 같이 보정한다.

표 3.19 배합의 보정

조건	보정계산	잔골재율(%)	단위수량(kg)
표 3.11의 값	–	42	170
모래의 조립률 2.70	$42-\dfrac{2.80-2.70}{0.1}\times 0.5=41.5$	41.5	170
물/시멘트비 0.36	$41.5-\dfrac{0.55-0.36}{0.05}\times 1=37.7$	37.7	170
슬럼프 값 15 cm	$170\times\{1+(15-8)\times 0.012\}=184$	37.7	184
공기량 4.5%	$37.5+(5.0-5.0)\times 0.75=28.1$ $184+\{1+(5.0-5.0)\times 0.03\}=184$	37.7	184

(5) 재료의 단위량

단위수량 $W=184\,\text{kg/m}^3$, 잔골재율 $S/a=37.7\%$가 구해졌으므로 각 재료의 단위량을 계산한다.

단위시멘트량 $C=\dfrac{176}{0.36}=489\,\text{kg}$

골재의 절대용적 $a=1{,}000-\left(\dfrac{489}{3.16}+184+45\right)=616\,\text{L}$

단위잔골재량 $S = 616 \times 0.377 \times 2.60 = 604\,\text{kg}$

단위굵은골재량 $G = 616 \times (1 - 0.377) \times 2.65 = 1{,}017\,\text{kg}$

단위 AE제량 $\text{AE} = C \times 0.03\% = 489 \times 0.0004 = 195\,\text{g/m}^3$

위의 계산과정을 거쳐 구해진 각 재료의 단위량과 제조건을 정리한 것이 표 3.20이다.

표 3.20 시방배합표

굵은골재의 최대치수 (mm)	슬럼프의 범위 (cm)	공기량의 범위(%)	물/시멘트비(%)	잔골재율 (%)	단위량(kg/m^3)				AE제 (g/m^3)
					물	시멘트	잔골재	굵은골재	
25	15	5.0	36	37.7	184	489	604	1017	

2) 시방배합을 현장배합으로 환산

시방배합의 각 재료량을 현장의 골재의 상태에 따라 다음과 같은 수정을 하여 현장배합으로 만든다.

Example 1.2

현장의 골재상태가 체분석 결과 모래 속에 No.4체에 남는 것이 7%, 자갈 속에 No.4체를 통과하는 것이 10%이며, 모래의 표면수 3.2%, 자갈의 표면수가 0.8%이다.

Solution

1) 골재의 입도에 의한 수정

잔골재 $Z_S = \dfrac{100 \times 604 - 10(604 + 1017)}{100 - (7 + 10)} = 532\,\text{kg/m}^3$

굵은골재 $Z_G = 604 + 1017 - 532 = 1089\,\text{kg/m}^3$

2) 골재의 표면수에 대한 보정

잔골재 $S = 532 \times \dfrac{3.2}{100} = 17.0\,\text{kg/m}^3$

굵은골재 $G = 1089 \times \dfrac{0.8}{100} = 8.71\,\text{kg/m}^3$

이상의 골재의 입도 및 표면수에 의한 보정값으로 시방배합을 현장배합으로 고치면 다음과 같다.

물 $W = 184 - (17.0 + 8.71) = 175.7\,\text{kg/m}^3$

시멘트 $C =$ 시방배합과 동일 $= 489\,\text{kg/m}^3$

잔골재 $S = 611 + 17 = 628.0\,\text{kg/m}^3$

굵은골재 $G = 1089 + 8.71 = 1097.7\,\text{kg/m}^3$

AE제 $\text{AE} =$ 시방배합과 동일 $= 195\,\text{g/m}^3$

3) 배치(batch)량 계산

실험실의 믹서의 용량이 50 L이다. 한 배치를 믹싱하기 위한 각 재료의 양을 계산하여라.

앞의 표 3.20의 시방배합 결과를 50 L에 대한 양으로 환산하면

물 $W = 184 \times \frac{50}{1000} = 9.2\,\text{kg}$

시멘트 $C = 489 \times \frac{50}{1000} = 24.5\,\text{kg}$

잔골재 $C = 604 \times \frac{50}{1000} = 30.2\,\text{kg}$

굵은골재 $C = 1017 \times \frac{50}{1000} = 50.9\,\text{kg}$

AE제 $\text{AE} = 195 \times \frac{50}{1000} = 9.75\,\text{g}$

Example 1.3

앞의 예제 1.1의 설계조건과 재료로서 실험을 하지 않고 계산으로 AE제를 사용하지 않은 콘크리트의 배합설계를 하여라.

Solution

1) 배합계산

혼화제를 사용하지 않고 시험을 하지 않을 경우 보통포틀랜드시멘트로 만드는 콘크리트에 있어서 물/시멘트와 압축강도와이 관계식을 사용하면

$$f_{28} = -21.0 + 21.5\frac{c}{w}$$

표 3.11의 AE제를 사용하지 않은 콘크리트, 굵은골재 최대치수 25 mm인 경우에 단위수량 = 175 kg, 공기량 1.5%, 잔골재율 = 41%였다. 한편 $f_{28} = 35$ MPa이므로

$35.0 = -21.0 + 21.5 \times \frac{C}{175}$ 에서 $C = 456\,\text{kg}$이며, 물/시멘트비 $\frac{W}{C} = 38.4\%$이다.

$$\text{단위골재의 절대용적} = \left[1 - \left(\underset{(\text{물})}{\frac{175}{1000}} + \underset{(\text{시멘트})}{\frac{456}{3.16 \times 1000}} + \underset{(\text{공기량})}{\frac{1.5}{100}}\right)\right] = 0.666\,\text{m}^3$$

단위잔골재량 $= 0.666 \times 0.41 \times 2.60 \times 1000 = 710\,\text{kg}$

단위굵은골재량 $= 0.666 \times (1 - 0.41) \times 2.65 \times 1000 = 1041\,\text{kg}$

위의 계산결과를 정리한 것이 다음 표 3.21이다.

표 3.21 시방배합표

굵은골재의 최대치수 (mm)	슬럼프의 범위 (cm)	공기량의 범위(%)	물/시멘트비(%)	잔골재율 (%)	단위량(kg/m³)			
					물	시멘트	잔골재	굵은골재
25	10	1.5	38.4	41	175	456	710	1041

2) 부순돌사용 콘크리트

Example 1.4 다음의 설계조건과 재료를 사용하여 부순돌 콘크리트의 배합계산을 하여라.

Solution

1) 설계조건

보통의 기상작용을 받는 철근콘크리트 구조물

부순돌 사용 콘크리트의 배합설계 참고 표(표 3.22, 표 3.23)

표 3.22 부순돌 사용 콘크리트의 단위수량(굵은골재 최대치수 = 40mm)

굵은골재의 실적율(%)	60	64	68
단위수량(kg/m^3)	178	166	154

표 3.23 부순돌의 단위 굵은골재의 용적값(굵은골재 최대치수 = 40 mm)

모래의 조립률	2.4	2.6	2.8	3.0
단위 굵은골재 용적	0.74	0.72	0.70	0.68

2) 재료의 성질

시멘트 : 보통포틀랜드 시멘트 비중 : 3.14

잔골재 : 조립률 = 2.70, 비중 2.60, 흡수량 1.0%

단위용적중량 1620 kg, 실적률 60%

3) 배합계산

물/시멘트비는 내구성을 고려하여 표 3.6에서 60%로 정하고, 단위수량은 표 3.22에서 178 kg, 단위굵은골재의 중량은 1620 kg × 0.71 = 1150 kg (표 3.23의 조립률 2.70에 대한 값), 단위시멘트량은 $\dfrac{W}{C}=0.60$이므로 $C=297\,\text{kg}$이다.

$$\text{단위 잔골재량} = \left\{1-\left(\underset{(\text{물})}{\frac{178}{1000}}+\underset{(\text{시멘트})}{\frac{297}{3.15\times1000}}+\underset{(\text{굵은골재})}{\frac{1150}{2.75\times1000}}+\underset{(\text{공기량})}{\frac{1.0}{1000}}\right)\right\}\times2.60\times1000=782\,\text{kg}$$

이상의 계산결과를 정리하면 표 3.24와 같다.

표 3.24 시방배합표

굵은골재의 최대치수 (mm)	슬럼프의 범위 (cm)	공기량의 범위 (%)	물/시멘트비 (%)	잔골재율 (%)	단위수량 (kg)	단위 시멘트량 (kg)	단위 잔골재량 (kg)	단위굵은 골재량 (kg)
25	7.0	1.0	60	39.7	178	297	782	1150

3.5 콘크리트의 품질관리

품질관리(quality control)라 함은 품질의 목표를 정하고 이것을 달성하기 위해서 행하는 모든 활용을 말한다. 콘크리트의 품질관리는 설계 및 그 밖의 요구되는 품질의 콘크리트를 경제적으로 제조하기 위하여 공사의 전 단계에 걸쳐서 콘크리트의 기술, 지식 및 통계적 방법을 활용하여 그 시스템을 관리하는 것이다. 품질관리의 목적은 설계서, 시방서에 표시된 규격을 만족하는 구조물을 만들고 결합을 사전에 방지하여 유해한 것을 제거하여 품질의 변동을 허용범위내로 최소화시키고 이상 원인을 조사 규명하여 시정조치함으로써 경제적, 내구적인 구조물을 만들고 생산성을 향상시키는 데 있다. 이를 위해서는 사용재료, 배합, 시공, 양생 등이 적절하지 않으면 안 되지만, 아무리 주의를 기울여도 품질의 변동은 피할 수 없기 때문에 이 변동에 따른 목표를 정하여 시공 중 이상이 확인되면 즉시 조치를 취하고 소정의 품질범위에 들도록 하는 것이다.

3.5.1 품질관리의 진행방법

품질관리의 기본은 계획(plan), 실시(do), 검토(check), 조치(action)의 4단계를 그림 3-16과 같이 되풀이 하는 것이며, 이것을 PDCA의 관리 사이클이라

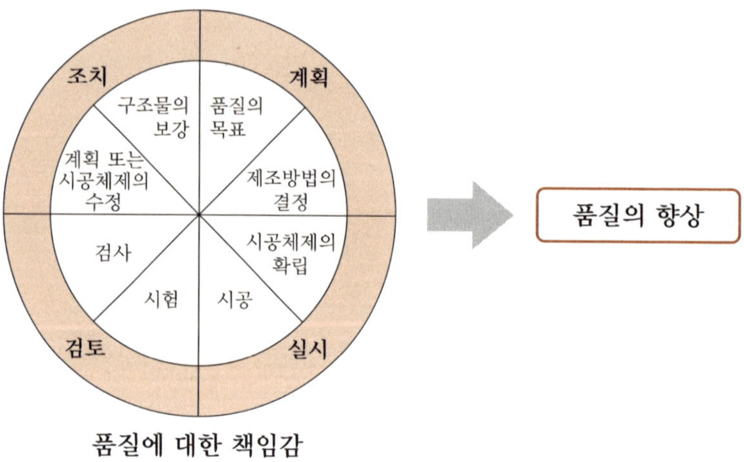

그림 3-16
품질관리의 진행방법

고 한다. 품질관리의 기본은 작업만을 계속하는 것이 아니라, 작업의 결과에 대하여 소정의 목표가 달성되었는지를 검토하여 문제가 있는 경우에는 그 원인을 추적하여 계획이나 시행방법을 고쳐서 문제의 재발을 방지하는 데 있다.

3.5.2 관리도(control chart)

품질관리는 관리도(管理圖)로 시작해서 관리도로 끝난다고 할 만큼 품질관리에 있어서의 관리도는 중요한 것이다. 관리도라 함은 시료데이터 또는 몇 개의 데이터로부터 얻어지는 통계량을 공정의 진행에 따라서 플롯트(plot)하여 그것들의 데이터나 통계량이 상하의 관리 한계선내에 존재하는가, 벗어나는가에 따라서 공정이 안정되어 있는가, 불안정한가를 판단하기 위한 것이다.

관리도는 그림 3-17에서 나타낸 것처럼, 중심적 경향을 나타내는 중심선(CL, center line)과 품질에 허용되는 편차(변동)의 폭을 나타내는 관리한계, 즉 관리상한선(UCL, upper control line)과 관리하한선(LCL, lower control line)을 그어두고, 여기에 품질의 측정결과를 플롯트 했을 때, 점이 관리한계선내에 들면 관리상태(또는 안정상태), 점이 관리한계선 밖으로 벗어나면 보아넘길 수 없는 원인에 의한 이상발생으로 보고, 이런 경우에는 그 원인을 찾아서 재발하지 않도록 대책을 세워 조치함으로서 공정을 안정된 상태로 유지할 수 있다. 따라서 관리도의 요점은 관리한계는 그 통계량의 평균값을 중심선으로 하고 상하에 표준편차의 3배($\overline{x} \pm 3\sigma$)를 취하는 방법이 널리 이용되고 있다.

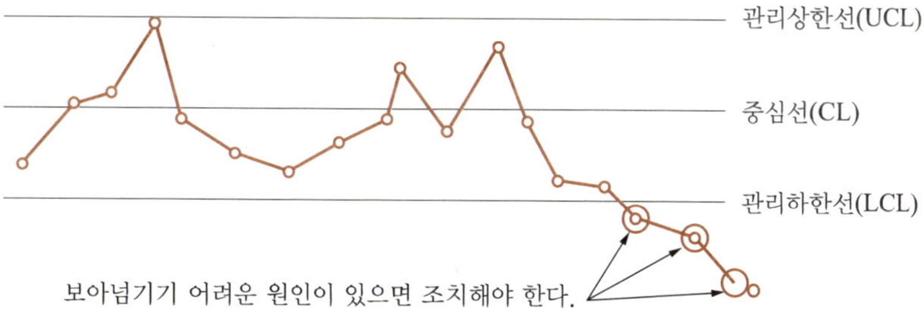

그림 3-17 관리도와 관리한계선(관리되지 않은 상태)

1) 관리도의 종류

관리도에는 데이터, 즉 측정값의 특성에 따라서 계량값 관리도와 계수값 관리도로 나눈다. 계량값 관리도에는 $\bar{x}-R$ 관리도, $\bar{x}-\sigma$ 관리도, x 관리도 등이 있는데, 여기에는 정규분포이론이 적용되며, 이 중에서 가장 기본이 되는 것이 $\bar{x}-R$ 관리도이다.

관리도의 종류와 적용이론은 표 3.25와 같다.

표 3.25 관리도의 종류

종류	데이터의 종류	관리도	적용이론
계량값 관리도	길이, 중량, 강도, 화학성분, 압력, 슬럼프, 공기량, 생산량	$\bar{x}-R$ 관리도(평균값과 범위의 관리도) $\bar{x}-\sigma$ 관리도(평균값과 표준편차의 관리도) x 관리도(측정값 자체의 관리도)	정규분포
계수값 관리도	제품의 불량률	p 관리도(불량률 관리도)	이항분포
	불량계수	p_n 관리도(결점수 관리도)	
	결점수(시료크기가 같을 때)	c 관리도(결점수 관리도)	프와송 분포
	단위당 결점수(단위가 다를 때)	u 관리도(단위당 결점수 관리도)	

2) $\bar{x}-R$ 관리도

$\bar{x}-R$ 관리도는 평균치의 변화를 관리하는 $\bar{x}$ 관리도와 데이터의 변화를 관리하는 R 관리도를 나란히 그린 것으로 콘크리트의 압축강도, 슬럼프, 공기량 등의 특성을 관리하는데 쓰인다.

(1) 예비데이터의 조사

시료의 크기 $n=4\sim5$의 조를 20~25조 취하여 각 조마다 평균치 $\bar{x}$, 범위 R을 계산한다. 세로축을 $\bar{x}$, R 가로축을 조의 번호로 한 그림에 위에서 구한 $\bar{x}$, R을 플로트 한다.

(2) 관리한계 계산

$\bar{x}$, R의 중신선(CL)을 각각 $\bar{x}$의 평균치 $\bar{\bar{x}}$, R의 평균치 $\bar{R}$이라 하고 관리상한(UCL), 관리하한(LCL)을 다음 식으로 구한다.

- $\bar{x}$에 대하여, $UCL=\bar{\bar{x}}+A_2\bar{R}$, $LCL=\bar{\bar{x}}-A_2\bar{R}$
- R에 대하여, $UCL=D_4\cdot\bar{R}$, $LCL=D_3\cdot\bar{R}$

A2, D3, D4는 n에 의하여 정해지는 계수로서 표 3.26의 값으로 한다. 이 값들은 $\bar{x}$, R의 이론적인 분포로부터 UCL, LCL이 $\mu\pm3\sigma$의 범위가 되도록 구한 것이다. 또한 n이 6이하인 경우의 R의 LCL은 고려치 않는다.

표 3.26 관리한계 계수표

시료 크기	$\bar{x}$ 관리도		x 관리도		R 관리도				σ관리도
	$UCL=\bar{\bar{x}}+A_2\bar{R}$		$UCL=\bar{\bar{x}}+E_2\bar{R}$		$UCL=D_4\bar{R}$, $LCL=D_3\bar{R}$				$UCL=B_4\bar{\sigma}$
	$LCL=\bar{\bar{x}}-A_2\bar{R}$		$LCL=\bar{\bar{x}}-E_2\bar{R}$						$LCL=D_3\bar{R}$
n	A1	A2	E3	D3	D4	d2	d3	B3	B4
2	3.760	1.880	2.659	–	3.267	1.128	0.853	–	3.267
3	2.394	1.023	1.772	–	2.575	1.693	0.888	–	2.568
4	1.880	0.729	1.457	–	2.282	2.059	0.880	–	2.266
5	1.596	0.577	1.290	–	2.115	2.326	0.864	–	2.089
6	1.410	0.488	1.184	–	2.004	2.534	0.848	0.030	1.970
7	1.277	0.419	1.109	0.76	1.924	2.704	0.833	0.118	1.882
8	1.175	0.373	1.054	0.136	1.864	2.847	0.820	0.185	1.815
9	1.094	0.337	1.010	0.184	1.816	2.970	0.808	0.239	1.761
10	1.028	0.308	0.975	0.223	1.777	3.078	0.797	0.284	1.716
∞	–	$\frac{2}{\sqrt{nd_1}}$	–	$1-3\frac{d_3}{d_2}$	$1+3\frac{d_3}{d_2}$	–	–	–	–

(3) 관리선의 검토

예비데이터가 위에서 구한 관리선 사이에 들어가는가를 검토하고 벗어난 것이 있으면 그 원인을 조사하여 공정에 특별한 원인이 있으면 그것을 제외하는 조치를 취한 다음 그 데이터를 제외하고 관리한계를 다시 계산한다. 원인을 알 수 없으면 그대로 둔다.

또한 예비데이터의 도수분포도(histogram)를 그려서 품질규격과 비교하여 데이터가 규격에 맞는가를 검토한다. 규격을 만족치 않을 때에는 공정을 개선하던가 그것이 곤란할 때에는 규격을 다시 살펴볼 필요가 있다.

(4) 관리의 실시

위와 같이 해서 정한 관리도에 시료 통계량을 플로트하여 한계 밖에 플로트 되었을 때는 그 원인을 조사하여 공정을 개선하여 관리한다.

(5) n이 일정하지 않은 경우

일반적으로 조의 크기 n은 일정하지만, 만일 n이 일정하지 않을 때에는

$$\bar{\bar{x}} = \frac{\sum\{n_i \times (\text{크기 } n_i\text{조의 } \bar{x}\text{의 합})\}}{\sum n_i k_i} \tag{3.42}$$

$$\overline{R}(n_i) = d_2(n_i) \cdot \hat{\sigma} \tag{3.43}$$

$$\hat{\sigma} = \frac{1}{k}\left\{\frac{\sum R(n_1)}{d_2(n_1)} + \frac{\sum R(n_2)}{d_2(n_2)} + \cdots\right\} \tag{3.44}$$

여기서, k : 조의 수

k_i : 크기 n_i조의 수

$R(n_i)$: 크기 n_i조의 R

$d_2(n_i)$: 크기 n_i일 때의 d_2의 값

으로 하여 크기가 다른 조마다 UCL, LCL을 계산하여 관리한계선을 그린다.

3.5.3 현장에서의 $\bar{x}-R$ 관리도의 예

현장에서는 콘크리트의 압축강도 등을 KS에 규정된 대로 n = 4~5로 20~25조를 채취하기가 어려운 경우가 있다. 이러한 경우에는 다음과 같은 방법을 취하기도 한다.

① 예비데이터 대신 규격의 상, 하한을 관리선으로 하여 최도의 5의 관리를 한다.

② 5조의 데이터로부터 앞의 ①의 방법으로 $\bar{x}$, R의 관리한계를 구하고, 다음의 6조의 관리를 한다.

③ 다음에 여기까지의 합계 10조의 데이터를 사용하여 다시 관리한계를 계산하고, 다음 10조의 관리를 한다.

④ 이상의 합계 20조의 데이터로부터 관리한계를 구하여 다음의 20조를 관리한다.

⑤ 그 이후로는 20조를 단위로 최근 20조에 대한 관리한계를 구하는 작업을 반복한다. 이러한 방법을 (5+5+10+20) 방식이라고도 한다.

이 방법에 의한 관리도의 예를 들면 표 3.27 및 그림 3-18과 같다.

표 3.27 $\bar{x}-R$관리도 자료표(data sheet)

명칭			공사명			측정기간	
품질특성			사무소명				
측정단위		28일 압축강도	목표량			청부업자	
규격 한계	UCL	MPa	시료	크기	$n=4$	현장대리인	
	LCL			간격		측정자	
설계기준값			작업기계명			작업자	

측점 또는 월일	시험 번호	측정값 x1	x2	x3	x4	x5	계 Σx	평균값 $\bar{x}$	범위 R R2	R3	R4	R5
	1	195	192	210	234		831	208			42	
	2	195	209	210	242		856	214			47	
	3	188	229	201	211		829	207			41	
	4	214	239	205	215		873	218			34	
	5	213	190	245	214		862	216			55	
	6	241	198	236	209		884	221			38	
	7	226	206	227	210		869	217			21	
	8	218	200	221	208		847	212			21	
	9	221	215	218	229		883	221			14	
	10	230	223	213	203		869	217			27	
	11	226	209	220	247		902	226			38	
	12	235	205	224	213		877	219			30	
	13	224	206	214	233		877	219			27	
	14	190	212	205	206		813	203			22	
	15	246	218	214	207		885	221			39	
	16	226	200	211	206		843	211			26	
	17	237	214	219	208		878	220			29	
	18	228	219	228	220		895	224			9	
	19	229	223	214	224		890	223			10	
	20	226	218	204	217		865	216			22	
비고												

항목	$\bar{x}$	R
$\bar{x}\pm A_2=211.6\pm0.729\times43.8=244\sim180$ $D_4\bar{R}=2.282\times43.8=100$		
평균	211.6	43.8
개수	5	5
소계	105.8	219
누계	105.8	219
$\bar{x}\pm A_2\bar{R}=216.6\pm0.729\times34=239\sim190$ $D_4\bar{R}=2.282\times34=77.6$		
평균	214.6	34
소계	1088	121
누계	2146	340
$\bar{x}\pm A_2\bar{R}=216.6\pm0.729\times29.6=238\sim195$ $D_4\bar{R}=2.282\times29.6=67.6$		
평균	216.6	29.6
개수	20	20
소계	2186	252
누계	4332	592

n	d_2	d_2	A_2	D_4
2	1.128	0.853	1.880	3.267
3	1.693	0.888	1.023	2.575
4	2.059	0.880	0.729	2.282
5	2.326	0.864	0.577	2.115

주) 1) 품질관리, 측정관리, 시공관리기준에 따라서 기입한다.
2) 규격한계, 설계기준값은 설계도서, 시방서에 정해진 값을 기입한다.
3) 관리한계선은 5+5+10+20 방식에 의한다.
(비고) 관리한계선을 위한 데이터의 구간을 나타낸다.

설계기준값		공사명			사무소	
명칭		1일 표준작업량			측정기간	
품질특성	28일 압축강도	규격 한계	최대			
측정단위	MPa		최소		청부업자	
측정방법		시료	크기		현장대리인	
작업기계명			간격		측정자명	

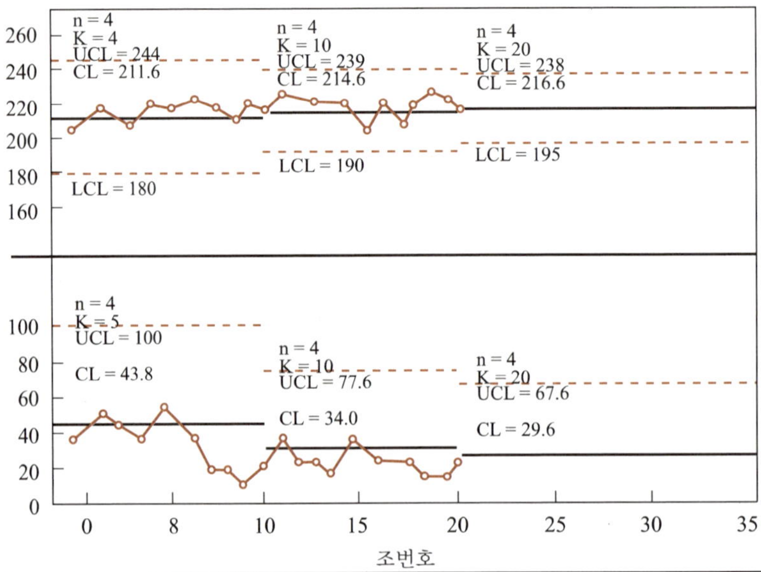

그림 3-18

$\overline{x}-R$ 관리도

3.5.4 관리도의 판정

관리도의 1점들의 분포상태로부터 공정이 안정상태에 있는지 어떤지를 판단하는 데는 다음과 같이 생각해도 좋으며, 한계선상의 점은 관리에서 벗어난 것으로 취급한다.

1) 관리상태에 있기 위한 조건

① 점이 한계선 밖으로 벗어나지 않은 경우

단, 연속한 35점 중 한계 밖으로 벗어난 점이 1점 이내인 경우 및 100점 중 2점 이내인 경우에는 한계 밖으로 벗어난 점이 없다고 보아도 좋다.

② 점들의 나열된 방향이 이상이 없는 경우

2) 점들이 나열된 방향이 이상이 있는 경우

① 점들이 중신선의 한쪽으로 편중되어 연속적으로 나타난 경우 연속해서 7점이 나타난 경우 이상, 5점이 나열된 경우는 주의를 요한다고 판정한다.

② 점들이 중신선의 한쪽으로 편중되어 많이 나타난 경우 연속한 11점 중 10점 이상, 14점 중 12점 이상, 17점 중 14점 이상, 20점 중 16점 이상이 중심선의 한쪽으로 편중되어 나타난 경우에는 이상 원인이 있는 것으로 판단한다.

③ 점들이 상승 또는 하강하는 경향을 보이는 경우

④ 점들이 주기적으로 상승, 하강을 만족하는 경우

⑤ 점들이 한계선에 접하여 자주 나타나는 경우

⑥ 점들이 중심선 부근에 집중되어 있는 경우

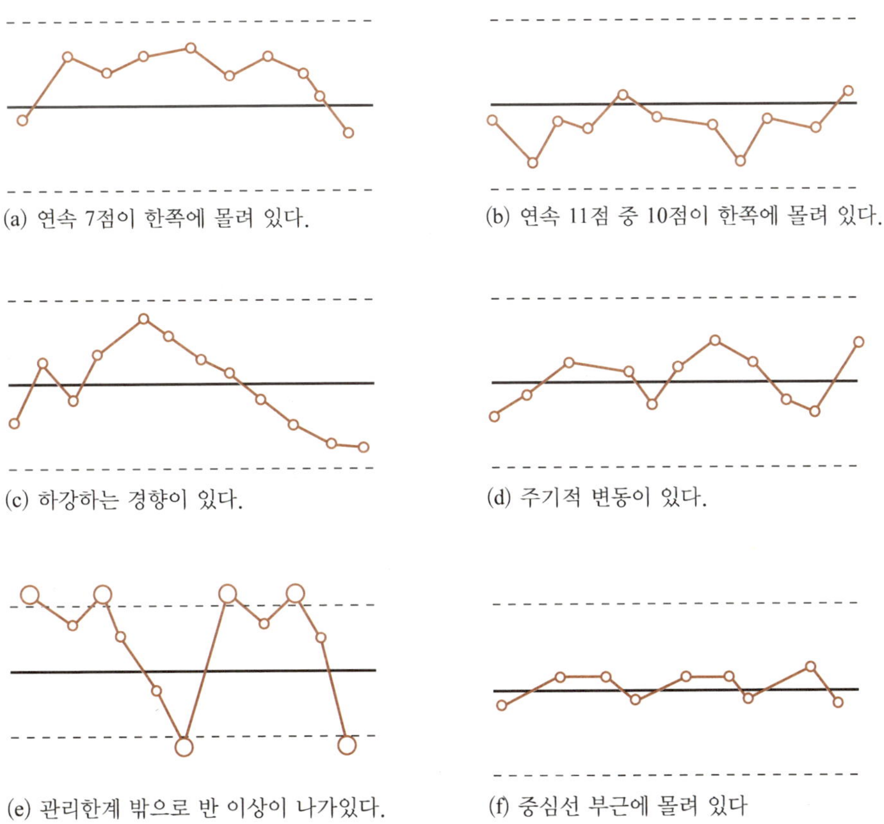

(a) 연속 7점이 한쪽에 몰려 있다.

(b) 연속 11점 중 10점이 한쪽에 몰려 있다.

(c) 하강하는 경향이 있다.

(d) 주기적 변동이 있다.

(e) 관리한계 밖으로 반 이상이 나가있다.

(f) 중심선 부근에 몰려 있다

그림 3-19 이상을 나타내는 관리도

3.5.5 이상 원인의 조사 및 조치

1) 이상 원인의 조사

관리도에서 이상 원인이 일어났다고 판단된 경우에는 다음 순서에 의하여 그 원인을 조사한다.

① 시료의 채취방법, 시험방법, 계산 및 플로트에 이상이 없는가를 조사한다.
② 재료 및 기기에 이상이 없는지, 또는 작업표준에 따라 작업이 바르게 이루어졌는지를 조사한다. 기술적 지식 및 경험을 바탕으로 공정을 방해하는 원인에 대하여 가장 일어나기 쉬운 원인의 순으로 조사한다.
③ 재료별, 기계별, 작업자별 및 그 밖의 조건에 따라 데이터를 층별한다.
④ 다른 공정의 관리도와 비교 검토한다.
⑤ 이상의 조사를 통해 원인을 규명할 수 없는 경우나 현장에서 해결할 수 없는 경우에는 근본적인 원인을 조사한다.

2) 조치

이상 원인이 규명되면 그 원인을 제거하는 응급조치뿐만 아니라, 다시 재발하지 않도록 조치를 취할 필요가 있으며, 예를 들어 재료가 나쁘면 그것을 교체하는 것만이 아니라 앞으로도 이와 같은 재료가 공정에 이용되기도 하므로, 만일 재료를 시험하지 않고 사용하고 있다면 재료시험의 항목을 작업표준에 추가하는 등의 조치를 취하는 것이다.
조치는 여러 가지단계가 있으며, 공정을 방해하는 원인이 작업표준을 지키지 않았기 때문에 발생했을 때에는 작업표준을 확실하게 지키도록 조치를 취하고, 작업표준이 갖춰져 있지 않으므로 발생한 경우에는 그 원인을 조사하여 작업표준을 개정한다거나 근본적으로 설비를 개선하는 등 여러 가지가 있다. 일반적으로 근본적인 조치의 경우가 재발을 방지하는 데는 좋지만, 비용 및 인력소비가 드는 경우가 많으므로 어느 정도의 조치를 취해도 좋은지는 기술적, 경험적으로 판단하여 결정할 필요가 있다.

3) 관리선의 수정

다음과 같은 상태로 되면 최신 데이터를 예비 데이터로서 새롭게 관리를 수정할 필요가 있다.

① 기술적으로 공정이 확실히 판단되는 경우
② 공정에 변화가 없어도 관리도를 그리기 시작하면서부터 일정기간(공정이 안정상태에 있는 경우에는 6개월 정도)이 경과한 경우
③ 관리도로부터 판단하여 공정상태가 변하여 지금까지의 관리선으로 조치의 기준으로서 적당하지 않다고 판단되는 경우

4) 시료의 채취방법이 변한 경우

공정에 변화가 일어난 경우에 재계산을 행하지 않거나, 또는 점들이 한계선에서 크게 벗어난 경우 및 긴 그룹이 나와 있는 상태가 생긴 경우의 관리도를 사용하는 것은 좋지 않다. 변동이 크기 때문에 한계를 초월한 것이 많은 경우는 공정에 근본적인 변경을 통하여 변동을 작게 하고, 이것이 곤란한 경우에는 품질표준을 변경하는 등의 조치가 필요하다.

3.6 콘크리트의 품질검사

콘크리트의 품질을 검사하는 경우에 검사대상으로 하는 시험값의 검사로트(lot)의 크기를 적절하게 설정하는 것이 중요하다. 종래의 콘크리트 공사의 예에 의하면 콘크리트의 품질은 각 배치(batch)마다 또는 시공 날짜마다 변동할 뿐만 아니라, 장기간에 걸친 공사 및 콘크리트의 시공이 단속적으로 행해질 경우에는 그 품질의 변동은 더욱 커진다. 이것은 공사기간 중 콘크리트의 원재료의 품질 및 그 상태, 기상조건, 나아가서는 작업원이나 기계설비의 작업상태 등에 특별한 변화가 일어나는 경우가 있기 때문이다.

따라서 각종의 조건하에서 타설한 콘크리트에 대하여 전체적으로 품질이 편중되지 않고, 또는 각 부분이 소정의 품질을 가지고 있는가 어떤가를 검사하기 위해서는 공사중 타설한 콘크리트 전체를 단지 하나의 검사로트로 해서 검사해야 할 뿐만 아니라 품질의 변동요인을 고려하여 임의의 일부분을 각각 하나나 로트로 하여 설정하고 검사할 필요가 있다.

압축강도의 시험값에 의하여 콘크리트의 품질을 판정하기 위해서는 압축강도의 변동상태가 안정되어 있는가 어떤가를 다음과 같은 순서로 검토해서 시

험값이 설계기준강도를 밑도는 확률이 5% 이하인 것을 확인해야 한다.

① 그림 3-20에 의해 시험개수 n에 상당하는 합격판정계수 k를 구한다.
② n개의 압축강도의 평균값 $\overline{x}$와 불편분산의 제곱근 S_n을 계산한다.
③ 이상으로부터 다음의 식이 성립하면 합격으로 한다.

$$\overline{x} \geq f_{ck} + k \cdot TS_n \tag{3.46}$$

여기서, f_{ck} : 설계기준강도(MPa)

$$\overline{x} \ : \ \frac{x_1 + x_2 \cdots + x_n}{n} \ (\mathrm{MPa})$$

$$S_n \ : \ \sqrt{\frac{x_1 + x_2 + \ \cdots \ x_n}{n-1} - \frac{nx^{-1}}{n-}} \ (\mathrm{MPa})$$

그림 3-20의 합격판정계수 k는 다음과 같이 정한다.

로트의 시험값 x가 그림 3-21의 (1)의 그림과 같이 평균값 m_0, 표준편차 σ의 정규분포한다고 했을 때 이로부터 무작위로 n회 1조의 시료를 채취하여 반복시험을 했을 경우 $\overline{x} - kS_n$의 분포는 그림 3-2의 (2)의 그림과 같이 된다. 그래서 시험값이 5회 정도 이상일 때는 $\overline{x} - kS_n$의 분포는 실용상 평균값이 $m_0 - k\sigma$, 표준편차가 $\sigma\sqrt{\frac{1}{n} + \frac{k^2}{2(n-1)}}$ 인 정규분포로 볼 수 있다. 각각의 평균값 m_0 및 $m_0 - \sigma$와 하한규격값 S_L의 관계로부터 다음 두 개의 관계식이 얻어진다.

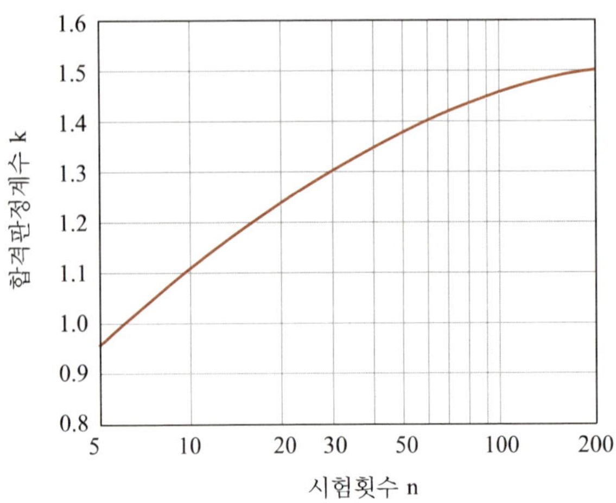

그림 3-20
합격판정계수

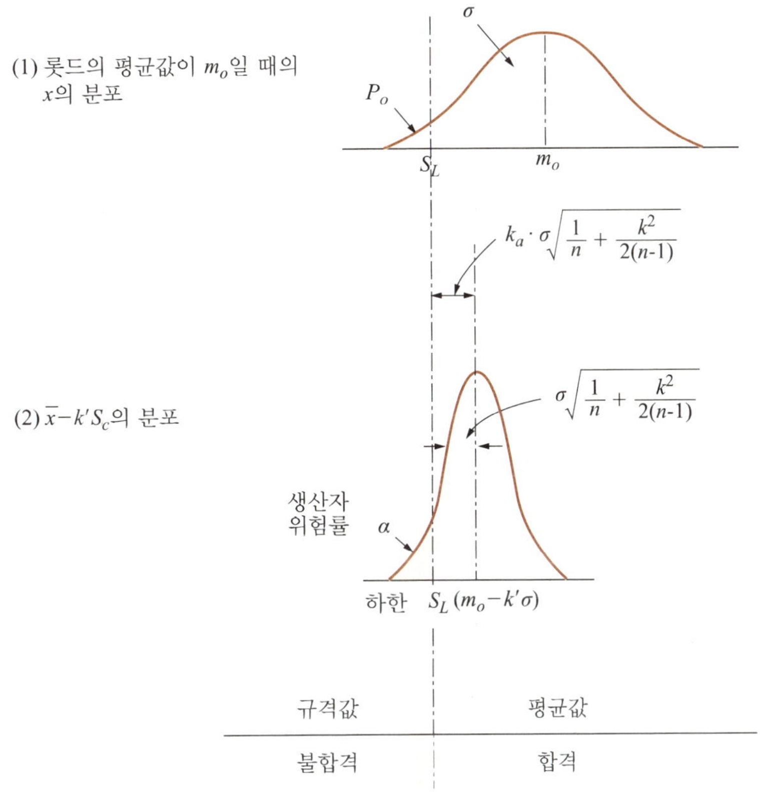

그림 3-21
하한규격값 S_L (σ_{ck})이 주어진 경우

$$m_0 = S_L + K_{po}\sigma \tag{3.47}$$

$$m_0 - k\sigma = S_L + K_\alpha \cdot \sigma\sqrt{\frac{1}{n}+\frac{k^2}{2(n-1)}} \tag{3.48}$$

위의 두 식으로부터 합격판정계수 k는 다음 식과 같이 된다.

$$k = [K_{po} - K_\alpha(A/n + B)^{1/2}]/A \tag{3.49}$$

여기서, A : $1-\dfrac{K^{2_\alpha}}{2(n-1)}$

B : $\dfrac{K^{2_{po}}}{2(n-1)}$

위 식의 합격판정계수 k는 생산자 위험률을 $\alpha = 0.10$ (정규분포표로부터 $K_\alpha = 1.28$)로 하고, 설계기준강도를 밑도는 확률(불량률) $p_0 = 0.05$ (정규분포표로부터 $K_{po} = 1.74$)로 한 경우에 대하여 식을 계산한 것이다.

이 방법으로 검사할 경우 적어도 시험값은 5회 정도 이상이 필요하고 시험값의 수가 적을수록 나쁜 품질의 콘크리트가 합격으로 될 확률이 커지는 경향이 있으므로 시험값의 수가 적은 경우에는 품질관리가 충분히 잘 되고 있음을 확인할 필요가 있다.

표준편차를 미리 알고 있는 경우 및 레디믹스트 콘크리트를 사용할 경우 레디믹스트 콘크리트 검사방법에 의하여 합격으로 판정된 콘크리트는 이 항의 검사조건을 만족하고 있다고 판단해도 좋다.

MEMO

제 4 장

콘크리트 제조, 시공 및 품질관리

4.1 콘크리트의 제조

콘크리트제조 과정에 필요한 설비 와 장비들은 재료의 저장, 계량, 혼합 그리고 콘크리트 시공에 이르기까지 그 과정을 단계별로 구분하여 살펴볼 수 있다.

4.1.1 제조설비

1) 저장설비

시멘트, 골재, 혼화 재료에 관련된 저장과 설비시설은 콘크리트의 품질이 떨어지지 않도록 적절한 시설을 갖추어야 한다. 시멘트 및 혼화재의 경우 종류별로 구분하여 풍화를 방지할 수 있는 방습 구조로 저장이 가능하여야 하며, 하절기에는 시멘트 온도가 상승하는 것을 방지할 수 있어야 한다. 일반적으로 포장되지 않은 다량의 벌크 시멘트 또는 혼화재의 경우 사일로에 품종별로 구분하여 저장해야하고, 사일로는 대게 원형의 단면 형상을 가지며, 사일로 바닥에 시멘트나 혼화재가 쌓여 출하되지 않는 부분이 없도록 아치의 형성을 방지하여 유출을 용이하게 하기 위해 바닥 부근에 바이브레이터, 에어레이션 장치 등이 있는 것이 좋다.

콘크리트 제조 현장에서 골재의 경우 시멘트나 혼화재 등의 저장설비에 비해 골재의 저장설비 구축에 대한 투자가 다소 소극적인 편이다. 골재 관리 역시 다소 소홀한 사례가 많이 보고되기도 한다. 하지만 골재는 콘크리트 구성 재료 중 비중이 가장 큰 재료로 콘크리트의 품질에 매우 큰 영향을 미치므로 골재의 품질 유지를 위한 저장설비에도 신경을 써야 한다. 골재의 품질관리에 대한 기본적인 요건은 골재의 양호한 입도 및 청결 유지, 표면수 관리, 그리고 온도 관리 등이 가능해야한다. 즉 잔골재, 굵은골재 및 종류, 입도가 다른 골재는 각각 구분하여 별도로 저장할 수 있어야 하며, 하부 바닥에 있는 골재와 상부에 쌓인 골재 간의 표면수 차이를 최소화 할 수 있도록 바닥은 배수시설을 해야 하고, 또 눈, 비 및 이물질이 혼입되지 않도록 보호시설을 갖추어야 한다. 여름에는 골재의 건조나 온도의 상승을 방지하기 위해 직사광을 피하는 시설을 두어 저장해야 하며, 추가적으로 스프링클러 등의 살수설비를 두는 것도 좋다.

일반적으로 액상형태 형태의 혼화제가 대부분인 경우는 먼지 및 불순물이 혼입되지 않도록 하고, 재료의 분리나 변질, 동결이 발생하지 않도록 저장하여야 한다. 이를 위해 액상 혼화제의 저장설비는 불순물이 혼입되지 않는 구조로서 침전에 의한 분리를 방지하기 위한 교반장치나 순환장치를 설치한 것이 좋다. 특히, 액상 혼화제는 동결하면 분리하는 경향이 강하므로 동절기에는 혼화제가 동결하지 않도록 미리 조치를 취해 놓아야 한다. 혼화제의 저장설비는 종류마다 별도로 저장할 수 있도록 하여야 하나 설비 등의 추가설비가 법규나 각종 규제로 곤란한 경우도 있으므로 혼화제의 종류가 바뀔 경우 기존의 혼화제 저장설비에 저장하여야 하는 경우가 종종 발생하는데 이때에는 충분히 저장설비를 세척한 후에 저장한다.

2) 계량설비

각 재료의 계량설비는 콘크리트 제조조건에 적합하고, 소정의 계량오차 내에서 계량할 수 있는 것이어야 한다. 각 재료의 계량장치를 공사 전에 검사하여 소정의 정밀도로 계량할 수 있도록 조정해야 하며, 정기적으로 검사하여 필요한 경우 재조정을 해야 한다.

3) 혼합설비

믹서(Mixer)란 물, 시멘트, 자갈, 모래 등의 재료를 혼합하여 콘크리트를 비비는 기계를 말한다.

콘크리트 믹서는 비비는 방법에 따라 강제식과 중력식 믹서로 구분된다. 강제식 믹서는 믹싱통은 고정된 채 그 내부에 믹싱 블레이드 등의 비빔구동장치가 되어 있으며 재료를 강제로 동력에 의해 비비는 방식의 믹서이다. 강제식 믹서는 된 반죽의 콘크리트, 특히 경량골재 콘크리트이거나 부배합 등의 비비기에 적당하며, 일반적으로 소요 비비기 시간을 중력식 믹서보다 단축시킬 수 있다. 중력식은 수평축 또는 약간 경사진 축을 중심으로 드럼을 회전하여 그 속에서 비빈다. 중력식 믹서 중 다 비빈 제품을 꺼내기 위해 드럼을 약간 기울이는 것을 가경식(tilting mixer), 드럼의 회전에 의해 들어 올려 낙하함으로써 비벼진 콘크리트가 드럼을 기울이지 않고도 전방의 슈트로부터 꺼내는 것을 불경식(non-tilting mixer) 믹서라고 한다. 믹서는 비빈 콘크리트를 신속하게 배출할 수 있어야 하며, 배출할 때 재료 분리를 일으키기 않는 구조이어야 한다. 믹서는 콘크리트를 비비는 중에 운전을 일시적으로 중단시킨 후 운전을 재개할 때 작동 개시부하에 대하여 충분한 동력을 갖추고 있어야 한다.

배처 플랜트는 믹서, 계량장치, 재료저장, 혼합한 콘크리트의 배출장치 등을 기능적으로 결합하여 구성한 콘크리트의 제조설비로, 건설공사현장 또는 레디 믹스트 콘크리트 공장 등에 설치된다. 계량기는 서로 배합이 다른 콘크리트의 각 재료를 연속적으로 계량할 수 있는 장치가 구비되어야 하며, 계량기에는 잔골재의 표면수량에 따른 계량치의 보정을 쉽게 할 수 있는 장치가 구비되어 있어야 한다. 계량작업의 기본원칙은 단시간 내에 빨리 계량하는 계량 신속도와 배합계획대로 정확히 계량하는 정확도 문제가 중요시된다. 즉, 기능공의 숙련도, 조작장치 및 조작방법, 계량기의 성능 등에 따라 서로 다른데 일반적으로 계량기는 로드셀을 이용한 질량계량으로 누가 계량방식과 개별 계량방식으로 대별되지만 계량실수 및 계량의 정밀도의 처치가 용이한 등의 이유로 대부분 개별계량방식이 사용되고 있다.

4) 시공장비

운반차는 콘크리트를 현장까지 운반하는 자동차로써 트럭 애지테이터(Truck agitator)와 트럭믹서(Truck mixer)가 대표적으로 있다. 트럭 애지테이터는 플랜트에서 혼합이 완료된 콘크리트(센트럴믹스트 콘크리트, central mixed concrete)를 휘저으며 현장까지 운반하는 방식이다. 다만, 슬럼프가 25 mm 이하일 경우 덤프트럭을 사용할 수 있다. 이때 덤프트럭의 적재함은 평탄하고 방수장치를 갖추어야 하며, 필요에 따라 비, 바람 등으로부터 보호를 받을 수 있는 방수덮개를 갖추어야 한다. 트럭믹서는 공장에서 약간 혼합됐거나 계량만 된 콘크리트를 트럭으로 운반하는 중에 비비는 방식으로, 공장에서 어느 정도 섞은 다음에 트럭믹서로 운반하면서 마저 혼합하는 것을 슈링크믹스트 콘크리트(shrink mixed concrete), 처음부터 트럭믹서 속에서 운반하면서 완전히 섞는 것을 트랜싯 믹스트 콘크리트(transit mixed concrete)라고 한다.

믹서로부터 배출되는 콘크리트를 받는 기구로는 버킷이 흔하게 사용된다. 버킷의 구조는 콘크리트를 투입, 배출할 때에 재료의 분리를 일으키지 않아야 하며, 콘크리트의 배출이 쉽고, 닫았을 때 콘크리트나 모르타르가 누출되지 않는 것이어야 한다. 배출구가 한쪽으로 치우쳐 있으면 배출 시에 재료 분리가 일어나기 쉬우므로 중앙부의 아래쪽에 있는 것이 좋다. 일반적으로 콘크리트를 담은 버킷은 타워 크레인으로 즉시 타설할 장소로 운반하는데 이러한 운반

방법은 콘크리트에 진동을 적게 주기 때문에 좋으며, 타설 장소에 상하 수평 어느 방향에 대해서도 운반이 용이하여 편리하다.

시공 시에 콘크리트 펌프를 사용하는 콘크리트는 소요의 워커빌리티를 가지며, 시공할 때 및 경화 후에 소정의 품질을 갖는 것이어야 한다. 펌프콘크리트에서 가장 중요한 것은 압송의 시공성을 너무 강조하면 물-결합재비가 높거나 압송압력이 높으면 공기량의 감소, 재료의 분리는 물론 경화 후 콘크리트 강도 등의 문제가 심각한 문제가 발생한다. 일반적으로 압송을 안정하게 할 수 있는 최소의 슬럼프 값은 굵은골재 최대입경의 20~40 mm이며 사용할 관의 지름이 150 mm 이하인 경우에는 80 mm 정도이다. 다만 압송을 수월하게 하기 위해서 물-결합재비를 높여서 사용하면 콘크리트의 소요 품질 확보가 어려우므로 단위수량의 증가는 될 수 있는 한 자제하며 사용하여야 한다.

압송관의 배관의 경로와 지름은 콘크리트의 품질 및 종류, 안정성, 압송작업의 용이성, 굵은골재의 최대치수, 압송조건, 콘크리트 펌프의 기종 등을 고려하여 정한다. 관경이 클수록 관내의 압력손실이 적고 압송이 쉬우나 일반적으로 125 mm 지름의 관이 많이 사용된다. 수송관의 배치는 될 수 있는 한 굴곡을 적게 하고, 수평 또는 상향으로 해서 압송 중에 콘크리트가 막히지 않도록 고려해야한다. 또 압송개시 또는 종료 시에 물을 흘려보내는 경우가 있으나, 이러한 종류의 물이 섞인 콘크리트를 사용해서는 안 된다.

콘크리트 펌프의 종류 및 대수는 수송관의 지름 및 배관의 수평환산 거리, 막힘에 대한 안전성 및 시공장소의 환경조건, 콘크리트의 종류 및 품질, 단위 시간당 타설량, 압송부하, 토출량 등을 고려하여 정하여야 한다. 콘크리트 펌프의 형식은 스퀴즈식 또는 피스톤식을 표준으로 한다. 콘크리트 펌프의 기종은 압송능력이 펌프에 걸리는 최대 압송부하보다도 커지도록 선정한다.

콘크리트의 압송 개시 전에 막힘에 의해 중단되는 것을 방지하기 위해 콘크리트 펌프나 배관내면에 윤활성을 확보할 목적으로 먼저 모르타르를 압송하는 등의 조치를 취한다. 먼저 압송하는 모르타르의 사용량은 소량이지만, 거푸집 내에 타설하지 않는 것을 원칙으로 한다. 다만, 먼저 압송하는 모르타르의 강도가 사용할 콘크리트의 강도와 같거나 이상이면 시공이음부의 모르타르 깔기용으로 사용해도 좋다.

압송을 중단하여 배관 속에 오랫동안 콘크리트를 놓아두면, 재료의 분리나 워커빌리티의 저하에 의해 펌프가 막히거나 펌퍼빌리티가 나빠지는 등의 원인이 되기 쉬우며, 콘크리트의 품질에도 영향을 줄 수 있다. 따라서 콘크리트 펌프의 호퍼 속에 공급되는 콘크리트는 연속적으로 압송하여 빠르게 타설 및 다짐을 실시하는 것이 좋다. 배관의 이동, 작업원의 교대 혹은 강우, 그 밖의 예측하지 못한 사태가 발생하는 등의 이유로 부득이 중단하여야 할 때는 재개시기를 되도록 빨리 예측하여 관계자에게 연락하고 동시에 장시간 중단이 예상되는 경우에는 펌프가 막히는 것을 방지하기 위하여, 시간간격을 조절하면서 운전을 실시해야하며, 장기간의 중단에 의해 펌프가 막힐 가능성이 높은 경우에는 배관속의 콘크리트를 배출해 놓아야한다.

콘크리트 플레이서는 수송관속의 콘크리트를 압축공기를 이용하여 압송하는 것으로 콘크리트 펌프와 같이 콘크리트를 터널 등의 좁은 곳에 운반하는데 편리하다. 콘크리트 플레이서를 사용할 경우는 공기소비량, 수송거리, 공기압에 따라 재료 분리가 심하므로 그 형식, 기종 및 사용 방법에 대해 책임기술자의 지시에 따라야 한다.

수송관의 배치는 굴곡을 적게 하고 상향 또는 수평으로 설치하며, 하향경사로 설치하여 사용하지 않아야 한다. 만일 하향경사의 각도가 큰 경우에는 콘크리트가 관내를 흘러내리면서 관 전체를 꽉 채운 상태로 흐르지 않기 때문에 압송이 곤란해지고 동시에 압송공기만이 분출될 위험성이 있기 때문이다.

관에서 콘크리트를 배출할 때 콘크리트의 재료 분리가 생기는 경우에는 이를 방지하기 위해 관 끝에 달아맨 삼베 등에 닿도록 배출시키거나 해서 배출충격을 완화시켜야한다. 또한 콘크리트 플레이서를 사용하면 콘크리트의 재료 분리가 심한 경우가 발생하므로 콘크리트를 점성이 풍부한 콘크리트, 즉 잔골재율을 크게 한 단위 모르타르량이 많은 콘크리트를 사용하는 것이 좋다.

콘크리트를 연속적으로는 운반하는데 에는 벨트 컨베이어가 편리하다. 벨트 컨베이어를 사용할 경우 운반거리가 길면 햇빛이나 공기에 노출되는 시간이 길어져서 콘크리트가 반죽질기가 변하거나 건조해지므로 컨베이어를 적당한 위치에 배치하여 덮개를 설치하는 등의 조치를 취하여야 한다. 또한 벨트 컨베이어의 끝부분에는 재료분리를 방지하기 위해서 깔때기 및 조절판을 설치한다. 또한 벨트 컨베이어는 콘크리트의 운반 도중 재료 분리가 발생하지 않도록 적절한 경사를 가져야 한다.

슈트를 사용하는 경우에는 원칙적으로 연직슈트를 사용하여야 한다. 연직슈트는 재료의분리가 적게 일어나도록 깔때기 등을 이어 대서 만들어야한다. 연직슈트를 사용할 경우 콘크리트가 한 장소에 모이지 않도록 콘크리트 타설 전 투입구의 순서, 투입간격 등에 대하여 검토해 두어야 한다.

경사슈트를 사용할 경우 슈트의 경사는 콘크리트가 재료 분리를 일으키지 않을 정도이어야 하며, 일반적으로 경사는 수평 2에 대하여 연직 1 정도가 적당하다. 경사슈트에서 재료분리의 방지를 위해 토출구에 조절판 및 깔때기를 설치해야한다. 이 경우 깔때기의 하단은 될 수 있는 대로 콘크리트를 치는 표면에 가까이 두어야하며, 경사슈트로 운반한 콘크리트에 재료 분리가 생긴 경우에는 슈트 토출구에 팬을 놓고 콘크리트를 받아 다시 비벼서 사용하여야 한다.

콘크리트 타설시 다짐이 적절히 동반되어야하는데, 그렇지 않으면 구조물의 품질에 다양한 하자가 발생할 수 있다. 예를 들어, 콘크리트가 상부철근에 걸려 가라앉지 못하여 생기는 망형크랙, 신·구 콘크리트간의 타설 지연 및 부적절한 다짐으로 인한 콜드 조인트, 과도한 다짐으로 인한 블리딩 및 거푸집 물빠짐, 공극으로 인한 물곰보 현상, 다짐 중 거푸집 표면에 갇힌 수극 등은 양호한 다짐을 통해 방지할 수 있는 품질 하자라 할 수 있다. 진동기는 양호한 다짐을 위해 사용하는 장비이다. 하지만 진동기의 잘못된 사용으로 인해 하자가 발생하는 것을 방지하기 위해 진동기의 찔러 넣는 간격 및 한 장소 당 진동시간을 규정하여 타설한 콘크리트에 균일한 진동을 주어야하며, 작업자에게 미리 인지시킬 필요가 있다. 콘크리트 진동기의 종류 및 특징은 다음의 표 4.1에 나타나 있다.

진동기를 사용할 때는 콘크리트에 수직으로 삽입, 인발하여야 하며, 특히 인발할 때는 천천히 빼내어 구멍이 남지 않도록 하고, 진동기를 콘크리트에 삽입

표 4.1 콘크리트 진동기의 종류 및 특징

<table>
<tr><th colspan="3">종 류</th><th>특 징</th></tr>
<tr><td rowspan="3">내부
진동기</td><td>봉형진동기
(저주파식)</td><td>전기모터형
가솔린엔진형</td><td rowspan="3">• 일반적으로 널리 사용되는 타입(저주파식)
• 일반 콘크리트에 사용
• 전기 모터형과 가솔린 엔진형이 있음</td></tr>
<tr><td>고주파진동기</td><td></td></tr>
<tr><td>핸드
바이브레이터</td><td></td></tr>
<tr><td colspan="2">거푸집 진동기</td><td>벽타형
외부부착형</td><td>• 얇은 벽 또는 내부진동기 사용 곤란한 경우 사용
• 진동영향범위는 표면부에 한정되며, 내부 콘크리트를 대량으로 다지는 것은 불가능
• 이동성 우수한 벽타형과 고정식 외부부착형</td></tr>
</table>

한 채로 횡방향 이동시 재료분리의 원인이 되므로 주의해야 한다. 고주파 진동기의 경우, 진동다짐시 상하로 움직여 주는게 효과적이다. 삽입간격은 진동이 유효한 범위의 지름 이하로 하고, 진동시간은 시멘트 페이스트가 표면 상부로 약간 부상할때까지 한다. 또한 거푸집판에 접하는 콘크리트는 평탄한 표면이 얻어지도록 다짐을 실시한다.

일반적으로 콘크리트 다지기에는 원칙적으로 내부진동기를 사용하지만, 얇은 벽 등 내부 진동기의 사용이 곤란한 장소에서는 거푸집 진동기를 사용할 수 있다. 거푸집 진동기는 거푸집의 적절한 위치에 단단히 설치하여야 하며, 콘크리트의 표면에서 5~10 cm 정도 내린 위치에서 진동을 가하는 것이 가장 효과적이다. 부착간격은 약 2~3 m 정도가 적당하거, 진동시간은 슬럼프 18 cm 일 때, 1~3분 정도로 한다. 층고가 높은 기둥은 내부 진동기와 기둥 아래쪽에 거푸집 진동기를 병용하면 효과적이다.

4.1.2 재료의 계량 및 비비기

1) 재료의 계량

계량은 현장 배합에 의해 실시해야 한다. 즉, 시방배합을 결정할 때와 현장에서 사용할 때에 있어서 입도 및 골재의 함수 상태는 서로 다르기 때문에 수정한 후 현장에서 사용해야한다. 골재의 유효 흡수율 및 표면수율이 사용수량에 미치는 영향은 크므로, 유효 흡수율 및 표면수율을 적절한 빈도로 시험하여 그 결과를 반영한 현장 배합을 기준해서 계량하는 것은 소정의 배합으로 콘크리트를 만드는 데 대단히 중요하다. 또 골재의 함수 상태는 매우 중요한데, 골재의 함수 상태는 시간 및 저장방법에 따라 변하기 쉬우므로 함수 상태를 안정되게 유지시키는 것이 중요하다. 유효 흡수율의 시험에서 골재에 흡수시키는 시간은 공사 현장의 사정에 따라 다르나 실용상으로 보통 15~30분간의 흡수율을 유효 흡수율로 보아도 좋다. 또 혼화제를 묽게 하거나 혼화제를 녹이는데 사용하는 물은 단위수량의 일부로 보아야 한다.

배치량은 콘크리트의 타설량, 공사의 종류, 운반방법, 비비기 설비의 성능, 콘크리트의 종류 등을 고려하여 정하고, 각 재료는 1배치씩 질량으로 계량한다. 다만 혼화제 용약과 물은 체적으로 계량하여도 상당한 정밀도로 계량할 수 있기 때문에 용적으로 계량해도 된다.

2) 비비기

콘크리트의 재료는 콘크리트가 균일하게 반죽 될 때까지 충분히 비벼야 하는데, 이를 위해서는 성능이 좋은 믹서를 사용하여 적절한 재료의 투입 순서 및 비비기 시간으로 콘크리트를 비벼야 한다.

비비기 시간은 시험에 의해 정하는 것을 원칙으로 한다. 비비기 시간에 대한 시험을 실시하지 않은 경우 그 최소 시간은 강제식 믹서일 때에는 1분 이상을 표준으로, 가경식 믹서일 때에는 1분 30초 이상을 표준으로 한다. 하지만 비비기 시간을 길게 하는 것이 적당한 경우도 많은데, 믹서의 용량이 큰 경우, 슬럼프가 작은 콘크리트, 혼화 재료나 경량골재를 사용한 콘크리트의 경우 등이 해당된다. 단, 콘크리트를 너무 오래 비비면 특히, 공기연행 콘크리트의 경우는 공기량이 감소하여 배출 시 콘크리트의 워커빌리티가 나빠지는 것, 믹서의 용량이 큰 경우나 굵은골재의 최대 치수가 크고, 골재가 단단하지 못한 경우 외에 배출후의 시간경과에 따라서 콘크리트의 슬럼프 저하량이 커진다. 그래서 미리 정해둔 비비기 시간의 3배 이상 비볐을 때에는 믹서의 운전을 일시 중지하는 것이 좋다. 그러나 이 경우에도 콘크리트를 배출이 곤란해지지 않도록 때때로 믹서를 운전하는 것이 좋다.

비비기를 시작하기 전에는 배합비율이 비슷한 적당량의 모르타르를 미리 비벼서 이를 믹서 내에 자연스럽게 부착시킨 후 나머지를 배출시키고, 그 다음에 소정의 재료를 투입시켜 비비는 것이 적정하다.

4.1.3 레디믹스트 콘크리트의 제조

KS F 4009 (레디 믹스트콘크리트)에 규정된 제조 방법에 의거하여 혼화재료・골재・물・시멘트를 이용하여 전문적인 콘크리트 생산 공장에서 제조한 후, 트럭에지테이터(truck agitator) 또는 트럭믹서를 이용하여 공사현장까지 운반되는 굳지 않은 콘크리트를 의미한다. 레디믹스트콘크리트는 슬럼프(또는 슬럼프 플로), 호칭강도, 굵은골재의 최대치수 등의 조합에 따라 100여 개 이상의 많은 규격이 존재하고 있다. 레디믹스트콘크리트의 종류는 한국산업표준(KS F 4009)에 의할 때, 고강도 콘크리트, 포장콘크리트, 보통콘크리트, 경량콘크리트로 구분된다.

레디믹스트콘크리트의 구입자는 KS 표준에서 정한 바와 같이 슬럼프 및 호칭강도, 굵은골재의 최대치수, 콘크리트의 종류를 조합한 표준규격 가운데 하나를 지정하여 구입해야 하는데, 구입자는 이들 조합에 대하여 별도로 필요한 사항을 지정할 수 있다. 특히 콘크리트표준시방서나 콘크리트구조설계기준에 규정되어 있는 사항으로서 주로 사용재료의 품질이나 배합과 관련된 사항 가운데 명확히 해야 할 사항은 반드시 지정할 필요가 있다 일반적으로 아래와 같은 사항에 대하여는 생산자와 협의한 후 지정해야 한다.

① 시멘트의 종류
② 골재의 종류
③ 굵은골재의 최대치수
④ 혼화재료의 종류
⑤ KS 표준에서 정한 염화물 함유량의 상한치와 다른 경우에는 그 상한치
⑥ 호칭강도를 보증하는 재령
⑦ KS 표준에서 정한 공기량과 다른 경우에는 그 값
⑧ 경량콘크리트의 경우는 콘크리트의 단위용적질량
⑨ 콘크리트의 최고 또는 최저온도
⑩ 물－시멘트비의 상한치
⑪ 단위수량의 상한치
⑫ 단위 시멘트량의 하한치 또는 상한치
⑬ 유동화콘크리트의 경우에는 유동화 전 콘크리트에서 슬럼프의 증대량

1) 레디믹스트콘크리트 생산 시스템의 분류

레디믹스트콘크리트의 생산·공급 방식은 콘크리트의 비빔을 정치식(定置式) 배치 플랜트내의 고정식 믹서에서 행하는가, 아니면 운반장비인 트럭믹서의 드럼으로 행하는가에 따라서 일반적으로 트럭믹스(truck mix), 슈링크믹스(shrink mix), 센트럴믹스(central mix)의 3가지로 분류된다.

- 습식
  - ① 센트럴 믹스 (배치 플랜트 내 고정믹서에서 혼합완료)
  - ② 쉬링크 믹스 (배치 플랜트 내 고정믹서에서 1차 혼합, 트럭믹서에서 2차 혼합)
- 건식
  - ③ 트럭 믹스 (배치 플랜트에서는 재료계량, 트럭 믹서에서 혼합작업 수행)
  - ④ 드라이 배칭 (시멘트, 잔골재·굵은골재의 건재료를 트럭믹서에 투입 후, 현장에서 물과 혼화제를 가하여 혼합 완료)

표 4.2 레디믹스트콘크리트 생산방식의 차이점 비교

<table>
<tr><th colspan="2"></th><th>습식(central mix)</th><th>건식(truck mix)</th></tr>
<tr><td colspan="2">1. 정의</td><td>공장의 배치 플랜트에서 재료의 계량, 비빔을 모두 완료하고, 이를 운반차량에 적재하여 공사현장으로 운반하는 방식</td><td>공장에서는 재료의 계량만을 하고, 재료의 혼합(비빔)은 운반 중에 혹은 공사현장에서 트럭믹서에 의하여 수행하는 방식</td></tr>
<tr><td colspan="2">2. 혼합기기</td><td>배치 플랜트 내의 고정식 믹서</td><td>트럭믹서</td></tr>
<tr><td colspan="2">3. 배치 플랜트 초기투자비</td><td>높다.</td><td>낮다.</td></tr>
<tr><td colspan="2">4. 부지 및 설비규모</td><td>크다.</td><td>작다.</td></tr>
<tr><td colspan="2">5. 운반시간 한도</td><td>90분 이내(KS 표준)</td><td>일반적으로 90분 이내, 그러나 드라이 배칭의 경우에는 시멘트의 수화가 일어나는 3시간 이내</td></tr>
<tr><td colspan="2">6. 운전자의 숙련도</td><td>중요하지 않음</td><td>높은 숙련도 요구</td></tr>
<tr><td rowspan="4">7. 운반 차량</td><td>운반차량의 종류</td><td>트럭애지테이터, 트럭믹서, 덤프트럭</td><td>트럭믹서</td></tr>
<tr><td>적재용량
(ASTM 규정)</td><td>드럼용적의 80 % 이내</td><td>드럼용적의 63 % 이내</td></tr>
<tr><td>물탱크 용량</td><td>500 L</td><td>500~2,000 L</td></tr>
<tr><td>드럼 최대 rpm</td><td>8~10 내외</td><td>14~17 내외</td></tr>
<tr><td colspan="2">8. 품질관리</td><td>비교적 용이</td><td>다소 어려움</td></tr>
<tr><td colspan="2">9. 주요 적용 국가</td><td>한국, 일본, 독일, 프랑스</td><td>미국, 영국, 호주, 동남아</td></tr>
</table>

표 4.2에는 레디믹스트콘크리트의 생산방식별 차이를 정리하였다

(1) 센트럴믹스

전형적인 습식 레디믹스트콘크리트 생산방식으로서, 현재 우리나라와 일본 등에서 적용하고 있는 방식으로, 플랜트에 고정믹서가 설치되어 있기 때문에 각 재료를 계량·혼합하여 비빔이 완료된 콘크리트를 트럭애지테이터 또는 트럭믹서에 투입하여 운반 중에 교반하면서 지정된 공사현장까지 공급하는 방식이다.

(2) 쉬링크믹스

정지식 플랜트 내의 고정 믹서에서 대개 15~30초의 짧은 시간에 부분적으로 콘크리트를 혼합한 후, 아직 혼합이 완전하지 않은 상태에서 트럭애지테이터 또는 트럭믹서에 투입하고, 공사현장까지 운반하는 동안에

완전히 비벼서 공급하는 방식이다. 트럭믹서가 감당할 수 있는 총 혼합 용적은 드럼용적의 63 %로 제한한다.

쉬링크믹싱은 레디믹스트콘크리트가 등장한 초창기에 트럭믹서를 이용하여 많은 량을 운반하기 위하여 고안되었다. 그 아이디어는 콘크리트의 용적을 축소시키는 것으로 트럭믹서 내로 투입되기 전에 부분적으로 비비는 방법이다. 오늘날 이 시스템은 미국 등지에서 소수의 생산자에 한하여 사용되고 있으며, 쉬링크믹스트콘크리트에 대한 요구 조건들은 트럭믹스트콘크리트에 요구되는 것과 동일하다.

(3) 트럭믹스

플랜트에는 고정믹서가 없고 각 재료의 계량장치만을 설치하고 있는데, 계량된 각 재료를 직접 트럭믹서에 투입하거나 혹은 시멘트 잔골재·굵은골재는 선투입한 후, 공사현장으로 운반하는 도중이나 타설 직전에 소요의 물과 혼화제를 가하여 콘크리트를 완전히 비벼 공급하는 방식이다.

2) 배치 플랜트

배치 플랜트는 일반적으로 레디믹스트콘크리트 공장에 설치되어 있는 플랜트를 말한다. 콘크리트를 혼합을 위해 사용되는 믹서는 1배치 분량씩 혼합하는 연속적으로 혼합하는 연속식 믹서와 배치식 믹서가 있는데, 레디믹스트콘크리트 공장에서는 배치식 믹서를 사용하기 때문에 레디믹스트콘크리트 공장에 설치되어 레디믹스트콘크리트를 제조하는 플랜트를 일반적으로 배치 플랜트라고 부른다. 레디믹스트콘크리트 공장에 설치된 배치 플랜트는 재료의 저장과 계량, 혼합 등을 일괄적으로 처리할 수 있다.

4.2 콘크리트의 시공

4.2.1 운반

콘크리트의 운반에는 슈트(chute), 트롤리 차(trolley car), 손수레, 벨트 컨베이어, 콘크리트 플레이서(concrete placer), 콘크리트 펌프, 운반차 버킷(bucket)

등을 단독으로 또는 병행하여 사용한다. 어느 것이든 슬럼프, 재료분리 및 공기량의 감소 등이 적게 일어날 수 있는 방법으로 빨리 운반하여 타설하는 것이 중요하다.

혼합 후 타설이 끝날 때까지의 시간 한도는 콘크리트의 배합, 운반방법, 온도, 습도, 사용 재료 등에 의하여 변화하며, 일반적인 기준으로 콘크리트표준시방서와 KS F 4009에서는 표 4.3과 같이 각각 운반시간의 한도를 정하고 있다. 다만, 콘크리트표준시방서는 혼합으로부터 타설 완료 때까지의 전체 시간을 규정한데 반해 KS F 4009는 혼합으로부터 타설 현장에서 레디믹스트콘크리트를 내릴 때까지의 시간으로 규정하고 있다. 한편 양질의 지연제 등을 사용하여 응결을 지연시키는 등의 특별한 조치를 강구하는 경우에는 콘크리트의 품질 변동이 없는 범위 내에서 주문자 또는 책임기술자의 승인을 받아 시간제한을 변경할 수 있다.

표 4.3 운반시간의 한도

KS F 4009	콘크리트표준시방서	
90분	기온 25℃ 이상	90분
	기온 25℃ 미만	12분

콘크리트 운반차의 종류로는 장거리 운반이나 슬럼프가 큰 콘크리트의 운반에 적합한 트럭믹서(truck mixer) 또는 트럭에지테이터(truck agitator)를 비롯하여 터널용 애지테이터 차(agitator car) 및 덤프트럭 등이 있다.

트럭믹서와 트럭애지테이터의 차이는 일반적으로 전자가 운반차의 드럼 내의 혼합용 날개(blade)를 회전시킴으로써 혼합성능을 가지도록 한 것인데 반해 후자는 드럼 내에 날개를 붙여 드럼의 저속 회전에 의해 혼합성능보다는 응결의 징행과 재료의 분리를 막는 기능을 가지는 점이다. 콘크리트 운반 장비는 표 4.4와 같다.

콘크리트는 운반시간에 따라 공기량 손실(air loss)과 슬럼프 손실(slump loss)이 발생된다. 운반에 따른 공기량 손실은 운반시간과 콘크리트의 종류에 따라 다르지만 대체로 0.5~1% 정도의 범위이며, 슬럼프 손실은 수분의 증발 및 골재의 수분 흡수, 시멘트의 초기수화 등에 의해 발생한다. 따라서 레디믹스트콘크리트 공장에서는 타설 현장까지 운반하는 과정 중의 공기량 손실과 슬럼프 손실을 고려한 배합설계와 제조관리가 필요하다.

표 4.4 콘크리트 운반장비

운반 장비	운반 방법	최대 운반 거리(m)	운반량 (m^3)	동력	적용 범위	비 고
콘크리트 버킷	수평 수직	25 50	0.5~1.0/대	크레인	일반적	재료분리가 적어 현장 내 운반에 적합하다.
콘크리트 플레이서	수평 (경사)	100	1.5~7.5/회	압축공기 (전동)	터널 공사 아치 공사	터널 등의 좁은 곳에 콘크리트를 운반하는 데 편리하다.
콘크리트 타워	수직	60	0.2~0.6/회	전동	높은 장소	수평 방향은 손수레, 펌프, 벨트 컨베이어 등의 조합 방식으로 운반한다.
손수레	수평	50	0.05~0.2/대	인력	소규모 공사 특수 공사	평탄한 운반로가 필요하다.
콘크리트 펌프	수평 수직	200 40	20~90 /h	기관	높은 장소	적합한 기종을 선택하고 타설 속도에 주의하면 된 반죽에도 사용할 수 있다.
벨트 컨베이어	수평 (경사)	60	10~50 /h	전동	된반죽용	재료분리가 생기기 쉽다.
슈트	수직 (경사)	20	10~50 /h	중력	지하 구조물 보조 수단	묽은 반죽에 사용하면 좋지만 재료분리를 일으키기 쉽다.

콘크리트는 운반시간에 따라 워커빌리티가 저하되기는 하지만 일정한 운반시간의 범위 내에서는 강도가 저하되지는 않는다. 초기의 운반시간에 따라 콘크리트의 강도는 오히려 증가하다가 슬럼프 값이 0에 가깝게 될 때 강도가 급격히 저하된다.

슬럼프가 저하된 콘크리트의 워커빌리티를 개선시키기 위해서는 물을 첨가하는 것은 금해야 한다. 왜냐면, 트랙애지테이터의 드럼에 물을 첨가하는 경우 충분한 혼합을 기대할 수 없으며, 품질변동이 크게 되거나 현저한 강도저하의 우려가 있기 때문이다.

표 4.5 슬럼프 손실량의 추정 예(단위 : mm)

종류 / 운반시간(분) / 콘크리트온도(℃)	보통콘크리트			혼화제 사용 콘크리트		
	30	60	90	30	60	90
10	0	10	20	5	20	35
20	5	15	30	10	25	45
30	5	20	35	10	30	55

4.2.2 콘크리트의 치기

타설 방법이 적절하지 않으면 콘크리트 재료의 계량과 혼합이 정확해도 좋은 구조물이 될 수 없기 때문에 사전에 충분히 검토된 계획에 따라 타설 작업이 이루어져야 한다. 타설 계획을 세울 때에는 구조물의 종류, 기상조건, 타설 속도, 운반설비의 능력, 혼합 플랜트, 타설 순서, 콘크리트의 워커빌리티 등을 충분히 고려하여 계획을 세우고 그에 따라 타설 방법, 작업인원, 기계배치 등을 정해야 한다.

콘크리트의 타설 계획을 세우는 이외에 타설 작업 전에 다음의 사항에 대한 확인과 준비가 필요하다.

① 재료 및 레디믹스트콘크리트의 확보
② 타설 직전의 콘크리트 품질 검사방법
③ 철근의 피복두께 거푸집 조립의 정확도 확인 및 매설물 확인
④ 타설 장비, 운반 장비, 플랜트 가동 등 기계기구의 준비와 정비
⑤ 급수 및 배수의 처리방법
⑥ 거푸집 내의 청소 및 거푸집의 지지 강성 확인
⑦ 일기의 예측과 대비 등

타설 작업 중에도 기자재 및 인원의 배치가 계획과 같이 실제로 적절한가를 확인하면서 타설해야하며, 콘크리트에 콜드 조인트(cold joint)가 생기지 않고 다짐이 충분히 될 수 있는 범위 내에서 연속적으로 타설한다. 일반적으로 운반거리가 먼 장소부터 콘크리트를 쳐야하는데 이는 먼저 타설한 콘크리트에 영향을 주지 않기 위해서이다. 또한 거푸집의 변형이 일어나지 않도록 균형을 잘 맞추어 타설한다.

균질의 콘크리트를 얻기 위하여 균일하게 진동다짐을 할 필요가 있고, 한 구획 내에서 표면이 거의 수평이 되도록 콘크리트를 타설해야한다. 한 층의 높이는 진동기의 성능 등을 고려하여 400～500 mm 이하로 하는 것이 좋다.

또 2층 이상으로 나누어 콘크리트를 치는 경우에는 아래층의 콘크리트가 굳기 시작하기 전에 위층의 콘크리트를 치며 콜드 조인트가 생기지 않도록 주의해야한다. 이어치기 허용 시간 간격은 대기온도가 25℃를 초과할 때는 2.0 시간, 25℃ 이하일 때는 2.5 시간을 표준으로 한다. 여기서 말하는 허용 이어치기 시간간격은 아래층 콘크리트 비비기 시작에서부터 아래층 콘크리트 타설

완료 후, 정지시간을 포함하여 위층 콘크리트가 타설되기까지의 시간이다.

콘크리트 분리는 자유낙하 높이가 너무 높을 경우 일어날 수 있으며, 그 충격으로 철근을 움직이게 하거나 스페이서 등을 분리시킬 우려가 있으므로 콘크리트표준시방서에서 호퍼, 버킷, 펌프 배관, 슈트 등의 배출구와 타설 면까지의 높이는 1.5 m 이하를 원칙으로 하고 있다.

콘크리트 타설 도중 표면에 떠올라 고인 블리딩수가 있는 경우에 적당한 방법으로 이 물을 제거한 후가 아니면 그 위에 콘크리트를 쳐서는 안 되며, 제거를 위해 콘크리트 표면에 흠을 만들어 고인 물을 흐르게 해서는 안 된다. 벽 또는 기둥과 같이 높이가 높은 구조물을 연속하여 칠 경우에는 콘크리트의 타설 속도를 너무 빨리 하면 블리딩에 의해 나쁜 영향을 일으키기 쉬우며, 재료분리가 일어나기 쉽고 상부의 콘크리트가 약하게 되거나 수평 철근의 부착강도가 현저하게 저하될 위험이 있기 때문에 이를 피하기 위해 타설 속도를 조정할 필요가 있다. 타설 속도는 다짐방법, 콘크리트의 배합, 단면의 크기 등에 따라 다르지만 일반적으로 30분에 1~1.5 m 정도로 하는 것이 적당하다.

기둥 타설시 기둥의 윗부분까지 치고 계속하여 곧바로 슬래브 콘크리트와 보를 치면 그 경계선에서 침하균열이 발생하기 쉽다. 따라서 보와 연결된 밑부분에서는 기둥 콘크리트의 타설을 일단 멈추어 충분히 다짐을 하고, 블리딩수가 있으면 제거한 다음에 1~2시간 침강하기를 기다렸다가 콘크리트가 충분히 가라앉은 후 슬래브콘크리트와 보를 치는 것이 좋다. 또 계획적으로 보 아래에서 타설을 중지하여 2회 타설을 해도 좋다.

콘크리트가 굳기 전에 침하균열이 발생한 경우에는 재 진동이나 즉시 다짐을 실시하여 균열을 제거해야 한다. 재 진동을 할 경우에는 콘크리트에 나쁜 영향이 생기지 않도록 초결이 일어나기 전에 실시하여야 한다.

한편 콘크리트구조설계기준에서는 슬래브 구조를 지지하는 기둥에 대하여 다음의 규정이 있는데, 기둥 주변의 바닥판에는 기둥과 동일한 강도를 가진 콘크리트로 시공해야 하고, 강도가 높은 콘크리트를 먼저 친 후, 소성 성질을 보이는 동안에 낮은 강도의 콘크리트를 쳐서 두 콘크리트가 일체가 되도록 충분히 다짐을 하여야 하며, 기둥 콘크리트는 바닥 콘크리트와 일체를 이루어야 하고, 기둥 콘크리트의 상면은 기둥면으로부터 슬래브 내로 600 mm 정도 확대 시공해야 하는 규정 등이 있다.

콘크리트의 다짐은 거푸집의 구석구석까지 콘크리트를 균일하고 치밀하게 채우고, 매설물 등과 잘 밀착시키며, 공극 적게 함으로써 구조물로서 요구되는 성능을 만족시키도록 철저히 실시하여야 한다. 또한 거푸집 판에 접하는 콘크리트는 가능하면 평탄한 표면이 얻어지도록 타설하고 다져야 한다.

일반적인 다짐방법으로는 다짐봉, 진동다짐 및 나무망치에 의한 방법이 있다. 또 특수한 방법으로 진공 매트에 의해 도로 포장 및 슬래브 콘크리트를 치밀하게 치는 방법도 사용된다.

콘크리트 내부 진동기(KS F 8004)가 콘크리트 다지기에 가장 널리 사용되며, 특히 슬럼프가 작은 된 반죽 콘크리트에 사용할 경우 충전성이 좋으며 콜드 조인트를 방지하는 효과가 우수하다. 그러나 내부 진동기 사용이 곤란한 벽이나 기둥의 밑 부분, 프리캐스트 부재와 같은 경우에는 거푸집 진동기(KS F 8005)와 다짐봉 또는 나무망치 등을 적당히 병행하여 사용한다.

진동기의 크기, 형식 및 대수는 1회에 다짐하는 콘크리트의 전 용적을 충분히 다지는데 적합하도록 부재 단면의 면적 및 두께, 1시간당 굵은골재의 최대치수, 최대 타설량, 배합, 특히 콘크리트의 슬럼프, 잔골재율 등을 고려하여 선정한다.

콘크리트의 표면 마무리는 외관뿐만 아니라 구조물의 수밀성, 내구성 등의 기본적인 성능 확보를 위하여 중요한 것으로서, 타설 및 다짐 후에 콘크리트의 표면은 요구되는 정밀도와 물매에 따라 평활한 표면마감을 하여야 한다. 콘크리트의 부분침하, 블리딩, 들 뜬 골재 등의 결함은 콘크리트 응결 전에 수정처리를 완료하여야 한다.

콘크리트 표면에 스며 나온 물을 완전히 제거한 후 표면 마무리 작업을 실시하며, 소요의 마무리 면이 얻어지는 범위 내에서 최소한으로 하는 것이 중요하다. 지나치게 마무리 작업을 계속하면 레이턴스(laitance)가 생겨 마모저항성을 감소시키는 경우가 있고, 표면에 시멘트 풀이 몰려 수축 균열을 발생시킬 수 있어서 오히려 역효과를 가져온다.

마무리 작업 후 콘크리트가 굳기 시작하기까지의 사이에 발생한 균열은 마무리 작업 또는 다짐(tamping)을 반복하여 제거해야 한다. 이러한 균열은 철근 위치의 콘크리트가 침하함으로써 생기는 경우가 많은데 탬핑 등의 처리에 의해 균열을 제거하면 균열이 다시 발생하는 경우는 적다. 또한 단면의 크기가 다른 부분에 콘크리트를 함께 타설했을 때 생기는 침하량의 차이 때문에 단면이 변하는 경계면에서 균열이 발생되는 경우가 많다. 이 때문에 콘크리트는 단면이 변하는 위치에서 치기를 중지하고, 콘크리트의 침하가 끝나기를 기다린 다음 위층의 콘크리트를 타설하는 등의 조치를 취하여야 한다. 콘크리트의 침하가 끝나는 시간은 온도, 사용재료, 콘크리트의 배합 등에 의해 영향을 받기 때문에 일정하게 나타낼 수는 없지만 일반적으로 1~2시간 정도이다.

그밖에 벽, 기둥 등의 수평이음부 표면은 소정의 물매와 거친 면으로 마감하여야 하며, 마모를 받는 면의 경우에는 마모저항성을 증가시키기 위해 슬럼프 및 물-시멘트비가 작은 콘크리트를 잘 다져서 매끈하게 마무리하는 것이 중요하다.

4.2.3 콘크리트의 양생

양생이란 콘크리트의 수밀성, 강도, 내구성 등의 소요 품질을 확보하기 위해 시멘트의 수화반응(水和反應)을 촉진시키기 위한 조치로서, 알맞게 배합된 콘크리트를 친 후 경화의 초기단계에 적절한 환경에서 양생하여, 좋은 콘크리트를 얻어야한다. 치기가 끝난 콘크리트가 시멘트의 수화작용에 의하여 충분한 강도를 발현하여 균열이 생기지 않도록 하기 위해서는 치기가 끝난 후 일정한 기간 동안 콘크리트를 적당한 온도와 충분한 습윤 상태 안에서 유지해야 하며, 유해한 작용의 영향을 받지 않도록 해야 하는데, 이를 위한 작업을 양생이라 한다. 양생의 목적을 좀 더 상세히 설명하면 굳지 않은 콘크리트에서 원래 물로 채워져 있던 공간이 시멘트의 수화생성물(水化生成物)로 소요의 정도로 채워질 때까지 콘크리트를 포화상태(飽和狀態)로 또는 그에 가까운 상태로 유지하는 것이다.

양생기간 또는 그 직후의 콘크리트는 취약하기 때문에 균열 등의 결함이 발생하기 쉽다. 따라서 습윤양생과 더불어 비, 바람과 직사광선 등으로부터 콘크리트를 보호하고 급격한 온도변화나 건조가 생기지 않도록 하고, 과대한 하중이나 유해한 충격 및 진동 등이 작용하지 않도록 해야 한다.

경화 초기 콘크리트에 수분 공급이 부족하면 시멘트의 수화에 필요한 물이 부족하여 콘크리트의 강도발현이 저하되고, 양생온도가 낮으면 강도발현이 지연되고, 온도가 과도하게 높으면 장기재령에서의 강도증진이 작아진다. 또 경화 초기에 빙점하의 기온에 노출되면 초기동해에 따른 열화(劣化)가 생기는데, 이는 콘크리트 내부의 물이 동결하여 경화 초기의 시멘트 경화제 조직을 파괴시켜 재령이 경과해도 강도가 증가하지 않은 현상이라고 볼 수 있다. 또 양생 시 급격한 온도변화를 받아 단면 내에 온도 차이가 크게 생겨 온도균열이 발생할 수도 있으므로 주의하여야 한다.

4.3 콘크리트의 품질관리(QC ; quality control)

품질의 목표를 정하고 이것을 달성하기 위해 행하는 모든 활동을 말한다. 품질관리는 좁은 의미로는 각종 공업제품의 생산현장에 있어서 제품의 품질관리를 일컫는 경우가 많지만 현대적인 품질관리의 의미는 단순히 공업제품뿐만이 아닌 작업정보, 서비스 등 모든 것의 질적인 향상·유지를 도모하기 위한 활동이 포함된다.

품질관리에 대하여 KS에서는 「품질관리란, 수요자의 요구에 알맞은 품질의 제품을 경제적으로 만들어내기 위한 모든 수단의 체계」라 정의하고 있으며, 종합적 품질관리(T.Q.C ; total quality control)에 대하여 Feigenbaum은 「종합적 품질관리란 소비자가 충분한 만족을 할 수 있도록 좋은 품질의 제품을 보다 경제적인 수준에서 생산할 수 있도록 사내 각 부분이 품질의 유지와 개선의 노력을 종합적으로 조정하는 효과적인 시스템」이라고 정의하였으며, 통계적 품질관리(S,Q,C ; statistical quality control)에 대하여 Deming은 「통계적 품질 관리는 보다 유용하고 시장성 있는 제품을 보다 경제적으로 생산하기 위하여 생산의 모든 단계에 통계적 수법을 응용하는 것」이라고 정의했다.

좁은 의미에 있어서 콘크리트의 품질관리는 슬럼프, 콘크리트의 강도 등이 목표로 하는 값이 되도록 만들기 위한 시험 관리도의 작성 발취검사 등을 가리키는 경우가 있으나 넓은 의미로는 콘크리트 구조물 전체의 질을 대상으로 하여 시공방법, 콘크리트, 원재료 등 공사 전체를 관리의 대상으로 생각해야 한다. 콘크리트가 소정의 강도만 되면 된다는 소극적인 생각이 아닌 구조물 자체에 결함이 없어야하며, 이용자로부터 장래에 클레임이 걸리지 않도록 하는 품질의 보증을 목표로 생각해야 하는 것이다.

공장이나 현장에서 제조되는 콘크리트의 품질은 이미 시방서와 설계서 등에 규정되어 있으나 경제적으로 소요품질의 콘크리트를 제조한다는 것은 쉬운 일이 아니다. 일반적으로 콘크리트의 품질은 예를 들어 강도, 슬럼프, 공기량 등은 상당한 변동이 있을 것으로 실험실에서도 어느 일정한 슬럼프 및 강도를 갖는 콘크리트를 제조한다는 것은 매우 힘들고, 하물며 현장에 있어서 대량으로 생산되는 콘크리트의 품질을 일정하게 한다는 것은 불가능한 것으로 미리 품질의 변동을 고려한 배합을 정해 두어야한다.

품질 변동을 고려하여 콘크리트의 배합을 정하기 위해서는 먼저 변동을 통계적으로 파악해야하며, 다음으로 변동을 안정시키는 방법을 기술적으로 파악하고, 다시 통계적으로 확립하고 다시 만들어지는 구조물의 안정성을 설계, 시공, 경제, 구조물의 중요도 등의 측면에서 검토하여 최적의 배합을 결정한다. 그러므로 콘크리트의 강도를 기준으로 하여 배합을 정하는 경우, 보통 공사에 있어서는 배합을 정하는 기준이 되는 강도를 설계기준강도보다 어느 정도 크게 할 것인가는 표준시방서에 규정되어 있으므로 강도의 변동이 판명되면 배합강도가 쉽게 결정된다. 따라서 콘크리트의 품질관리는 일반적으로 콘크리트 품질의 변동을 어느 정해진 범위 내에 들도록 하기 위하여 여러 가지 조치를 취하는 것이라 할 수 있다. 콘크리트의 품질은 압축강도뿐만 아니라 굳지 않은 콘크리트에 있어서는 공기량, 슬럼프가 포함되며 굳은 콘크리트에 있어서는 내구성, 각종 강도, 탄성계수, 단위용적질량 등도 포함된다.

4.3.1 품질관리의 진행방법

품질관리의 기본은 계획(plan), 실시(do), 검토(check), 조치(action)의 4단계를 되풀이하는 것이다. 이것을 PDCA의 관리 사이클이라 하며, 다시 말하면 품질관리의 기본은 작업만을 계속하는 것이 아닌 작업의 결과에 대하여 소기의 목표(계획)가 달성되었는지를 검토하고, 문제가 있는 경우에 그 원인을 파악하여 계획이나 시행방법 등을 고쳐서 문제의 재발을 방지하는데 있다.

품질관리는 공정의 최후 단계에서 검사하여 불량품을 제거하는 것만이 아니라 공정의 중간 단계에서 불량품이 생기는 원인을 제거함으로써 목표를 달성하는 것이다. 콘크리트든 기타 제품이든 그 생산 공정은 복잡하며 많은 중간 공정으로 되어 있는 것이 일반적이다. 중간공정은 앞의 공정 결과로서 중간제품을 받아들이는 것이며, 다음 공정에 대해서는 그 제공자이므로 각각의 중간 공정 자체가 PDCA의 사이클을 실시하여 각 공정에서 품질관리를 할 필요가 있는 것이다. 이와 같이 품질관리는 중간공정에서의 품질관리 사이클을 면밀히 쌓아 올림으로써 진행되는 것이다.

공정의 표준화는 일정 수준의 품질을 계속하여 만들어내기 위해서 필요한데, 공정이 표준화되어 있으면 거기에서 만들어지는 제품의 품질을 예측할 수 있으며, 만일 그 예측과 달라지는 결과가 발생한 경우에는 공정에 결함이 있다든지 혹은 무엇인가에 이상이 생겼음을 추측할 수 있다. 이와 같이 이상이나 결함을 발견하고 그것을 제거함으로써 품질의 안정화와 보다 나은 작업표준을 만들어 품질의 향상·유지, 공정의 합리화, 생산원가의 절감을 도모할 수 있기 때문에, 품질관리에 있어서는 기본적으로 표준화가 중요하다. 이때 실제 제품의 품질이 예측한 것과 다른가를 검정한다던가, 제품의 품질을 예측하던가(품질 분포의 분석), 어떠한 조치를 취할 필요가 있는가를 판단할 때에는 통계이론에 의한 확률에 기초하여 가장 합리적인 추정, 판단을 한다. 이와 같은 통계적·확률 방법을 사용한 품질관리를 통계적 품질관리(statistical quality control)라고 한다.

통계적 품질관리는 합리적인 품질관리를 효율적으로 하기 위해서는 없어서는 안 되는 방법이지만 보다 철저한 품질관리방법으로서 전사적 품질관리(C.W.Q.C ; company wide quality control) 또는 종합적 품질관리(T.Q.C ; total quality control)라고 불리는 것이 있다. 이것은 단어 그대로 기업 전체의 모든 활동을 제품 품질 서비스의 질적인 향상·유지를 위해 종합적이고도 유기적인 기능을 발휘하게 하려는 방법이며, 그 기업에 있어서 품질에 대한 품질목표, 기본방침의 설정으로부터 원재료의 조달방법, 공정 전반의 관리방법, 인적 자원의 교육훈련방법, 기업 내부의 관리업무, 영업방법, 정보전달방법, 애프터서비스방법, 클레임의 처리방법 등에 이르기까지 모든 분야를 종합하여 품질관리를 하려는 것이다. 품질관리는 본래 이 단계까지 실시할 때 비로소 그 효과가 발휘되는 것이다. 또한 품질관리를 진행함에 있어 가장 중요한 것은 단순한 방법이 아니고 그 기업전체 또는 조직에 보다 좋은 품질을 제공하려고 하는 확고한 방침(시책)과 각 부문의 구성원, 담당자의 품질 향상·유지에 대한 열의이다.

1) 자재 품질관리

강재, 시멘트, 혼화재료, 물, 재료 등의 재료는 소요의 품질을 갖고 있는 것을 확인하여야 한다. 검사 결과, 재료의 품질이 적당하지 않다고 판단된 경우에는 재료의 개선, 재료의 변경 등 적절한 조치를 취해야 하고, 이 재료를 사용한 콘크리트가 구조물에 타설되는 경우에는 소요의 목적을 달성할 수 있는지를 확인하여야 한다.

표 4.6 시멘트의 품질관리

종류	KS에 규정되어 있는 시멘트	KS에 규정되어 있지 않은 시멘트
항목	해당 시멘트의 KS에 규정되어 있는 항목	필요로 하는 항목
시험·검사 방법	제조회사의 시험성적표에 의한 확인 또는 KS L 5201의 방법	
시기 및 횟수	공사시작 전, 공사 중, 1회/월 이상 및 장기간 저장한 경우	
판정기준	해당 시멘트의 KS 표준에 합격한 것	사용목적을 달성하기 위해 정한 규격에 적합한 것

표 4.7 혼합수의 품질관리

종류	상수도수	상수도수 이외의 물
항목		KS F 4009 부속서 2의 항목
시험·검사 방법	상수도수를 사용하고 있다는 것을 나타내는 자료로 확인	KS F 4009 부속서의 방법
시기 및 횟수	공사시작 전	공사시작 전, 공사 중 1회/년 이상 및 수질이 변한 경우
판정기준	상수도수일 것	KS F 4009 부속서에 적합한 것

표 4.8 잔골재의 품질관리

종류	항목	시험 및 검사 방법	시기 및 횟수	판정기준
천연 잔골재	절대건조밀도	KS F 2504의 방법	공사시작 전, 공사 중 1회/월 이상[1] 및 산지가 바뀐 경우	KS F 2526에 적합할 것 제2장 「2.1.3 잔골재」의 각각의 규정에 적합할 것
	흡수율			
	입도	KS F 2502의 방법		
	점토덩어리	KS F 2512의 방법		
	0.08 mm 체 통과량	KS F 2511의 방법		
	염소이온량	KS F 2515의 방법		
	유기불순물	KS F 2510의 방법		
	물리 화학적 안정성 (알칼리실리카반응성)	KS F 2545의 방법 KS F 2546의 방법	공사시작 전, 공사 중 1회/6개월 이상 및 산지가 바뀐 경우	

	골재에 포함된 경량편	KS F 2513의 방법	공사시작 전, 공사 중 1회/년 이상 및 산지가 바뀐 경우	
	내동해성(안정성)	KS F 2507의 방법		
부순모래	KS F 2527의 품질항목	KS F 2527의 방법	공사시작 전, 공사 중 1회/월 이상[2)] 및 산지가 바뀐 경우	KS F 2527에 적합할 것
고로 슬래그 잔골재	KS F 2544의 품질항목	KS F 2544의 방법	공사시작 전, 공사 중 1회/월 이상 및 산지가 바뀐 경우	KS F 2544에 적합할 것

주 가) 산모래의 경우 0.08 mm 체 통과량 시험은 1회/주 이상 실시할 것. 바다잔골재의 경우 및 바다잔골재를 다른 잔골재와 혼합하여 사용하는 경우 염소이온량은 1회/주 이상 실시할 것
나) 알칼리실리카 반응성은 1회/6개월 이상, 안정성은 1회/년 이상 실시할 것

표 4.9 굵은골재의 품질관리

종류	항목	시험 및 검사 방법	시기 및 횟수	판정기준
천연 잔골재	절대건조밀도	KS F 2503의 방법	공사시작 전, 공사 중 1회/월 이상 및 산지가 바뀐 경우	KS F 2526에 적합할 것 제2장 「2.1.4 굵은골재」의 각각의 규정에 적합할 것
	흡수율			
	입도	KS F 2502의 방법		
	점토덩어리	KS F 2512의 방법		
	0.08 mm 체 통과량	KS F 2511의 방법		
	물리 화학적 안정성 (알칼리실리카 반응성)	KS F 2545의 방법 KS F 2546의 방법	공사시작 전, 공사 중 1회/6개월 이상 및 산지가 바뀐 경우	
	석탄, 갈탄 등으로 밀도 0.002 g/mm³의 액체에 뜨는 것	KS F 2513의 방법	공사시작 전, 공사 중 1회/년 이상 및 산지가 바뀐 경우	
	내동해성(안정성)	KS F 2507의 방법		
부순 모래	KS F 2527의 품질항목	KS F 2527의 방법	공사시작 전, 공사 중 1회/월 이상[1)] 및 산지가 바뀐 경우	KS F 2527에 적합할 것
고로 슬래그 잔골재	KS F 2544의 품질항목	KS F 2544의 방법	공사시작 전, 공사 중 1회/월 이상 및 산지가 바뀐 경우	KS F 2544에 적합할 것

주) 가) 알칼리실리카 반응성은 1회/6개월 이상, 안정성은 1회/년 이상

표 4.10 혼화제의 품질관리

종류	항목	시험 및 검사 방법	시기 및 횟수	판정기준
플라이애쉬	KS L 5405의 품질 항목	제조회사의 시험성적서에 의한 확인 또는 KS L 5405의 방법	공사시작 전, 공사 중 1회/월 이상 및 장기간 저장한 경우	KS L 5405에 적합할 것
콘크리트용 팽창재	KS F 2562의 품질 항목	제조회사의 시험성적서에 의한 확인 또는 KS F 2562의 방법		KS F 2562에 적합할 것
고로 슬래그 미분말	KS F 2563의 품질 항목	제조회사의 시험성적서에 의한 확인 또는 KS F 2563의 방법		KS F 2563에 적합할 것
실리카 퓸	필요로 하는 항목	제조회사의 시험성적서에 의한 확인 또는 제2장 2.1.5.2의 내용을 참조하여 필요로 하는 항목		제2장 2.1.5.2의 내용을 참조하여 사용목적을 달성하기 위해 정한 규격에 적합할 것
그 밖의 혼화재				

표 4.11 혼화제의 품질관리

종류	항목	시험 및 검사 방법	시기 및 횟수	판정기준
공기연행제, 감수제, 공기연행감수제, 고성능 공기연행 감수제	KS F 2560의 품질 항목	제조회사의 시험성적서에 의한 확인 또는 KS F 2560의 방법	공사시작 전, 공사 중 1회/월 이상 및 장기간 저장한 경우	KS F 2560에 적합할 것
유동화제	KCI-AD101에서 필요로 하는 항목	제조회사의 시험성적서에 의한 확인 또는 KCI-AD 101의 방법		KCI-AD101에 적합할 것
수중불분리성 혼화제	KCI-AD102에서 필요로 하는 항목	제조회사의 시험성적서에 의한 확인 또는 KCI-AD 102의 방법		KCI-AD102에 적합할 것
철근콘크리트용 방청제	KS F 2561의 품질 항목	제조회사의 시험 성적서에 의한 확인 또는 KS F 2561의 방법		KS F 2561에 적합할 것
그 밖의 혼화제	필요로 하는 항목	제조회사의 시험성적서에 의한 확인 또는 KS F 2560 등에 규정된 시험 및 검사 방법 등을 참조하여 필요로 하는 항목		KS F 2560 등에 규정된 시험 및 검사방법 등을 참조하여 정한 판정기준에 적합할 것

2) 제조의 품질관리

콘크리트의 제조 설비 및 제조공정은 소요의 품질을 갖는 콘크리트를 제조할 수 있도록 적절한 품질관리 및 검사를 실시하여야 한다.

표 4.12 제조 설비의 검사

종류		항목	시험 및 검사 방법	시기 및 횟수	판정기준
재료의 저장설비		필요한 항목	외관 관찰, 설비의 구조도 확인, 온도 및 습도 측정	공사시작 전, 공사 중	제2장 「2.3.1 저장설비」의 규정에 적합할 것
계량 설비	계량기	계량 정밀도	분도, 전기식 검사기	공사시작 전 및 공사 중 1회/6개월 이상	계량법의 사용 오차 이내에 있을 것
	계량제어장치	계량 정밀도	지시 값과 설정 값의 오차 측정		소요의 정밀도 이내에 있을 것
믹서	가경식	성능	KS F 2455 및 KS F 8008의 방법	공사시작 전 및 공사 중 1회/6개월 이상	KS F 2455 및 KS F 8008에 적합할 것
	중력식	성능	KS F 2455 및 KS F 8009의 방법		KS F 2455 및 KS F 8009에 적합할 것

표 4.13 제조공정에 있어서의 검사

종류	항목	시험 및 검사 방법	시기 및 횟수	판정기준
배합	시방배합	시방배합을 하고 있는 것을 나타내는 자료에 의한 확인	공사 중 적절히 실시함	시방배합에 적합할 것
	잔골재 조립률	KS F 2502의 방법	1회/일 이상	시방배합으로부터 현장배합으로의 수정이 적절하게 되어있을 것
	잔골재 표면수율	KS F 2550 및 KS F 2509의 방법	2회/일 이상	
	굵은골재 조립률	KS F 2502의 방법	1회/일 이상	
	굵은골재 표면수율	KS F 2550의 방법		
계량	계량설비의 계량 정밀도	임의의 연속된 10배치에 대하여 각 계량기별, 재료별로 실시	공사시작 전 및 공사 중 1회/6개월 이상	제2장 「2.5.1 재료의 계량」에 적합할 것
비비기	재료의 투입순서	외관 관찰	공사 중 적절히 실시함	투입순서가 올바를 것
	비비기 시간	설정치의 확인		소정의 값일 것
	비비기량	설정치의 확인		소정의 양일 것

검사 결과, 콘크리트의 제조가 적당하지 않다고 판정된 경우에는 제조 설비의 개선, 제조공정의 개선 등 적절한 조치를 취하여야 하며, 이미 제조된 콘크리트가 구조물에 타설된 경우에는 소요의 목적을 달성할 수 있는지를 확인하여야 한다.

3) 현장 품질관리

완성된 구조물이 소요성능을 가지고 있다는 것을 확인할 수 있도록 합리적이고 경제적인 검사계획을 정하여 공사 각 단계에서 필요한 검사를 실시해야 한다. 검사는 미리 정한 판단기준에 적합한 지의 여부를 필요한 측정이나 시험을 실시한 결과에 바탕을 두어 판정하는 것에 의해 실시되며, 시험을 실시하는 경우는, 객관적인 판정이 가능한 수법을 사용하며, 표준시방서에 정해진 방법에 따라 실시하는 것이 원칙이다. 시험 결과가 불합격인 경우에는 소정의 성능을 만족하도록 적절한 조치를 취하여야 한다.

검사계획의 설정은 시공계획에 대응하여 검사할 항목의 선정, 시험 및 검사의 적용방법, 시험 및 검사의 시기나 빈도, 필요한 인원의 배치, 시험 및 검사 방법의 선택 등에 대하여 실시한다. 검사는 구조물의 중요도, 공사기간, 시공의 시기, 공사의 규모 및 종류, 재료나 적용된 시공법의 숙련도 및 신뢰성, 그 후의 시공 공정에 대한 영향도, 효율 등을 고려하여 계획한다. 검사계획은 콘크리트 제조에 관한 검사, 시공공정에 있어서의 검사, 완성된 콘크리트 구조물에 대하여 계획한다. 또한 검사계획은 예상할 수 있는 상황 변화에 유연하게 대처할 수 있어야한다. 다만, 예상을 초과한 상황의 변화가 생겼을 때에는 검사계획 자체를 수정할 필요가 있다.

표 4.14 콘크리트의 운반 검사

항목	시험·검사 방법	시기 및 횟수	판정기준
운반설비 및 인원배치	외관 관찰	콘크리트 타설 전 및 운반 중	시공계획서와 일치할 것
운반 방법	외관 관찰		시공계획서와 일치할 것
운반량	양의 확인		소정의 양일 것
운반 시간	출하 및 도착시간의 확인		제2장 「3.3 운반」에 적합할 것

표 4.15 콘크리트의 받아들이기 품질 검사

<table>
<tr><th colspan="2">항목</th><th>시험·검사 방법</th><th>시기 및 횟수</th><th>판정기준</th></tr>
<tr><td colspan="2">굳지 않은
콘크리트의 상태</td><td>외관 관찰</td><td>콘크리트 타설 개시 및 타설 중 수시로 함.</td><td>워커빌리티가 좋고, 품질이 균질하며 안정할 것</td></tr>
<tr><td colspan="2">슬럼프</td><td>KS F 2402의 방법</td><td rowspan="4">압축강도 시험용 공시체 채취 시 및 타설 중에 품질변화가 인정될 때</td><td>30 mm 이상 80 mm 미만
: 허용오차 ± 15 mm
80 mm 이상 180 mm 이하
: 허용오차 ± 25 mm</td></tr>
<tr><td colspan="2">공기량</td><td>KS F 2409의 방법
KS F 2421의 방법
KS F 2449의 방법</td><td>허용오차 : ± 1.5퍼센트</td></tr>
<tr><td colspan="2">온도</td><td>온도측정</td><td>정해진 조건에 적합할 것</td></tr>
<tr><td colspan="2">단위질량</td><td>KS F 2409의 방법</td><td>정해진 조건에 적합할 것</td></tr>
<tr><td colspan="2">염소이온량</td><td>KS F 4009 부속서 1의 방법</td><td>바다 잔골재를 사용할 경우 2회/일, 그 밖의 경우 1회/주</td><td>원칙적으로 0.3 kg/m³ 이하</td></tr>
<tr><td rowspan="6">배
합</td><td rowspan="2">단위수량</td><td>굳지 않은 콘크리트의 단위수량시험으로부터 구하는 방법</td><td>내릴 때
오전 2회 이상,
오후 2회 이상</td><td>허용값 내에 있을 것</td></tr>
<tr><td>골재의 표면수율과 단위수량의 계량치로부터 구하는 방법</td><td>내릴 때 전 배치</td><td>허용값 내에 있을 것</td></tr>
<tr><td>단위시멘트량</td><td>시멘트의 계량치</td><td>내릴 때
오전 2회 이상,
오후 2회 이상</td><td>허용값 내에 있을 것</td></tr>
<tr><td rowspan="2">물-결합재비</td><td>굳지 않은 콘크리트의 단위수량과 시멘트의 계량치로부터 구하는 방법</td><td>내릴 때 전 배치</td><td>허용값 내에 있을 것</td></tr>
<tr><td>골재의 표면수율과 콘크리트 재료의 계량치로부터 구하는 방법</td><td>내릴 때 전 배치</td><td>허용값 내에 있을 것</td></tr>
<tr><td>기타, 콘크리트 재료의 단위량</td><td>콘크리트 재료의 계량치</td><td>내릴 때 전 배치</td><td>허용값 내에 있을 것</td></tr>
<tr><td colspan="2">펌퍼빌리티</td><td>펌프에 걸리는 최대 압송부하의 확인</td><td>펌프 압송 시</td><td>콘크리트 펌프의 최대 이론 토출압력에 대한 최대 압송부하의 비율이 80 % 이하</td></tr>
</table>

주) 가) 단위수량의 시험은 도입된 지 얼마 되지 않았고 시험 방법의 적합성이나 시험 결과의 신뢰성 등이 평가되지 않아 현재는 참고자료로만 활용하는 것이 좋다.

표 4.16 콘크리트의 운반 검사

<table>
<tr><th rowspan="2">종류</th><th rowspan="2">항목</th><th rowspan="2">시험·검사 방법</th><th rowspan="2">시기 및 횟수[1)]</th><th colspan="2">판정기준</th></tr>
<tr><th>$f_{ck} \leq 35$ MPa</th><th>$f_{ck} > 35$ MPa</th></tr>
<tr><td>설계기준압축강도로부터 배합을 정한 경우</td><td rowspan="2">압축강도 (일반적인 경우 재령 28일)</td><td rowspan="2">KS F 2405의 방법[1)]</td><td rowspan="2">1회/일 또는 구조물의 중요도와 공사의 규모에 따라 120 m^{3}마다 1회, 배합이 변경될 때마다</td><td>① 연속 3회 시험값의 평균이 설계기준압축강도 이상
② 1회 시험값이 (설계기준압축강도 −3.5 MPa) 이상</td><td>① 연속 3회 시험값의 평균이 설계기준압축강도 이상
② 1회 시험값이 설계기준압축강도의 90 % 이상</td></tr>
<tr><td>그 밖의 경우</td><td colspan="2">압축강도의 평균치가 소요의 물−결합재비에 대응하는 압축강도 이상일 것</td></tr>
</table>

주) 가) 1회의 시험 값은 공시체 3개의 압축강도 시험 값의 평균값임

표 4.17 콘크리트의 타설 검사

<table>
<tr><th>항목</th><th>시험·검사 방법</th><th>시기 및 횟수</th><th>판정기준</th></tr>
<tr><td>타설설비 및 인원배치</td><td>외관 관찰</td><td rowspan="3">콘크리트 타설 전 및 타설 중</td><td>시공계획서와 일치할 것</td></tr>
<tr><td>타설방법</td><td>외관 관찰</td><td>시공계획서와 일치할 것</td></tr>
<tr><td>타설량</td><td>타설 개소의 형상치수로부터 양의 확인</td><td>소정의 양일 것</td></tr>
</table>

표 4.18 콘크리트의 양생 검사

<table>
<tr><th>항목</th><th>시험·검사 방법</th><th>시기 및 횟수</th><th>판정기준</th></tr>
<tr><td>양생설비 및 인원배치</td><td>외관 관찰</td><td rowspan="3">콘크리트 양생 중</td><td>시공계획서와 일치할 것</td></tr>
<tr><td>양생 방법</td><td>외관 관찰</td><td>시공계획서와 일치할 것</td></tr>
<tr><td>양생 기간</td><td>일수, 시간의 확인</td><td>정해진 조건에 적합할 것</td></tr>
</table>

4) 콘크리트 구조물의 검사

콘크리트 구조물을 완성한 후, 구조물의 위치, 형상, 치수 등이 허용오차 이내로 만들어졌는가, 구조물 중의 콘크리트의 품질이 소요의 품질인가, 구조물의 각 부위가 충분히 그 기능을 발휘할 수 있도록 만들어져 있는가, 적당한 방법에 의해 표면의 상태가 양호한가 등에 관한 검사를 실시하여야 한다. 검사결과 불합격이 되었을 경우 또는 비파괴검사 등의 결과로부터 상세 검사의 필요성이 생긴 경우의 조치는 책임기술자의 지시에 따라야 한다.

표 4.19 콘크리트의 표면상태의 검사

항목	검사 방법	판정기준
노출면의 상태	외관 관찰	평탄하고 허니컴, 자국, 기포 등에 의한 결함, 철근피복 부족의 징후 등이 없으며, 외관이 정상일 것.
균열	스케일에 의한 관찰	균열폭은 콘크리트 구조설계기준「4.2 균열」의 규정에 따르되, 구조물의 성능, 내구성, 미관 등 그의 사용목적을 손상시키지 않는 허용값의 범위 내에 있을 것
시공이음	외관 및 스케일에 의한 관찰	신·구콘크리트의 일체성이 확보되어 있다고 판단되는 것

콘크리트 형상치수 및 부재의 위치 검사는 그 구조물의 특성에 적합한 별도의 규준을 정하여 실시하여야 한다. 검사 결과 이상이 확인된 경우에는 책임기술자의 지시에 따라 콘크리트를 깎아 내거나 콘크리트 덧붙이기 또는 재시공 등 적절한 조치를 취하여야 한다.

표면상태의 검사에 의해 철근피복이 부족한 조짐이 있는 경우에는 비파괴시험 방법 등에 의해 철근피복 조사를 실시하여 소정의 철근피복이 확보되어 있는지를 검사하여야 한다. 검사 결과, 불합격된 경우에는 책임기술자의 지시에 따라 적절한 조치를 강구하여야 한다.

콘크리트의 받아들이기 검사 또는 시공 검사가 확실히 실시되지 않은 경우나 시공 검사에서 합격 판정이 되지 않은 경우에는 구조물 중의 콘크리트 품질 검사를 실시해야한다. 구조물 중에 콘크리트 품질 검사가 필요할 경우에는 한국콘크리트학회「비파괴시험법에 의한 콘크리트 강도평가 요령」에 따라 비파괴시험에 의한 검사를 실시하여야 한다. 비파괴시험 결과를 종합적으로 판단한 결과, 구조물의 성능에 의심이 가는 경우에는 책임기술자의 지시에 따라 적절한 조치를 취해야한다.

책임기술자는 실제의 구조물에서 콘크리트의 보호와 양생이 적절한지를 검토하기 위하여 현장상태에서 양생된 공시체 강도의 시험을 요구할 수 있으며, 현장에서 양생되는 공시체는 KS F 2403에 따라 현장 조건하에서 양생해야 되고, 시험실에서 양생되는 공시체와 똑같은 시간에 동일한 시료를 사용하여 만들어야 한다.

설계기준압축강도 f_{ck}의 결정을 위해 지정된 시험 재령일에 실시한 현장 양생된 공시체 강도가 동일 조건의 시험실에서 양생된 공시체 강도의 85 %보다 작을 때는 콘크리트의 양생과 보호절차를 개선하여야 한다. 만일 현장 양생된 것의 강도가 설계기준압축강도보다 3.5 MPa를 초과하여 상회하면 85%의 한계조항은 무시할 수 있다.

현장에서 양생된 공시체의 시험 결과에서 결점이 나타나거나 또는 시험실에서 양생된 공시체 개개의 압축시험 결과가 규정을 만족하지 못할 경우에는 구조물의 하중지지 내력을 충분히 검토하여야 하며, 적절한 조치를 취해야한다. 콘크리트의 압축강도 시험 결과 규정을 만족하지 못할 경우 시험기기 또는 시험방법의 적절성 및 시료의 적절성을 검토하여 부적절한 경우를 제외하고 평가한다. 앞에서의 시험 결과 강도가 부족하다고 판단되면 관리재령의 연장을 검토하고, 만일 관리재령의 연장도 불가능할 때에는 비파괴 시험을 실시한다. 비파괴 시험 결과에서도 불합격될 경우 문제된 부분에서 코어를 채취하여 KS F 2422에 따라 코어의 압축강도의 시험을 실시하여야 한다. 코어 강도의 시험 결과는 평균값이 f_{ck} 의 85%를 초과하고 각각의 값이 75%를 초과하면 적합한 것으로 판정한다. 비파괴 시험결과 부분적인 결함이라면 해당부분을 보강하거나 재시공하며, 전체적인 결함이라면 재하시험을 실시한다.

공사 중 콘크리트가 동해를 받았다고 생각되는 경우, 압축강도시험 결과로 공사 중 현장에서 채취한 콘크리트의 강도를 판단하여 문제가 있다고 판단되는 경우 또는 그 밖의 공사 중 구조물의 안전에 근거 있는 의심이 생긴 경우 등의 문제는 책임기술자가 필요하다고 인정하는 경우에 재하시험을 실시해야 한다.

구조물의 성능을 재하시험에 의해 확인할 경우 재하 시험 방법은 그 목적에 적합하도록 정하여야 한다. 이 경우 하중의 크기, 재하방법 등은 구조물에 위험한 영향을 주지 않도록 정하여야 한다. 재하 도중 및 재하 완료 후 구조물의 변형률, 처짐 등이 설계에 있어서 고려한 값에 대해 이상이 있는지를 확인해야 한다. 시험 결과, 구조물의 내하력, 내구성 등에 문제가 있다고 판단되는 경우에는 책임기술자의 지시에 따라 구조물을 보강하는 등의 적절한 조치를 취하여야 한다.

MEMO

제 5 장

특수 콘크리트 및 콘크리트 제품

5.1 개설

특수콘크리트는 일반 조건이 아닌 특수 환경 및 특수목적 조건인 경우에 사용하는 콘크리트를 의미한다. 최근 건설구조물은 다양화, 대형화되고 있으며, 이에 따른 사용목적에 맞는 콘크리트 재료 및 기술 개발이 요구되고 있다. 또한 다양한 특수 환경에 노출되어 우수한 성능 및 내구성을 확보할 수 있는 콘크리트의 개발이 필요성이 증가하고 있다. 특수콘크리트는 이러한 건설구조물의 요구 및 필요성을 확보하기 위하여 개발된 콘크리트이다.

특수콘크리트의 분류는 일반적으로 ① 특수한 재료를 사용한 콘크리트, ② 콘크리트의 특수한 시공방법을 적용한 콘크리트, ③ 특수한 환경에 사용된 콘크리트로 크게 구분할 수 있다. 특수한 재료를 사용한 콘크리트는 특수시멘트를 사용한 콘크리트, 특수한 골재를 사용한 콘크리트, 특수한 보강재를 사용한 콘크리트 등이 있으며, 특수한 시공방법을 적용한 콘크리트는 숏크리트, 해양콘크리트, 롤로다짐을 적용한 콘크리트 등으로 특수한 장비 및 방법을 적용한 콘크리트가 있다. 특수한 환경에 사용된 콘크리트는 고온 및 저온의 기온을 가지는 환경, 수중 등에 타설하는 콘크리트 등이 있다.

5.2 한중 콘크리트

콘크리트가 응결, 경화 초기 단계에 동결하게 되면 시멘트의 화학반응이 원만하게 잘 진행되지 않을 뿐만 아니라, 그 후에 적정한 온도로 양생하여도 강도 및 내구성 등에 좋지 않은 영향을 미친다. 하루 평균기온(일평균기온)이 4℃ 이하가 될 것으로 예상되는 기상조건 하에서 응결 경화 반응이 몹시 지연되어, 밤이나 새벽뿐만 아니라 낮에도 콘크리트가 동결할 염려가 있으므로 한중 콘크리트로 시공해야 한다.

한중 콘크리트를 시공할 때에는 콘크리트가 동결되지 않아야 하며, 또 한랭기온에서도 소요의 품질이 얻어지도록 적절한 조치를 취하여야 하고 한중 콘크리트의 시공에서 특히 ① 응결경화 초기에 동결시키지 않도록 할 것, ② 양생종료 후 따뜻해질 때까지 받는 동결융해작용에 대하여 충분한 저항성을 가지게 할 것, ③ 공사 중의 각 단계에서 예상되는 하중에 대하여 충분한 강도를 가지게 할 것의 사항을 주의하여야 한다. 매스콘크리트, 고강도 콘크리트 등은 타설 후 콘크리트에 많은 수화열이 발생하므로 이 경우에는 책임기술자의 승인을 얻어 규정의 일부 또는 전부를 적용하지 않을 수 있다.

5.2.1 재료

시멘트는 KS에 규정되어 있는 보통 포틀랜드 시멘트를 사용하는 것을 표준으로 하고 매시브한 콘크리트는 중용열 포틀랜드 시멘트 혹은 혼합 시멘트를 사용할 수 있다. 또한, 조강 포틀랜드 시멘트 사용이 효과적인 경우는 보통 포틀랜드 시멘트로는 소요의 양생온도 확보와 초기강도 확보가 어려운 경우이다. 초속경 시멘트를 사용할 경우 양생기간이 매우 짧아 수 시간 후 구조물을 사용할 수 있고 알루미나 시멘트를 사용할 수 있다. 경화시간 조정제의 사용량 및 사용온도 등에 대해 주의한다. 골재가 동결되어 있는 경우 콘크리트 동결 우려가 커지고, 빙설이 혼입되어 있는 골재가 콘크리트 온도가 낮아지며, 단위 수량 유지가 어렵다. 따라서 골재는 시트 등으로 덮어 저장하는 것이 좋다.

재료를 가열할 경우, 물 또는 골재를 가열하는 것으로 하며, 시멘트는 어떠한 경우라도 직접 가열하지 않아야 하고 재료의 가열은 가열의 용이함과 열용량이 큰 점을 감안한다면 물의 가열이 유리하다. 재료의 가열은 재료가 균일하게 가열되어 항상 소요 온도의 재료가 얻어지도록, 또 콘크리트 비비기 작업에 대응할 수 있도록 충분한 능력을 가진 것이어야 하고 골재는 60℃ 이내로 간접 가열하며 시멘트 투입 전 물 온도는 40℃ 이내로 한다.

5.2.2 배합

한중 콘크리트에는 공기연행 콘크리트(AE콘크리트)를 사용하는 것을 원칙으로 하고 단위수량은 초기동해를 줄이기 위해 소요의 워커빌리티를 유지할 수 있는 범위 내에서 되도록 작게 정하여야 한다. 또한 고성능 감수제나 고성능 AE감수제를 사용하면 동결에 대한 저항성이 향상된다.

표 5.1 내동해성을 고려한 공기연행콘크리트의 최대 물–시멘트비(%)

기상 조건		기상작용이 심한 경우 또는 동결융해가 종종 반복되는 경우		기상작용이 심하지 않은 경우, 빙점 이하의 기온으로 되는 일이 드문 경우	
단면		얇은 경우	보통 경우	얇은 경우	보통 경우
구조물의 노출	① 계속해서 또는 종종 물로 포화 되는 부분	45	50	50	55
	② 보통의 노출상태에 있으며 ①에 해당하지 않는 경우	50	55	55	50

한중 콘크리트의 배합은 초기 동해의 방지에 필요한 압축강도가 초기 양생 기간 내에 얻어지도록 하고, 또한 콘크리트의 설계기준강도가 소정의 재령에서 얻어지도록 정하여야 하고 물－결합재비는 원칙적으로 60% 이하로 하여야 한다. 배합강도 및 불-결합재비는 일반 콘크리트의 배합강도 규정 및 물－결합재비 규정에 의하여 결정하여야 한다.

비빔이 끝났을 때 콘크리트의 온도는 운반, 타설 도중의 열손실 때문에 믹서에서 비볐을 때의 온도보다 저하하는데, 이 저하의 정도는 일반적으로 운반 및 타설시간 1시간에 대하여 콘크리트 온도와 주위 기온과의 차이는 15% 정도로 본다. 가열한 재료를 믹서에 투입하는 순서는 시멘트가 급결하지 않도록 정하여야 하고 또한, 급결할 우려가 있으므로 먼저 가열한 물과 굵은골재, 다음에 잔골재를 넣어서 믹서 안의 재료온도가 40℃ 이하가 된 후 최후에 시멘트를 넣는 것이 좋다.

5.2.3 시공

콘크리트의 운반 및 타설은 열량의 손실을 가능한 한 줄이도록 하여야 하고 콘크리트 펌프를 사용할 경우 수송관이 너무 냉각되어 있으면, 관의 내벽에 모르타르의 동결로 인한 부착으로 예기치 않은 고장이 생기는 수가 있다. 이것을 방지하기 위해서는 관로의 보온, 타설 전 온수에 의한 예열, 타설 종료 시의 청소 등을 철저히 하여야 한다.

타설할 때의 콘크리트 온도는 구조물의 단면치수, 기상조건 등을 고려하여 5~20℃의 범위에서 정한다. 기상조건이 가혹한 경우나 부재두께가 얇을 경우 타설할 때의 콘크리트 최저온도는 10℃를 확보하도록 하고 콘크리트를 타설할 때에는 철근이나, 거푸집 등에 빙설이 부착되어 있어서는 안 된다.

동결된 지반 위에 콘크리트를 타설하면 급격한 온도저하를 일으키며, 또 동결한 지반이 녹았을 때 콘크리트가 침하한다. 따라서 마무리된 지반은 콘크리트 타설까지의 사이에 동결하지 않도록 시트 등으로 덮어놓아야한다. 이미 지반이 동결되어 있는 경우에는 적당한 방법으로 이것을 녹인 후 콘크리트를 쳐야 한다.

시공이음부의 콘크리트가 동결되어 잇는 경우는 적당한 방법으로 이것을 녹여 일반 콘크리트의 일반사항이랑 및 수평시공이름, 연직시공이음 규정 등에서 제시한 방법으로 콘크리트를 이어 쳐야 하고 타설이 끝난 콘크리트는 양생을 시작할 때까지 콘크리트 표면의 온도가 급랭할 가능성이 있으므로, 콘크리트를 친 후 즉시 시트나 기타 적당한 재료로 표면을 덮고 특히, 바람을 막는다.

5.2.4 양생

콘크리트 타설이 종료된 후 초기 동해를 받지 않도록 초기 양생을 실시한다. 바람은 콘크리트 표면으로부터 수분의 증발을 촉진시켜서 표면 근처의 콘크리트 온도를 저하시키므로, 콘크리트를 친 직후에 찬바람이 콘크리트 표면에 닿는 것을 방지하여야 한다. 심한 기상작용을 받는 콘크리트는 다음 페이지 표에서 나타낸 압축강도가 얻어질 때까지 콘크리트의 온도를 5℃ 이상으로 유지하여야 하며, 특히 2일간은 구조물의 어느 부분이라도 0℃ 이상이 되도록 유지하여야 한다.

초기 동해 방지의 관점에서 콘크리트의 최저온도를 5℃로 하였지만, 추위가 심한 경우 또는 부재두께가 얇은 경우에는 10℃ 정도로 하는 것이 좋다. 심한 기상작용을 받는 콘크리트 양생 종료 시의 소요 압축강도를 얻기에 필요한 양생일수는 시험에 의해 정하는 것이 원칙이나 5℃ 및 10℃에서 양생할 경우의 일반적인 표준은 다음 표 5.2, 표 5.3과 같다.

표 5.2 심한 기상작용을 받는 콘크리트 양생 종료 시의 소요 압축강도의 표준(MPa)

구조물의 노출 \ 단면	얇은 경우	보통의 경우	두꺼운 경우
① 계속해서 또는 자주 물로 포화되는 부분	15	12	10
② 보통의 노출상태에 있고 ①에 속하지 않는 부분	5	5	5

표 5.3 소요 압축강도를 얻는 양생일수의 표준(보통의 단면)

구조물의 노출 상태 \ 시멘트의 종류		보통 포틀랜드 시멘트	조강 포틀랜드+ 보통 포틀랜드+촉진제	혼합 시멘트 B종
① 계속해서 또는 자주 물로 포화되는 부분	5℃	9일	5일	12일
	10℃	7일	4일	9일
② 보통의 노출상태에 있고 ①에 속하지 않는 부분	5℃	4일	3일	5일
	10℃	3일	2일	4일

한중 콘크리트의 보온양생 방법은 다음 중 한 가지 방법을 선택하여 보온양생한다. 급열양생, 단열양생, 피복양생 및 이들을 복합한 방법이 있다. 보온양생이 끝난 후에는 양생을 계속하여 관리재령에서 예상되는 하중에 필요한 강도를 얻을 수 있게 실시하여야 하고 가열보온 양생 중 가장 널리 사용되는 방법은 공간가열법이다.

5.3 서중 콘크리트

높은 외부 기온으로 콘크리트의 슬럼프 저하나 수분의 급격한 증발 등의 염려가 있을 경우에 시공되는 콘크리트로서 하루 평균기온이 25℃(최고온도 30℃ 초과)를 초과하는 경우 서중 콘크리트로 시공한다. 서중 콘크리트의 시공에 있어서는 기온이 높으면 그에 따라 콘크리트의 온도가 높아져서 ① 운반 중의 슬럼프 저하, ② 연행공기량의 감소, ③ 콜드 조인트의 발생, ④ 표면 수분의 급격한 증발에 의한 균열에 발생, ⑤ 온도균열의 발생 등 위험성이 증가한다. 그러므로 콘크리트를 타설할 때와 타설 직후에는 가능한 한 콘크리트의 온도가 낮아지도록 재료의 취급, 비비기, 운반, 타설 및 양생 등에 대하여 적절한 조치를 취하여야 한다.

5.3.1 재료

서중 콘크리트에 사용하는 재료는 일반 콘크리트의 재료규정 사항에 따르며. 온도가 될 수 있는 대로 낮아지도록 배려하여 사용해야 한다.

온도가 높은 시멘트는 피하여야하고 수화열이 작은 중용열 포틀랜드 시멘트, 고로 시멘트, 플라이애쉬 시멘트 등을 사용한다.

골재를 냉각 시켜 사용하면 콘크리트의 온도를 저하시키는데 큰 효과가 있지만, 잘 사용되지 않는 방법이면서 장시간 뙤약볕에 방치했던 골재를 사용해서는 안 되고 비빈 직후 콘크리트 온도를 낮추기 위해서는 될 수 있는 대로 낮은 온도의 혼합수를 사용해야 한다.

감수제, 공기연행제 및 고성능 공기연행감수제는 KS F 2560에 적합한 지연형의 사용을 표준으로 하고 지연형의 유동화제 사용 또는 베이스 콘크리트에 지연형 감수제, 공기 연행 감수제 또는 고성능 공기연행감수제 들을 사용하는 것이 바람직하다.

5.3.2 배합

콘크리트의 배합은 소요의 강도 및 워커빌리티를 얻을 수 있는 범위 내에서 단위수량 및 단위 시멘트 량을 가능한 한 적게 하여야 하고 일반적으로 기온 10℃의 상승에 대하여 단위수량은 2~5% 증가하므로 소요의 압축강도를 확보하기 위해서는 단위수량에 비례하여 시멘트량의 증가를 검토하여야한다. 단위 시멘트 량이 커지면 수화발열량이 증대하므로 온도균열이 발생하게 되어 장기 강도의 증가를 기대할 수 없는 경우가 있으므로 되도록 단위 수량을 작게 하는 동시에 단위 시멘트 량이 너무 많아지지 않도록 적절한 조치를 취하여야 한다.

콘크리트 재료는 온도가 되도록 낮아지도록 하여 사용하여야 하고 비빈 직후 콘크리트 온도는 기상조건, 운반시간 등의 영향을 고려하여 타설할 때 소요의 콘크리트 온도가 얻어지도록 하여야 한다.

5.3.3 시공

비빈 콘크리트는 가열되거나 건조해져서 슬럼프가 저하하지 않도록 적당한 장치를 사용하여 되도록 빨리 운송하여 쳐야 하고 덤프트럭 등을 사용하여 운반할 경우에는 콘크리트의 표면을 덮어서 일광의 직사나 바람으로부터 보호하는 것이 바람직하며, 펌프로 수송할 경우에는 수송관을 젖은 천으로 덮는 것이 좋다.

콘크리트를 타설하기 전에는 지반, 거푸집 등 콘크리트로부터 물을 흡수할 우려가 있는 부분을 습윤상태로 유지하여야 하고 거푸집, 철근 등이 직사일광을 받아서 고온이 될 우려가 있는 경우에는 살수, 덮개 등의 적절한 조치를 하여야 한다. 콘크리트는 비빈 후 되도록 빨리 타설하는 것이 바람직하며, KS F 2560의 지연형 감수제를 사용하는 등의 일반적인 대책을 강구한 경우라도 1.5시간 이내에 타설하여야 하고 콘크리트를 타설할 때의 콘크리트 온도는 35℃ 이하여야 한다. 콘크리트 타설은 콜드 조인트가 생기지 않도록 적절한 계획에 따라 실시하여야 한다.

5.3.4 양생

콘크리트 타설을 끝냈을 때에는 즉시 양생을 시작하여 콘크리트 표면이 건조하지 않도록 습윤상태로 유지해야 하며, 양생은 적어도 5일 이상 실시하는 것이 바람직하고 목재거푸집의 경우처럼 거푸집판에 따라서 건조가 일어날 우려가 있는 경우에는 거푸집까지 습윤상태로 유지하여야하고 특히 거푸집을 떼어낸 후에도 양생기간 동안은 노출면을 습윤상태로 유지하여야 한다.

5.4 매스 콘크리트

매스 콘크리트는 부재 또는 구조물의 치수가 매우 커서 시멘트의 수화열에 의한 온도의 상승을 고려해서 시공하는 콘크리트를 말한다. 매스 콘크리트로 다루어야 하는 구조물의 부재치수는 넓이가 넓은 평판구조에서는 두께 0.8 m 이상, 하단이 구속된 벽체에서는 두께 0.5 m 이상이다.

5.4.1 재료

매스 콘크리트에서는 수화열 저감을 위해 저열 포틀랜드 시멘트, 중용열 포틀랜드 시멘트, 2성분계 및 3성분계 혼합 시멘트 등을 사용한다. 또한 수화열을 저감시켜야 하므로 촉진형 혼화제는 사용해서는 안 된다.

5.4.2 배합

매스 콘크리트의 재료 및 배합을 결정할 때에는 설계기준강도와 소정의 워커빌리티를 만족하는 범위 내에서 콘크리트의 온도상승이 최소가 되도록 하여야 한다. 콘크리트의 발열량은 대체적으로 단위 시멘트량에 비례하므로 콘크리트의 온도상승을 감소시키는 데에는 소요의 품질을 만족시키는 범위 내에서 단위 시멘트량이 적어지도록 배합을 선정하여야 한다.

5.4.3 시공

매스 콘크리트의 온도는 온도균열을 제어하기 위한 관점에서 가능한 한 낮게 하여야 한다. 콘크리트의 온도를 낮추는 것은 부재 내외부의 온도차와 최고온도를 줄여 줌으로써 온도균열을 제어하는 데 매우 효과가 있다. 매스 콘크리트 온도를 낮추는 방법에는 타설 전 방법으로 물, 골재 등의 재료를 미리 냉각시키는 방법인 프리 쿨링 방법과 타설 후의 온도제어 대책으로서 파이프 쿨링은 유효한 방법이 있다.

매스 콘크리트의 시공에서는 사전 검토에 의한 온도균열 제어대책의 효과가 얻어지도록 또 대량의 콘크리트 연속적으로 시공하기 위한 모든 조건을 만족하도록 운반, 타설, 양생 등에 대하여 적절한 조치를 취하여야 한다.

넓은 면적에 걸쳐 콘크리트를 타설할 경우에는 콜드 조인트가 생기지 않도록 한 시공구간의 면적, 콘크리트의 공급능력, 이어치기의 허용시간 등을 고려하여 시공 순서를 정하여야 한다. 매스 콘크리트의 이어치기 허용시간은 시멘트의 종류, 혼화제의 종류 및 사용량, 콘크리트의 온도, 외기온도 등에 따라 다르다. 기온이 높을 경우에는 콜드 조인트가 생기기 쉬우므로 응결지연제의 사용, 1층의 타설 높이의 저감 등에 대해 주의하여야한다. 일반적인 타설 시간 간격은 외기온이 25℃ 미만일 때 120분, 외기온이 25℃ 이상일 때 90분이다.

매스 콘크리트에서는 침하균열이 발생하는 경우도 있으므로, 침하균열 자체는 구조물에 미치는 영향은 작지만, 온도균열 발생의 원인이 되므로 침하균열 발생이 우려되는 경우에는 재진동다짐이나 다짐 등을 실시하여야 한다.

5.5 유동화 콘크리트

유동화 콘크리트는 증점제나 분체 또는 고성능 감수제 등을 첨가하여 시멘트 풀의 소성 점도를 증대시키고 항복치를 저하시킴으로써 콘크리트의 유동성을 향상시킨 콘크리트이고 유동화제의 첨가에 의해 유동성을 크게 한 콘크리트로서 품질을 변화시키는 것이 아니라 치기 및 다짐 등의 시공성을 개선하는 방법으로 이용되며 콘크리트 펌프에 의한 압송성을 개선하기 위하여 유효한 수단이고, 단위수량 및 단위 시멘트량을 절감시키는 것이 가능하게 되므로 온도균열의 방지 및 콘크리트의 고품질화에도 유용한 콘크리트이다.

5.5.1 재료

배합이나 굳은 후의 콘크리트 품질에 큰 영향을 미치지 않고 미리 혼합된 베이스 콘크리트에 첨가하여 콘크리트의 유동성을 증대시키기 위해 사용하는 혼화제를 말한다. 유동화제는 콘크리트학회 규준 KCI-AD101의 품질에 적합한 것으로 하고 AE제, 감수제, AE감수제 및 고성능 AE감수제는 KS F 2560에 적합하고, 또한 유동화제와 병용한 경우에는 유동화 콘크리트에 나쁜 영행을 미치지 않아야 한다.

5.5.2 배합

베이스 콘크리트의 배합 및 유동화제의 첨가량은 유동화 콘크리트가 소요의 워커빌리티, 강도, 탄성적 성질, 내구성, 수밀성 및 강재를 보호하는 성능 등을 가지며, 품질변동이 적어지도록 정하여야 한다.

유동화 콘크리트의 슬럼프는 작업에 적절한 범위로서 원칙적으로 21 cm 이하로 하고 슬럼프의 증가량은 10 cm 이하를 원칙으로 하며 5~8 cm를 표준으로 한다. 베이스 콘크리트의 슬럼프는 콘크리트의 유동화에 지장이 없는 범위로 정해야 한다. 보통 콘크리트 및 경량골재 콘크리트의 슬럼프 최댓값은 표 5.4와 같다.

베이스 콘크리트 및 유동화 콘크리트의 슬럼프 및 공기량 시험은 50 m^3이다. 1회씩 실시하는 것을 표준으로 한다.

표 5.4 보통 콘크리트 및 경량골재 콘크리트의 슬럼프 최대값

콘크리트의 종류	베이스 콘크리트	유동화 콘크리트
보통 콘크리트	150 이하	210 이하
경량골재 콘크리트	180 이하	210 이하

5.5.3 시공

콘크리트의 유동화는 현장 첨가 및 현장 유동화가 가장 효과적은 방법으로 콘크리트 플랜트에서 운반함 콘크리트에 공사현장에서 유동화제를 첨가하여 균일하게 될 때까지 휘저어 유동화 시킨다. 공장 첨가 및 공장 유동화는 콘크리트 플랜트에서 트럭 애지테이터 내의 콘크리트에 유동화제를 첨가하여 즉시 고속으로 휘저어 유동화 시키는 방법이 있고 저속으로 휘저으면서 운반하고 공사현장 도착 후에 고속으로 휘저어 유동화 시키는 방법이 있다.

유동화 콘크리트의 재유동화는 원칙적으로 하지 않는다. 부득이한 경우 책임 기술자의 승인을 받아 1회에 한하여 재유동화 할 수 있고 재유동화 시에 있어서 처음 비비기로부터 타설이 끝날 때까지의 시간은 원칙적으로 일반 콘크리트의 규정에 따른다. 유동화제는 원액으로 사용하고, 미리 정한 소정량을 한꺼번에 첨가한다. 유동화제의 계량은 질량 또는 용적 계량으로 하고 유동화제의 계량오차는 1회에 3% 이내로 한다.

5.6 고유동 콘크리트

굳지 않은 상태에서 재료 분리 없이 높은 유동성을 가지면서 다짐작업 없이 자기충전성이 가능한 콘크리트를 말한다. 고유동 콘크리트의 제조 방법은 분체계, 증점체계, 병용계 등으로서 적용현장 여건에 따라 적합한 방법을 선정해야 한다. 고유동 콘크리트는 일반적으로 보통 콘크리트는 충전이 곤란한 구조체인 경우, 균질하고 정밀도가 높은 구조체를 요구하는 경우, 타설 작업의 합리화로 시간 단축이 요구되는 경우 및 다짐 작업에 따르는 소음, 진동의 발생을 피해야 하는 경우 등에 사용한다.

5.6.1 재료

시멘트, 골재 및 혼화재료는 KS 표준에 적합한 것으로 사용하고 이 밖의 시멘트는 품질을 확인하고, 사용 방법을 충분히 검토한 후 사용하여야 한다. 특히 증점제 등 그 외의 콘크리트용 화학 혼화제는 고유동 콘크리트의 응결·경화, 강도 및 내구성에 나쁜 영향을 미치지 않는 것이어야 한다. 또한 플라이애쉬, 고로 슬래그 미분말, 실리카 퓸은 KS 품질에 적합한 것이어야 한다. 석회석 미분말 등의 혼화재 및 무기질 미분말을 사용할 경우에는 시험배합을 거쳐 고유동 콘크리트의 제방 특성을 확인하여야 한다.

5.6.2 배합

고유동 콘크리트의 배합강도는 KCS 14 20 10에서 정한 값과 자기 충전성을 만족할 수 있는 물-결합재비로부터 산정된 압축강도를 비교하여 큰 값으로 정한다.

5.6.3 시공

고유동 콘크리트는 재료의 분리 및 슬럼프 플로 값의 손실이 적은 방법으로 신속하게 운반하여야 하고 콘크리트 펌프의 기종, 대수, 수송관의 지름, 배관 거리 등은 시험 결과나 실적 등을 충분히 고려하여 정하여야 한다. 콘크리트 혼합으로부터 타설 종료까지의 시간한도는 유동성 및 자기 충전성을 고려한다.

고유동 콘크리트의 타설 속도는 배합, 구조조건, 시공 조건 등을 고려하여 미리 허용할 수 있는 낙하높이나 유동거리를 설정해 놓아야 하고 펌프의 압송 조건으로서 100 mm 또는 125 mm 관을 사용할 경우 그 길이는 300 m 이하, 타설할 때 콘크리트의 최대 자유낙하높이는 5 m 이하, 최대 수평유동 거리는 8~15 m 이하를 표준으로 한다. 이어치기 구획재는 시멘트풀의 유출이 적고, 측압에 의한 파괴나 과대한 변형이 생기지 않도록 한다.

고유동 콘크리트는 초기강도 발현이 매우 중요하므로 콘크리트 타설 후 경화에 필요한 온도 및 습도를 유지하여야 하며, 진동, 충격 등의 유해한 작용을 받지 않도록 충분한 조치를 취하여야 한다. 그리고 표면 마무리를 할 때까지 습윤 양생이나 방풍시설 등 표면 건조를 방지하기 위한 대책을 수립하고, 그 시기를 놓치지 않도록 주의하여야 한다. 부득이한 경우 현장 봉함 양생을 실시할 수 있다.

부재 두께가 0.8 m 이상인 경우의 양생은 콘크리트 온도를 가능한 한 천천히 외기온도에 가까워지도록 하기 위해 필요에 따라 콘크리트 표면의 보온 및 보호조치 등을 강구하여야 한다.

5.7 해양 콘크리트

해양 콘크리트 구조물에는 해상 도시, 해상 비행장, 해상 발전소, 해저 저유 탱크, 해저 거주기지, 선박정박시설, 도크, 해저터널, 해중교각, 방파제, 계선안 및 해안제방 등이 있다. 해양에 건설되는 구조물은 시공 시 및 건설 후에 일반적인 구조물의 외력 외에도 파력, 수압 등을 고려하여 구조물 설계 시 이러한 외력에 대하여 구조물이 안정성을 가질 수 있도록 해야 한다. 해양 콘크리트 구조물은 염해를 받기 쉬운 환경이기 때문에 콘크리트의 열화 및 강재의 부식에 의해 그 기능이 손상되지 않도록 해야 한다. 따라서 이들 작용에 대하여 내구적인 재료를 사용하거나 강도 및 수밀성이 큰 콘크리트를 염두에 두고 시공한다.

5.7.1 재료

시멘트는 해수의 작용에 대하여 특히 내구성을 키우기 위해 혼합 시멘트, 중용열 포틀랜드 시멘트등 사용하며, 혼합시멘트는 내해수성 이외에도 장기재령의 강도가 크고, 수화열이 적은 이점이 있어 해양콘크리트에 적합하지만 초기강도가 작은 결점이 있어 초기 습윤양생에 주의해야 한다. 해양콘크리트에는 시멘트 콘크리트 이외 시멘트와 폴리머를 사용한 폴리머시멘트 콘크리트와 결합재를 폴리머만 사용한 폴리머 콘크리트 또는 시멘트콘크리트의 공극 속에 합성수지를 함침시킨 폴리머함침 콘크리트 등이 사용된다.

강재는 해양환경에서는 강재가 염화물의 작용을 받아 부식되고 동시에 반복응력을 받는 강재는 피로강도가 현저하게 저하되므로 PC강재와 같은 고장력강에서 작용응력이 인장강도의 60%를 넘을 때에는 응력부식 및 강재의 부식피로에 대하여 검토해야 한다.

혼화재료 중 고로슬래그 미분말이나 플라이애쉬를 적당량 시멘트와 치환함으로써 수밀하고 해수의 화학작용에 대한 내구성이 큰 콘크리트를 만들 수 있으나, 이들 혼화재의 사용효과는 혼화재의 종류, 분말도 및 혼합률에 따라 크게 상이하므로 사용 시에는 실험 등을 거쳐 품질을 확인한 후 사용방법을 정해야 한다. 양질의 공기연행제, 감수제, 공기연행감수제, 고성능감수제 또는 고성능 공기연행감수제를 사용하여 콘크리트의 워커빌리티를 개선하고, 블리딩 및 재료분리가 적고, 내구성 및 수밀성이 크며, 균등질의 콘크리트가 얻어지도록 해야 한다.

5.7.2 배합

해양 콘크리트 구조물에서 내구성으로부터 정하여지는 물-결합재비의 최댓값은 표 5.5를 표준으로 한다.

간만대 지역(Tidal Zone)이란 평균 간조면에서 평균 만조면까지의 범위를 말하고 물보라 지역(Splash Zone)이란 평균 만조면에서 파고의 범위를 말한다. 해상 대기 중(Marine Exposure)이란 물보라의 위쪽에서 항상 해풍을 받으며 파도의 물보라를 가끔 받는 열악한 환경을 말한다. 물보라 지역과 간만대 지역은 조석의 간만, 파랑의 물보라에 의한 건습의 반복작용을 받는 내구성면

표 5.5 내구성으로 정하여진 AE콘크리트의 최대 물-시결합재비(%)

굵은골재최대치수(mm) / 환경 구분	일반 현장시공의 경우	공장제품 또는 재료의 선정 및 시공에서 공장제품과 동등 이상의 품질이 보증될 때
해중	50	50
해상 대기 중	45	50

표 5.6 내구성으로 정해지는 최소 단위결합재량(kg/m^3)

굵은골재최대치수(mm) / 환경 구분	20	25
물보라 지역, 간만대 및 해상 대기 중	340	330
해 중	310	300

에서 가장 열악한 환경이기 때문에 콘크리트 속의 강재 부식, 동해, 화학적 침식 등의 손상을 받을 가능성이 크고 실적, 연구성과 등에 의하여 확증이 있을 때는 물-결합재비를 위 값에 5% 정도 더한 값으로 할 수 있다.

5.7.3 시공

해양 구조물에서는 시공이 불충분하거나 불량한 곳으로부터 구조물의 열화가 쉽게 진행되므로 균일한 콘크리트를 얻을 수 있도록 치기, 다지기, 양생 등에 특히 주의하여 시공해야 한다. 해양 구조물에서는 시공 이음부를 둘 경우 성능저하가 생기기 쉬우므로 될 수 있는 대로 피해야 한다. 특히 최고조위로부터 위로 60 cm, 최저조위로부터 아래로 60 cm 사이의 감조부분에는 시공이음이 생기지 않도록 시공계획을 세워야 한다. 간만의 차가 너무 커서 콘크리트를 1회 쳐올리는 높이가 매우 높은 경우나 기타 부득이한 사정으로 시공이음을 피할 수 없는 경우에는 내구성에서 결점이 되지 않도록 충분한 조치를 강구해야 한다. 콘크리트가 충분히 경화되기 전에 해수에 씻기면 모르타르 부분이 유실되는 등 피해를 받을 우려가 있으므로 직접 해수에 닿지 않도록 보호해야 한다. 이 기간은 보통 포틀랜드시멘트를 사용할 경우 대개 5일간이며, 고로슬래그 시멘트 등 혼합시멘트를 사용할 경우에는 이 기간을 실제기준 압축 강도의 75% 이상의 강도가 확보될 때까지 연장해야 한다. 강재와 거푸집

판과의 간격은 소정의 피복두께를 확보하도록 하여야 한다. 간격재의 설치 수는 기초, 기둥, 벽, 및 난간 등에는 2개/m^2 이상, 보, 주거더 및 슬레브 등에는 4개/m^2 이상을 표준으로 한다.

모래입자를 포함하고 있는 유수, 모래와 자갈을 포함한 파랑작용, 선박의 충격 등의 심한 영향을 받는 구조물에서는 고무방충재, 목재, 양질의 석재, 강재 및 고분자재료, 등 적당한 재료로 콘크리트 표면을 보호하거나 철근의 피복두께 또는 단면을 증가시켜야 한다. 물보라에 의해 비말해수가 직접 닿는 부분과 비말해수 영향권 이상 높은 곳에 위치한 경우라도 해풍의 영향으로 비래염분이 콘크리트 표면에 흡착될 우려가 있는 부분은 장기적인 내구성능 저하를 고려하여 콘크리트 표면의 보호나 철근의 부식방지 등을 위한 염해 방지대책을 강구하여야 한다.

5.8 수밀 콘크리트

각종 저장시설, 지하구조물, 수리구조물과 같이 수밀을 요구하는 구조물에서 균열이 발생하지 않도록 수밀성을 높인 콘크리트이며, 공극률을 가능한 한 작게 하거나 방수성 물질을 사용하여 콘크리트 표면에 방수도막층을 형성하여 방수성을 높인 콘크리트를 말한다.

수밀 콘크리트는 방수성이 뛰어나며 전류 등에 강하고 내화학성을 가지고 있어, 염해 및 동결융해, 중성화, 알칼리 골재반응 등에 강한 저항성을 가지며 투수성도 낮다. 수밀을 요하는 콘크리트 구조물은 투수, 투습에 의해 구조물의 안전성, 내구성, 기능성, 유지관리 및 외관 등이 영향을 받는 구조물로서 각종 저장시설, 지하구조물, 수리구조물, 저수조, 수영장, 상하수도시설, 터널 등 압력수가 작용하는 구조물을 말한다.

5.8.1 재료

수밀 콘크리트에 사용하는 재료는 일반 콘크리트의 재료와 혼화재료를 사용하는 것을 원칙으로 한다. 혼화재료로서 팽창재, 방수제 등을 사용할 경우에는 그 효과를 확인한 뒤 사용방법을 충분히 검토하여야 한다.

5.8.2 배합

수밀콘크리트의 배합요령은 콘크리트의 소요 품질이 얻어지는 범위 내에서 단위수량 및 물-결합재비는 되도록 적게 하고, 단위 굵은골재량은 되도록 크게 한다. 콘크리트의 소요 슬럼프는 되도록 적게 하며, 180 mm를 넘지 않도록 한다. 콘크리트 타설이 용이할 때에는 120 mm 이하로 한다. 콘크리트의 워커빌리티를 개선시키기 위해 공기연행제, 공기연행 감수제 또는 고성능 공기연행 감수제를 사용하는 경우라도 공기량은 4% 이하가 되게 하고 물-결합재비는 50% 이하를 표준으로 한다.

5.8.3 시공

소요의 품질을 갖는 수밀콘크리트를 얻을 수 있도록 적당한 간격으로 시공이음을 두어야 하고 콜드 조인트는 누수의 원인이 되어 수밀을 요하는 구조물의 기능을 손상시키므로 콘크리트는 될 수 있는 대로 연속으로 쳐서 콜드 조인트가 발생하지 않는 균일한 구조물을 만들어야 한다. 거푸집의 조임재로 사용한 볼트, 강봉, 등의 아래쪽에는 블리딩 물이 고여서 이것이 콘크리트가 경화 후 물의 통로를 만들어 누수를 일으킬 수 있으므로 누수에 대하여 나쁜 영향이 없는 것을 사용해야 하고 다지기를 잘 해야 한다.

수밀 콘크리트는 누수 원인이 되는 건조수축 균열의 발생이 없도록 시공하여야 하며, 0.1 mm 이상의 균열 발생이 예상되는 경우 누수를 방지하여 위한 방수를 검토하여야 한다. 수밀성 향상을 위한 방수제를 사용하고자 할 때에는 방수제의 사용 방법에 따라 배치 플랜트에서 충분히 혼합하여 현장으로 반입시키는 것을 원칙으로 한다. 단, 사용 방수제에 따라 콘크리트 타설 현장에서 혼합하는 경우에는 사전에 이에 대한 계획을 수립하여 책임기술자의 승인을 얻어 관리하여야 한다.

수밀성 향상을 목적으로 사용하는 방수제가 혼합된 콘크리트는 재료 분리,

콘크리트의 다루기, 슬럼프의 저하, 공기연행 콘크리트의 경우는 공기량의 감소가 최소가 되도록 취급하고 운반하여야 한다.

연속 타설 시간 간격은 외기온도가 25℃를 넘었을 경우에는 1.5시간, 25℃ 이하일 경우에는 2시간을 넘어서는 안 된다. 다만, 특별한 방법을 강구한 경우에는 책임기술자의 지시에 따르거나 승인을 받아 이 시간의 한도를 변경할 수 있다. 연직 시공이음에는 지수판 등 물의 통과 흐름을 차단할 수 있는 방수처리재 등의 재료 및 도구를 사용하는 것을 원칙으로 한다. 수밀 콘크리트는 충분한 습윤양생을 해야 하고 팽창제와 방수제의 콘크리트 응결지연에 대한 영향을 확인 후 양생기간, 거푸집 및 동바리 해체시기를 정하여야 한다.

5.9 수중 콘크리트

콘크리트는 공기 중에서 타설하는 것이 원칙이나 부득이 수중에서 시공해야 할 경우 사용하는 콘크리트를 수중 콘크리트라 하며, 타설 상태가 확인되지 않으므로 품질관리가 어렵기 때문에 타설 방법이 매우 중요하다.

수중 콘크리트에 프리플레이스트 콘크리트 공법을 적용할 경우에는 프리플레이스트 콘크리트 규정에 따라야 한다.

5.9.1 재료

수중불분리성 혼화제의 품질은 콘크리트학회 기준 KCI-AD 102에 적합한 것이어야 하고 수중불분리성 콘크리트는 타설할 때 수중불분리성을 가지며 다지지 않아도 시공이 될 정도의 유동성을 유지하여야 하고 경화 후에 소정의 강도 및 내구성을 가져야 한다. 수중불분리성 콘크리트는 혼화제의 증점효과와 소정의 유동성을 확보하기 위하여 일반 수중 콘크리트보다도 단위수량이 크게 요구되므로 감수제, 공기연행 감수제 또는 고성능 감수제를 사용 한다. 혼화제 중에는 수중불분리성 혼화제와 병용할 경우 상호작용으로 나쁜 영향을 미치는 경우가 있기 때문에 품질을 반드시 확인 한다. 수중불분리성 콘크리트의 수중분리 저항성은 수중분리도 혹은 수중·공기 중 강도비로 설정한다. 수중분리도 설정기준은 현탁 물질량은 50 m/L 이하, pH는 12.0 이하, 수중·공기 중 강도비는 수중분리 저항성의 요구가 비교적 높은 경우 0.8 이상 및 일반적인 경우에는 0.7 이상이다.

5.9.2 배합

일반 수중 콘크리트는 수중 시공시의 강도가 표준공시체 강도의 0.6~0.8배가 되도록 배합강도를 설정하여야 하고 수중불분리성 콘크리트는 수중제작 공시체의 재령 28일에서의 압축강도를 배합강도로서 설정한다. 현장타설 콘크리트말뚝 및 지하연속벽 콘크리트는 수중 시공시의 강도가 대기 중 시공 시 강도의 0.8배, 안정액 중 시공 시 강도가 대기 중 시공 시 강도의 0.7배로 하여 배합강도를 설정하여야 한다.

수중콘크리트의 물-결합재비 및 단위 시멘트량은 수중분리 저항성은 점성에 영향을 받으므로 물-결합재비와 단위 시멘트량으로 설정하며, 표 5.7을 표준으로 해야 한다.

일반 수중 콘크리트나 현장 타설말뚝 및 지하연속벽에 사용하는 수중 콘크리트의 유동성은 일반적으로 표 5.8에 나타낸 슬럼프로 설정해야 한다.

표 5.7 수중 콘크리트의 물-결합재비 및 단위 시멘트량(%)

종류	일반 수중 콘크리트	현장 타설말뚝 및 지하연속벽에 사용하는 수중 콘크리트
물-결합재비	50% 이하	55% 이하
단위 시멘트량	370 kg/m^3 이상	350 kg/m^3 이상

표 5.8 일반 수중 콘크리트의 슬럼프 표준값(mm)

시공방법	일반 수중 콘크리트	현장 타설말뚝 및 지하연속벽에 사용하는 수중 콘크리트
트레미	130~180	180~210
콘크리트 펌프	130~180	-
밑열림 상자, 밑열림 포대	100~150	-

현장 타설 콘크리트 말뚝 및 지하 연속 벽의 콘크리트는 일반적으로 트레미를 사용하여 수중에서 타설하기 때문에 슬럼프 값은 180~210 mm를 표준으로 해야 한다. 특히, 철근 간격이 좁은 경우 등 슬럼프가 큰 콘크리트를 타설할 필요가 있을 때는 유동화제를 사용한 부 배합 콘크리트로서 시공해야 하나 슬럼프가 240 mm를 넘지 않아야 한다. 수중 불분리성 콘크리트의 비비기는 제조설비가 갖추어진 플랜트에서 물을 투입하기 전 건식으로 20~30초를 비빈 후 전 재료를 투입하여 비비기를 하여야 한다.

가경식 믹서를 이용하는 경우 콘크리트가 드럼 내부에 부착되어 충분히 비벼지지 않을 경우가 있기 때문에 믹서는 강제식 배치믹서를 사용하여야 한다. 수중 불분리성 콘크리트는 보통 콘크리트에 비하여 믹서에 걸리는 부하가 크기 때문에 소요 품질의 콘크리트를 얻기 위하여 1회 비비기 양은 믹서 공칭용량의 80% 이하로 하여야 한다. 비비는 시간은 시험에 의해 콘크리트 소요의 품질을 확인하여 정해야 하며, 강제식 믹서의 경우 비비기 시간은 90~180초를 표준으로 한다.

5.9.3 시공

수중 콘크리트에서 시멘트의 유실, 레이턴스의 발생을 방지하기 위해 물막이를 설치하여 물을 정지시킨 정수 중에 타설하는 것이 좋다. 완전히 물막이를 할 수 없는 경우에도 유속은 1초간 50 mm 이하로 하여야 한다. 콘크리트를 수중에 낙하시키면 재료분리가 일어나고 시멘트가 유실되기 때문에 콘크리트는 수중에 낙하시켜서는 안 되고, 콘크리트면을 가능한 한 수평하게 유지하면서 소정의 높이 또는 수면상에 이를 때까지 연속해서 타설해야 한다. 수중 타설 시에 1회 연속해서 타설해 올라가는 높이가 너무 클 경우 거푸집에 작용하는 측압에 의해 거푸집이 변형되고 모르타르가 누출할 염려가 있으므로 거푸집의 강도 및 조립에 주의하여야 한다. 물과 접촉하는 부분의 콘크리트 재료분리를 적게 하기 위하여 타설하는 도중에 가능한 콘크리트가 흐트러지지 않도록 물을 휘젓거나 펌프의 선단부분을 이동시키지 않아야 하며, 콘크리트가 경화될 때 까지 물의 유동을 방지하여야 한다. 한 구획의 콘크리트 타설을 완료한 후 레이턴스를 모두 제거하고 다시 타설해야 하고 수중 콘크리트 시공 시 시멘트가 물에 씻겨서 흘러나오지 않도록 트레미나 콘크리트 펌프를 사용해서 타설해야 한다. 그러나 부득이한 경우 및 소규모 공사의 경우 밑열림 상자나 밑열림 포대를 사용할 수 있다.

5.10 프리플레이스트 콘크리트

프리플레이스트 콘크리트란 특정한 입도를 가진 굵은골재를 미리 거푸집에 채워 넣고, 그 간극에 특수한 모르타르를 적당한 압력으로 주입하여 만든 콘크리트를 말한다. 또한 고강도 프리플레이스트 콘크리트라 함은 고성능 감수제에 의하여 주입 모르타르의 물-결합재비를 40% 이하로 낮추어 재령 91일에서 압축강도 40 MPa 이상이 얻어지는 프리플레이스트 콘크리트를 말한다.

5.10.1 재료

잔골재의 입도는 주입 모르타르의 유동성과 보수성을 좋게 하기 위한 표준 입도기준을 따라야 하며, 조립률은 1.4~2.2 범위가 좋고 굵은골재의 최소치수는 15 mm 이상으로 하여야 한다. 부재 단면 최소치수의 1/4 이하이여야 하고 철근 콘크리트의 경우 철근 순간격의 2/3 이하로 하여야 한다. 굵은골재의 최대치수와 최소치수의 차를 적게 하면 굵은골재의 실적률이 작아지고, 주입 모르타르의 소요량이 많아지므로 적절한 입도분포를 선정할 필요가 있고 일반적으로 굵은골재의 최대치수는 최소치수의 2~4배 정도가 좋다. 대규모 프리플레이스트 콘크리트를 대상으로 할 경우, 굵은골재의 최소치수를 크게 하는 것이 효과적이며, 굵은골재의 최소치수가 클수록 주입 모르타르의 주입성이 현저하게 개선되므로 굵은골재의 최소치수는 40 mm 이상이어야 한다.

5.10.2 배합

모르타르 믹서는 5분 이내에 소요 품질의 주입 모르타르를 비빌 수 있는 것이어야 하고 1배치가 0.2~1.5 m^3 정도의 용량이고, 1조, 2조, 3조식이 보통

쓰인다. 믹서에 재료를 투입할 때는 물, 혼화제, 플라이애시, 시멘트, 잔골재의 순으로 하고 믹서는 이들 재료 전체를 균일하게 비비며, 시멘트나 혼화재 등의 입자를 강력히 분산시키는 구조이어야 한다. 일반적으로 애지테이터 날개의 회전수는 125～500 rpm 정도여야 하며, 비비기 시간은 2～5분 정도로 소정의 유동성과 품질의 주입 모르타르가 얻어지는 모르타르 믹서이어야 한다.

5.10.3 시공

모르타르의 주입용 기기는 시공조건, 시공방법을 고려하여 여유 있게 준비해야 한다. 주입관은 확실하고 원활하게 주입작업이 될 수 있는 구조로서 그 안지름은 수송관과 같거나 그 이하로 하여야 하고 주입관과 수송관의 안지름을 동일하게 하는 것이 좋으나, 부득이 주입관의 안지름을 작게 할 경우에는 관 내 압력의 증가에 의하여 모르타르의 분리가 생기지 않도록 테이퍼 관을 거쳐서 수송관과 주입관을 접속시켜야 한다. 연직주입관의 수평간격은 2 m 정도를 표준으로 하며, 수평주입관의 수평간격은 2 m 정도를 표준으로 하고 연직간격은 1.5 m 정도를 표준으로 하여 수평주입관에는 역류를 방지하는 장치를 구비하여야 한다. 수송관은 모르타르 펌프에서 토출되는 주입 모르타르를 주입관까지 원활하게 수송할 수 있는 것이어야 하고 모르타르 펌프의 압송능력은 수송관의 압송저항에 의해 정해지고, 그 압송저항은 수송관 지름, 관 내 유속, 모르타르의 유동성, 이음의 형상 및 수송관의 재질 등에 따라 변화하므로 압력손실이 적게 되도록 한다. 압력손실을 적게 하는 방법으로는 수송관의 연장을 짧게 한다. 수송관의 연장이 100 m를 넘을 때는 중계용 애지테이터와 펌프를 사용한다. 수송관의 급격한 곡률과 단면의 급변을 피한다. 압송압력에 의하여 이음부분에서 모르타르가 탈수되어 막히지 않도록 이음은 수밀하며 깨끗하고 점검이 쉬운 구조이어야 한다. 수송관의 지름은 펌프의 토출구 지름에 맞추어야 하며, 관 내 유속이 너무 작으면 모르타르의 재료분리에 의한 침강이 생기기 쉽고, 관 내 유속이 크면 압력손실이 커지므로 모르타르의 평균 유속은 0.5～2.0 m/s 정도가 되도록 정한다. 모르타르의 주입을 중단하여 설계나 시공계획에 없는 시공이음을 두는 것은 중대한 약점이 되므로 이는 절대로 피해야 하며, 모르타르의 주입은 설계와 시공계획에서 정한 시공면까지 계속하여야 한다.

5.11 경량골재 콘크리트

천연 경량골재와 인공 경량골재로 구분되며, 천연 경량골재에는 경석 화산자갈, 응회암, 용암 등이 있으며, 인공 경량골재에는 팽창성 혈암, 팽창성 점토, 플라이애시 등을 주원료로 하여 인공적으로 소성한 인공 경량골재와 팽창슬래그, 석탄 찌꺼기 등과 같은 산업 부산물인 경량골재 및 그 가공품이 있다. 경량골재 콘크리는 골재의 전부 또는 일부를 인공 경량골재를 써서 만든 콘크리트로서 기건 단위질량이 1,400∼2,000 kg/m^{3}인 콘크리트를 말하고 설계기준 강도가 15 MPa 이상 24 MPa 이하로서, 기건단위질량이 1,400∼2,000 kg/m^{3}의 범위에 해당한 것으로 한다. 경량골재 콘크리트의 강도가 27 MPa 이상인 경우 고강도 경량골재 콘크리트로 구분하고 경량골재는 다공질로서 물 흡수율이 커 건조수축도 커진다.

5.11.1 재료

인공경량골재는 입도의 조정이 가능하여 경량골재의 입도 및 균등성은 강자갈, 강모래보다 더 정확히 할 수 있으나, 경량골재는 입경에 따라서 비중과 흡수량뿐만 아니라, 골재의 강도가 다르므로 입도의 균질성에 대하여 주의하여야 하며, 인공경량골재를 사용한 경량콘크리트는 보통콘크리트보다 일반적으로 워커빌리티가 좋지 않으므로 좋은 입도분포를 지녀야 한다. 경량골재의 적당한 입도범위에 대하여는 ASTM C 330 「Lightweight Aggregate for Structural Concrete」에 규정이 있고, 일본에는 인공경량골재와 천연 부산경량골재로 나뉘어 JIS A 5002에 규정되어 있으며, 우리나라 KS F 2534에서는 콘크리트의 경량성과 압축강도를 고려하여야 하는 구조용 경량콘크리트 골재에 대하여 규정되어 있다.

각국 모두 굵은골재의 최대치수를 25 mm로 제한하였으며, 이는 경량골재 콘크리트의 강도구성과 그 워커빌리티에 기인된 것으로 사료된다. 그리고 미세립 잔골재의 증가는 콘크리트의 단위수량을 증가시키는 원인이 되고, 또한 미세립 양의 변동은 콘크리트의 반죽질기와 공기량에 현저한 영향을 미치고 콘크리트의 품질관리를 곤란하게 한다. 잔골재 입도의 변동에 대하여서는 공사 중에 허용되는 조립률의 변화를 ±0.20% 이하로 하고 있다. 그러나 경량잔골재의 조립률 변화는 비중, 표면수 등의 측정에 기초가 되는 표면건조포화상태의 판정에도 영향을 미치므로 콘크리트의 품질관리가 어렵게 된다. 따라서 배합 중 허용되는 경량잔골재의 조립률 변화는 ±0.15% 정도 이하로 하는 것이 바람직하며, ASTM C 330에서는 「경량 잔골재의 조립률은 7% 이상 틀리는 경우, 소요 품질의 콘크리트가 만들어지는 것이 확인되지 않을 때는 새로운 배합설계를 하여야 한다」고 규정되어 있다. 또한 골재입도의 크기에 따라 골재비중이 변화하며, 일반적으로 골재의 입경이 클수록 비중이 작아지는 경향을 나타내고 있다.

5.11.2 배합

경량골재 콘크리트에서 비비기를 정확하게 하자면 특별한 주의를 해야 한다. 경량콘크리트에서는 경량인 까닭에 단위시멘트량이 많아져 믹서드럼의 내벽이나 날개를 붙인 곳에 모르타르가 부착되기 쉽고, 보통콘크리트에 비해 비빈효과가 저하될 우려가 있다. 경량골재 콘크리트 비빔 시 사용되는 믹서는 가경식 또는 강제식 배치믹서를 원칙으로 하며, 배합된 콘크리트를 배출할 때 재료의 분리를 일으키지 않는 것으로 해야 한다. 경량골재 콘크리트의 비비기 효과는 사용되는 믹서의 형식만이 아니고 골재의 품질, 콘크리트의 배합 및 단위용적중량, 배치의 양, 비비기 시간 등에 따라서 달라지는데 일반적으로 강제식 배치믹서에 의하는 것이 가장 효과적이다. 일반적으로 경량골재 콘크리트는 보통 콘크리트의 경우보다 믹서를 고속으로 회전하며 비비기 시간을 길게 하는 것이 필요하며, 비비기 시간을 3분 이하로 하는 것이 바람직하다. 콘크리트의 수밀성을 기준으로 물-결합재비를 정할 경우에는 50% 이하를 표준으로 하고 압축강도를 기준으로 하여 일반 콘크리트의 물-결합재비 규정에 따르며 내동해성을 기준으로 하여 표 5.18의 값을 따른다. 콘크리트의 슬럼프는 작업에 알맞은 범위 내에서 가능한 한 작게 해야 하며 슬럼프는 일반적인 경우 대체로 50~180 mm를 표준으로 한다. 경량골재 콘크리트의 공기량은 일반 골재를 사용한 콘크리트보다 1% 크게 하여야 하고 기상조건이 나쁘고 또 물로 포화되는 경우가 많은 환경조건 하에서 경량골재 콘크리트의 내동해성은 보통골재 콘크리트에 비해 떨어지는 경우가 많으므로 이것을 개선하기 위해서는 공기량을 증대시키는 것이 좋다.

표 5.9 결량골재 콘크리트의 내동해성을 기준으로 하여 물-결합재비를 정하는 경우 공기연행 콘크리트의 최대 물-결합재비(%)

	기상작용이 심한 경우, 동결융해가 종종 반복되는 경우		기상작용이 심하지 않은 경우, 빙점 이하의 기온으로 되는 일이 드문 경우	
	얇은 경우	보통의 경우 두꺼운 경우	얇은 경우	보통의 경우 두꺼운 경우
a. 계속해서 또는 종종 물로 포화되는 부분	45	50	50	55
b. 보통의 노출상태에 있으며 a에 해당하지 않는 경우	50	55	55	60

주) 1) 수로, 수조, 교대, 교각, 옹벽, 터널의 라이닝 등으로서 수면에 가까워 물로 포화되는 부분 및 이들 구조물 외에 보, 슬래브 등으로서 수면으로부터 떨어져 있기는 하나, 융설, 유수 등 때문에 물로 포화되는 부분
2) 단면두께가 약 200 mm 이하인 구조물

5.11.3 시공

배차계획에 있어서 출하개시, 종료시간 및 출하속도의 타임스터디를 밝혀야 하며 펌프의 고장 및 불의의 사고에 따라 타설계획을 변경할 경우를 대비하여 레디믹스트 콘크리트공장 및 관계자에게 즉시 연락이 이루어지도록 연락망을 확립해 둔다. 운반시간 30분에 0.8~1.8 cm의 슬럼프 저하, 0.2.~1.6%의 공기량의 저하, 단위용적중량은 14~24 kg/cm^{3}로 크게 된다. 이 때문에 현장배합, 레디믹스트 콘크리트 공장, 운반차종 결정, 운반경로나 운반시간에 따른 배합을 수정할 필요가 있다. 현장에서 유동화제를 첨가, 배출효율을 고려하면 트럭애지테이터가 일반적이라고 말할 수 있으며, 하절기 시공 시에는 운반거리, 운반시간이 콘크리트의 성상에 영향을 주는 경우에는 덮개 등으로 드럼을 보호하는 것도 필요하다.

5.12 고강도 콘크리트

현대구조물이 초고층화, 대형화 그리고 해양구조물, 고속전철 등과 같이 특수화 되어감에 따라 보다 합리적이며 경제적인 구조시스템의 개발이 요구되고 있다. 이에 부응한 새로운 구조시스템은 보다 효용이 높은 건설재료를 필요로 하고 있으며, 이를 위한 방안으로 현재까지 지구상에서 가장 보편적 건설재료인 콘크리트의 고품질화가 적극적으로 검토되고 있다. 고강도 콘크리트는 보통강도 콘크리트와는 다른 역학적 특성을 지니고 있으며, 장·단기 하중이나 환경에 따른 변화가 보통강도 콘크리트와는 다르게 나타난다. 따라서 고강도 콘크리트를 사용한 구조물의 안전성과 사용성 및 내구성을 확보하기 위하여 고강도 콘크리트의 재료역학적 특성 및 내구성 등을 사전에 파악해야 한다. 고강도 콘크리트를 사용하기 전 고강도 콘크리트의 정의가 국내에서 우선 명료하게 정의되지 않고 있으나, 현재 고강도 콘크리트를 구조물에 가장 많이 적용하고 있는 미국에서는 1984년 보고서를 통해 보통 콘크리트는 42 MPa, 경량 콘크리트는 28 MPa 이상을 고강도로 간주하고 있으며, 105 MPa 이상을 최근에는 초고강도 콘크리트라고 구분하고 있다. 우리나라 콘크리트 표준시방서에는 고강도 콘크리트의 재령 28일의 설계기준압축강도를 일반적으로 40 MPa 이상으로 하며, 고강도 경량골재 콘크리트는 27 MPa 이상으로 한다고 규정하고 있다.

5.12.1 재료

콘크리트의 작업성을 일정하게 유지하면서 강도를 목표로 하는 일정 수준까지 증가시키기 위하여 일반 보통강도 콘크리트에서와는 달리 엄격한 재료, 배합비의 선택 및 시공이 요구된다. 시멘트는 강도 특성 외에 단위수량이 적게 소비되는 시멘트, 즉 동일 수량에서 유동성이 우수한 시멘트가 유리하며, 필수적으로 사용되는 고성능 혼화제와의 적합성이 중요하다. 고강도 콘크리트에 사용되는 고성능 감수제, 플라이애쉬, 실리카흄, 고로슬래그 미분말 등의 혼화재는 시험배합을 거쳐 확인한 후 사용하여야 한다. 잔골재는 깨끗하고 강하며 내구적인 것으로서 적당한 입도를 가지며 먼지, 진흙, 우기불순물, 염분 등의 유해물질을 함유해서는 안 되고, 대소의 입자가 알맞게 혼입되어 있어야 한다. 잔골재의 조립률(F.M)은 대개 3.0 정도가 가장 적당한 것으로 나타나 있다. 고강도콘크리트에 사용되는 부순모래는 KS F 2527에 적합한 것이어야 한다. 잔골재의 품질은 표 5.10을 따른다. 고강도 콘크리트에 사용되는 굵은골재의 최대 치수는 40 mm 이하로서 가능한 25 mm 이하로 하며, 철근 최소 수평 순간격의 3/4 이내의 것을 사용하도록 한다. 단, 콘크리트를 공극 없이 타설할 수 있는 반죽질기나 다짐방법을 사용할 경우에는 책임기술자의 판단에 따라 적용하지 않을 수도 있다.

표 5.10 골재의 품질

항목 / 종류	절건 밀도 (g/cm^3)	흡수율 (%)	실적률 (%)	점토량 (%)	씻기시험에 의한 손실량 (%)	유기 불순물	염화물 이온량 (%)	안정성 (%)
굵은골재	2.5 이상	2.0 이하	59 이상	0.25 이하	1.0 이하	-	-	12 이하
잔골재	2.5 이상	3.0 이하	-	1.0 이하	2.0 이하	표준색 이하	0.02 이하	10 이하

5.12.2 배합

고강도 콘크리트의 물-결합재비는 소요의 강도와 내구성을 고려하여 정하여야 하고 실제로 사용하는 콘크리트와 거의 동일한 재료를 사용하여 소요 슬럼프값 또는 슬럼프 플로, 소요 공기량이 얻어지는 콘크리트에 관하여 물-결합재비와 콘크리트 강도의 관계식을 시험 배합하여 구한다. 배합강도에 상응하는 물-결합재비는 시험에 의한 관계식을 이용하여 결정하며 이 경우 관계식의 신뢰성을 고려하여 안전한 쪽으로 물-결합재비를 결정하여야 한다. 단위 시멘트량은 소요의 워커빌리티 및 강도를 얻을 수 있는 범위 내에서 가능한 한 적게 되도록 시험에 의해 정하여야 한다. 단위수량은 소요의 워커빌리티를 얻을 수 있는 범위 내에서 가능한 작게 하여야 한다. 잔골재율은 물-시멘트비, 굵은골재의 입형, 단위시멘트량 등이 고려되어야 하며, 고성능 감수제를 이용한 경우의 잔골재율은 감수제의 단위량에 의해서도 달라지기 때문에 시험비빔에 의해서 결정하는 것이 좋다.

고성능 AE 감수제의 사용은 반드시 시험배합에 의해 결정되어져야 하며, 물에 희석하여 사용하는 감수제의 경우에는 희석 시 사용하는 물은 배합수로 계산되어야 하며, 이외의 고성능 AE 감수제의 경우에는 배합비에 영향을 주지 않는다.

슬럼프는 작업이 가능한 범위 내에서 되도록 적게 하며, 유동화 콘크리트로 할 경우 슬럼프 플로의 목표값은 설계기준압축강도 40 MPa 이상 60 MPa 이하의 경우 구조물의 작업 조건에 따라 500 mm, 600 mm, 700 mm로 구분하여 정하며, 그 이상의 고강도 콘크리트의 경우 책임기술자의 지시에 따라야 한다.

기상의 변화가 심하거나 동결융해에 대한 대책이 필요한 경우를 제외하고는 공기연행제를 사용하지 않는 것을 원칙으로 한다.

5.12.3 시공

콘크리트는 재료의 분리 및 슬럼프 값의 손실이 적은 방법으로 신속하게 운반되어야하며, 콘크리트의 반죽질기, 워커빌리티 등의 성질의 변화가 적고 또한 경제적인 방법으로 운반해야 한다. 운반 시간 및 거리가 긴 경우에 사용하는 운반차는 트럭믹서, 트럭 애지테이터 혹은 건비빔 믹서로 하여야 하며, 고성능 감수제 등을 추가로 투여하는 등의 조치를 하여야 한다.

타설 순서는 구조물의 형상, 콘크리트의 공급 상태, 거푸집 등의 변형을 고려하여 결정하여야 한다. 기둥과 벽체 콘크리트, 보와 슬래브 콘크리트를 일체로 하여 타설할 경우에는 보 아랫면에서 타설을 중지한 다음, 기둥과 벽에 타설한 콘크리트가 침하한 후 보, 슬래브의 콘크리트를 타설하여야 한다. 타설 전에 철근, 거푸집 등은 시공상세도에 따라 시공되는지 여부와 타설 설비 및 장치가 제대로 되어 있는가를 확인하여야 하고, 거푸집 내에 이물질이 없는가를 확인하여야 한다. 콘크리트 타설 낙하높이는 콘크리트 재료 분리가 일어나지 않는 범위에서 책임기술자의 승인을 얻어야 한다. 콘크리트는 운반 후 신속하게 타설하여야 한다. 타설할 때는 받침 또는 투입구를 설치하며, 타설 간격은 콘크리트 면이 거의 수평을 이루는 때로 정하여야 한다. 특히 현장에 배처 플랜트를 설치하여 타설하는 것이 가장 좋은 방법 중의 하나이다. 비빔으로부터 타설 완료까지의 시간은 60분에서 90분을 초과하지 않도록 계획을 세우는 것이 좋으며, 배합 시에 타설 완료 시간을 고려한 시험배합이 필요하다.

콘크리트를 친 후 경화에 필요한 온도 및 습도를 유지해야 하며 진동, 충격 등의 유해한 작용의 영향을 받지 않도록 충분한 조치를 취하여야 하고 고강도 콘크리트는 낮은 물-결합재비를 가지므로 철저히 습윤 양생을 실시하여야 하며, 부득이한 경우 현장 봉함 양생 등을 실시할 수 있다. 콘크리트를 타설한 후 경화할 때까지 직사광선이나 바람에 의해 수분이 증발하지 않도록 조치하여야 하고 부재 두께가 0.8 m 이상인 경우의 양생은 매스 콘크리트의 양생방법에 따른다.

5.13 숏크리트

숏크리트란 컴프레서 혹은 펌프를 이용하여 노즐 위치까지 호스 속으로 운반한 콘크리트를 압축공기에 의해 시공면에 뿜어서 만든 콘크리트를 말한다. 숏크리트는 터널이나 대공동구조물의 복공, 철골구조물의 피복, 비탈면 혹은 벽면의 풍화나 박리, 박낙의 방지, 터널, 댐 및 교량의 보수, 보강공사 등에 사용된다.

5.13.1 재료

숏크리트에는 일반적으로 보통 포틀랜드시멘트가 사용되고 조기 강도를 요하는 구조물이나 시공 후의 양생기간을 충분히 취할 수 없는 경우에는 조강포틀랜드시멘트, 초속경 시멘트 등을 사용한다. 숏크리트가 염분의 영향에 노출되는 경우에는 내구성이 높은 고로시멘트 등을 사용하기도 한다. 숏크리트에 사용되는 잔골재의 조립률은 일반적으로 2.3~3.1의 범위의 것이 바람직하며, 굵은골재로는 쇄석 및 강자갈이 쓰이며 굵은골재의 최대치수가 너무 크면 시공 시에 리바운드가 높고, 호스 내부를 폐쇄시킬 염려가 있으므로 10~15 mm 정도가 많이 사용한다. 급결제의 역할은 뿜어붙인 직후 수조에서 수분이내에 시멘트의 응결을 촉진하고 콘크리트와 본 땅과의 부착력을 발현시켜서 자중 및 뿜어붙이기에 따른 충격에 의해서 콘크리트가 떨어지지 않도록 하는 것과 또 수 시간 내의 발파의 진동충격과 본 땅의 국부적인 벗겨짐에 대한 저항성을 갖는 강도를 발현시키는 것이다. 이와 같이 급결제의 효과는 사용하는 시멘트의 종류 및 시공시의 온도, 콘크리트의 배합 등에 따라 달라지기 때문에 시공 시 그 첨가량은 시험에 의해 결정하는 것이 바람직하다. 급결제는 KCI-SC102와 KS F 2782의 규정에 적합한 것이어야 하고 급결제의 첨가량은 시공 조건, 사용재료, 조기 강도 발현 효과, 장기강도의 저하정도 등을 고려하여 결정되어야 한다. 숏크리트의 조기 강도 발현 효과가 좋고 장기강도의 감소를 최소화할 수 있으며, 인체에 유해한 영향이 없는 급결제를 사용하여야 한다. 철망을 사용할 경우에는 원칙적으로 용접철망으로 하고, KS D 7017에 적합하며 숏크리트 공법에 적합한 것으로 하여야 하고 강섬유는 KS F 2564에 적합한 것 중에서 숏크리트 공법에 적합한 것을 사용하여야 한다.

5.13.2 배합

배합강도는 구조물이 필요로 하는 강도 또는 설계기준 강도를 기준으로 현장에서 콘크리트 품질의 변동을 고려하여 정해야 한다. 또 지금까지의 경험에 의하면 코아채취에 의하여 얻어진 공시체의 의한 압축강도는 터널라이닝에 사용될 때에는 18~35 MPa 정도, 콘크리트구조물 보수에 사용될 때에는 20~40 MPa 정도, 비탈면보호에 사용될 때에는 17~28 MPa 정도를 사용한다. 배합을 결정할 때는 뿜어붙이기가 콘크리트 소요의 성질을 나타내는 범위 내에서 골재의 튀어나오는 양을 아주 적게 하고, 양호한 작업성을 가지도록 하며 굵은골재의 최대치수는 10~15 mm 정도가 적당하며, 잔골재율은 55~75% 정도가 적당하다. 또한 단위시멘트량은 콘크리트의 경우 30~40 MPa, 모르타르의 경우 41 MPa 정도가 적당하고, 물-시멘트비는 40~60%정도가 적당하며, 혼화재료는 급결제로서 시멘트중량의 5~8% 정도가 적당하다.

5.13.3 시공

숏크리트 공법으로서는 건식법과 습식법이 있으며, 콘크리트의 배합, 급결제 혼입의 유무, 시공성, 콘크리트의 품질 및 품질관리의 난이도 등에 따라 달라진다. 건식법은 시멘트와 골재를 건비빔시켜서 노즐까지 보내어 여기서 물과 합류시켜 압축공기로 뿜어붙이는 공법이다. 습식법은 전 재료를 믹서로 비벼서 노즐까지 보낸 후 필요에 따라 여기서 공급해서 뿜어붙이는 공법이다. 일반적으로 모르타르 뿜어붙이기에는 습식공법, 콘크리트 뿜어붙이기에는 건식공법을 많이 사용한다.

표 5.11 건식법과 습식법의 비교

구분	건식법	습식법
콘크리트의 특성	노즐 또는 운반호스 도중에서 물과 마른 비빔 재료를 혼합하므로 품질은 작업원의 숙련도에 따라 좌우된다.	물과 골재를 사전에 정확히 개량하고, 또한 충분히 혼합하므로 품질관리가 쉽다.
작업의 제약	마른 비빔재료를 공급하면 되므로 공급의 제한은 적게 받는다.	재료의 공급에 제한을 받는다.
압송거리	비교적 장거리의 압송이 가능하다. (약 500 m까지 작업이 가능)	일반적으로 장거리 압송에 적당하지 않다. (약 100 m까지 작업이 가능)
분진	많다.	적다.

5.14 섬유보강 콘크리트

보강용 섬유를 혼입하여 주로 인성, 균열억제, 내충격성 및 내마모성 등을 높인 콘크리트를 말하고 인성을 대폭 개선하여 인장응력과 균열에 대한 저항성을 높인 콘크리트이다. 모르타르 및 콘크리트 속에 강섬유, 유리섬유, 탄소섬유, 폴리머섬유, 석면 등과 같이 길고 짧은 섬유를 고르게 분산시킨 콘크리트이다.

5.14.1 재료

섬유보강 콘크리트에 사용되는 섬유는 무기계, 유기계 섬유가 있으며, 무기계섬유로는 강섬유, 유리섬유, 탄소섬유 등이 있고, 유기계섬유로는 아라미드

섬유, 폴리프로필렌섬유, 비닐론섬유, 나일론 섬유 등이 있다. 강섬유는 KS F 2564의 규준에 적합한 것을 사용하여야 한다. KS F 2564의 규준 이외의 강섬유를 사용하는 경우에는 그 품질을 확인하여 사용 방법을 충분히 검토하여야 한다. 강섬유 이외의 재료에 대한 품질검사는 일반 콘크리트의 자재 품질관리 규정에 따르고 강섬유의 품질검사는 표 5.25에 따른다. 강섬유는 표면에 녹이 있어서는 안 되고 평균 인장강도는 500 MPa 이상이어야 하며 콘크리트 내에서 분산이 잘 되어야 하고 굽힘정도는 16℃ 이상의 온도에서 지름 안쪽 90℃ 방향으로 구부렸을 때 부러지지 않아야 한다. 또한 보강섬유는 섬유와 시멘트 결합재 사이의 부착성이 양호해야 하고, 섬유의 인장강도가 크며, 내구성, 내열성 및 내후성이 우수하여야 하며 KS F 2564의 규준 이외의 강섬유를 사용하는 경우에는 그 품질을 확인하여 사용 방법을 충분히 검토하여야 한다.

표 5.12 강섬유의 품질검사

종류	항목	시험 · 검사방법	시기 · 횟수	판정기준
강섬유	품질	KS F 2564의 규준	공사 착수 전, 공사 중 및 종류가 변했을 때	KS F 2564에 적합할 것

5.14.2 배합

섬유보강 콘크리트의 배합은 소요의 품질을 만족하는 범위 내에서 단위수량을 될 수 있는 대로 적게 되도록 정하여야 하며 섬유의 형상, 치수 및 혼입률은 섬유보강 콘크리트의 압축강도, 휨강도 및 인성 등의 요구성능을 고려하여 정하는 것을 원칙으로 한다. 섬유보강 콘크리트는 소요의 품질이 얻어지도록 충분히 비벼야 하며 비비기 시간은 시험에 의해 정하고 믹서는 강제식 믹서를 사용하는 것을 원칙으로 한다. 섬유를 믹서에 투입할 때에는 섬유를 콘크리트 속에 균일하게 분산시킬 수 있는 방법으로 한다.

5.15 방사선 차폐용 콘크리트

생체방호를 위하여 감마선과 중성자 등의 방사선을 차폐할 목적으로 사용되는 콘크리트를 방사선 차폐용 콘크리트라고 한다.

5.15.1 재료

재료는 방사선 차폐용 콘크리트로서 필요한 성능이 얻어질 수 있는 재료를 선택한다.

5.15.2 배합

콘크리트의 배합은 방사선 차폐용 콘크리트로서의 필요한 성능이 얻어지도록 시험비비기에 의해 정하고 콘크리트의 슬럼프는 15 cm 이하로 하며 물-시멘트비는 60% 이하로 한다.

5.15.3 시공

콘크리트의 공장에 제조하는 것을 원칙으로 하며, 이어치기의 위치 및 이어치기면의 형상은 방사선의 유출을 방지할 수 있도록 그 위치 및 형상을 정하여야 한다. 방사선 차폐용 콘크리트로서의 품질관리 및 검사를 위한 시험항목, 시험방법 및 판정기준은 공사시방에 따르고 방사선 유출검사도 공사시방에 따르며 검사한 결과 불합격한 경우의 조치는 책임감리원의 지시에 따른다.

5.16 팽창 콘크리트

팽창 콘크리트는 수축보상용 콘크리트, 화학적 프리스트레스용 콘크리트 및 충전용 모르타르와 콘크리트로 한다. 수축보상용 콘크리트는 콘크리트의 건조수축에 의한 균열을 감소시키고, 화학적 프리스트레스용 콘크리트는 수축보상용 콘크리트보다도 큰 팽창력을 가져야 한다. 충전용 모르타르 및 콘크리트는 팽창력이용에 의한 충전효과를 주목적으로 한다.

5.16.1 재료

팽창재는 KS F 2562 (콘크리트용 팽창재)에 적합한 것을 사용하고 콘크리트에 화학혼화제(표면 활성제)를 사용하는 경우에는 그 화학혼화제의 종류 및 품질은 KS F 2560 (콘크리트용 화학혼화제)에 따른다. 혼화재로서 플라이애쉬 및 고로슬래그 미분말을 사용하는 경우에는 그 품질은 KS L 5405 (플라이애쉬) 및 KS F 2563에 적합하여야 하며 팽창재, 화학혼화제, 플라이애쉬 및 고로슬래그 미분말 이외의 혼화재료를 사용하는 경우에는 시험 또는 신뢰할 수 있는 자료에 의하여 콘크리트가 소요품질을 확보할 수 있는 재료를 선정해야 한다.

팽창재는 풍화하지 않도록 저장해야 하며 습기의 침투를 막을 수 있는 사이로 또는 창고에 시멘트 등 다른 재료와 혼입되지 않도록 구분하여 저장해야 하고 운반 또는 저장 중에 직접 비에 맞지 않도록 한다. 포대팽창재는 지상 30 cm 이상의 마루 위에 쌓아 운반이나 검사에 편리하도록 배치하여 저장해야 하며 12포대 이하로 쌓아야 하고 사용 직전에 포대를 여는 것을 원칙으로 하며, 저장 중에 포대가 파손된 것은 공사에 사용할 수 없다. 저장기간이 길어진 경우(3개월 이상)에는 팽창재의 시험을 실시하여 소요의 품질을 갖고 있는지를 확인하고 나서 사용해야 하고 벌크 상태의 팽창재 및 팽창재와 시멘트를 미리 혼합한 것은 양호한 밀폐상태에 있는 사이로 등에 저장하여 다른 재료와 혼합되지 않도록 한다.

5.16.2 배합

팽창 콘크리트의 배합은 소요강도, 내구성, 수밀성, 강재를 보호하는 성능 및 워커빌리티를 만족하도록 정함과 동시에 건조수축보상에 의한 균열감소 혹은 화학적 프리스트레스 도입에 의한 인장 또는 휨내력의 증대, 충전모르타르 및 콘크리트 등 그 목적에 따라 필요한 팽창성능을 갖도록 정하여야 하며 콘크리트의 단위수량 및 슬럼프는 작업에 적합한 워커빌리티를 갖는 범위 내에서 되도록 작은 값으로 정해야 한다. 팽창 콘크리트의 배합을 결정하기 전에 반드시 시험비빔을 하여 슬럼프, 단위질량, 압축강도 등의 시험을 하는 외에 필요에 따라서 팽창률시험을 하여 각각 소요의 값이 얻어지는 것을 확인하여야 한다. 화학적 프리스트레스용 콘크리트의 단위시멘트량은 단위팽창재량을 제외한 값으로서 보통콘크리트인 경우 260 kg/m^3 이상, 경량콘크리트인 경우 300 kg/m^3 이상으로 하고 소요공기량은 일반적으로 공기연행 콘크리트의 공기량에 따르고, 경량골재 콘크리트에서는 일반 골재를 사용한 콘크리트보다 1% 크게 하여야 한다.

5.16.3 시공

팽창재는 다른 재료와 별도로 질량으로 계량하며, 그 오차는 1회 계량분량의 1% 이내로 하고 다른 재료와 충분히 비벼 균일한 상태로 믹서로부터 배출하기 위하여 콘크리트의 비비기 시간은 강제 식 믹서를 사용하는 경우는 1분 이상으로 하고, 가경식 믹서를 사용하는 경우는 1분 30초 이상으로 해야 한다. 콘크리트를 비비고 나서 치기를 끝낼 때까지의 시간은 기온, 습도 등의 기상조건과 시공에 관한 등급에 따라 1~2시간 내로 해야 한다. 한중 콘크리트인 경우 칠 때의 콘크리트온도는 10℃ 이상 20℃ 미만으로 하고 서중 콘크리트인 경우 비빈 직후의 콘크리트온도는 30℃ 이하, 칠 때는 35℃ 이하로 해야 한다. 내·외부 온도차에 의한 온도균열의 우려가 있으므로 팽창 콘크리트에 급격한 실수를 해서는 안 되고 포대 팽창재를 사용하는 경우에는 포대수로 계산해도 된다. 그러나 1포대 미만의 것을 사용하는 경우에는 반드시 질량으로 계량하여야 하며 믹서에 투입할 때 팽창재가 호퍼 등에 부착되지 않도록 하고, 만약 부착된 경우에는 굳기 전에 바로 제거하여야 한다. 팽창재는 원칙적으로 다른 재료를 투입할 때 동시에 믹서에 투입한다. 만약 다른 재료의 투입 시기와 차이가 있을 때에는 즉시 배치플랜트의 운전자와 연락하여 상황에 따라 비비기 시간을 연장해야 한다. 굳지 않은 콘크리트의 온도는 제조·운반·타설 중 콘크리트의 소요 품질에 현저한 변화가 생기지 않은 값으로 하여야 한다. 또한 타설 후 콘크리트 내부온도가 현저히 상승하거나 초기동해를 입지 않도록 하여야 한다.

시공 이음부는 설계도서에서 정한 시공 이음부 위치에서 실시하는 것을 원칙으로 하고 새로운 콘크리트의 타설에 앞에서 기존 콘크리트의 이음면은 재료 분리가 발생한 콘크리트, 접착불량의 골재 등을 제거하고 살수하여 충분히 흡수 시켜야 한다.

콘크리트를 친 후에는 살수 등 기타의 방법으로 습윤상태를 유지하며, 직사일광, 급격한 건조 및 추위에 대하여 적당한 양생을 하며 콘크리트 온도는 2℃ 이상을 5일간 이상 유지시켜야 한다. 특히 노출면은 콘크리트가 양생작업에 의해 손상을 입지 않을 정도로 경화한 후 5일 간 다음 중 하나의 방법에 의해 적당한 양생을 하여 습윤상태를 유지하도록 한다.

보온양생, 급열양생, 증기양생 그 밖의 촉진양생을 실시할 경우에는 소요의 품질이 얻어지는지를 시험에 의해 확인하여야 하고 거푸집을 제거한 후 콘크리트의 노출면, 특히 외벽면은 직사일광, 급격한 건조 및 추위를 막기 위해 필요에 따라 양생매트·시트 또는 살수 등에 의한 적당한 양생을 실시한다. 콘크리트 거푸집널의 존치기간은 콘크리트강도의 확보와 팽창률 확보 및 수화반응에 필요한 수분의 건조를 방지하기 위하여 평균기온 20℃ 미만인 경우에는 5일 이상, 20℃ 이상인 경우에는 3일 이상으로 원칙으로 한다. 단 슬래브, 보의 밑면, 아치 하부의 거푸질널은 원칙적으로 동바리를 해제한 후 해체한다. 단, 압축강도 시험을 할 경우 설계기준 강도의 2/3 이상 값에 도달한 것이 확인될 경우 해체할 수 있다. 그러나 이때의 콘크리트 압축강도는 14 MPa 이상 이어야 한다.

5.17 댐 콘크리트

댐 콘크리트는 많은 양의 콘크리트를 연속적으로 시공하는 관계 로 매스 콘크리트로 취급하여야 한다. 또한 댐 콘크리트는 일반적으로 대규모 구조물로 시공기간이 길어서 하절기나 동절기에 시공되는 경우가 있으므로 이 경우의 댐 콘크리트는 서중 콘크리트나 한중 콘크리트로 취급하여야 한다.

5.17.1 재료

댐 콘크리트는 작업에 알맞은 워커빌리티를 갖는 범위 내에서 될 수 있는 대로 된 반죽이어야 한다. 롤러다짐용 콘크리트의 반죽질기 평가는 VC 시험을 사용할 수 있다. 댐 콘크리트는 작업에 알맞은 워커빌리티를 갖는 범위 내에서 될 수 있는 대로 된 반죽이어야 한다. 단위수량이 많은 댐 콘크리트를 사용하면 내구성이나 수밀성이 저하된다. 따라서 균질의 콘크리트를 확실하게 다짐할 수 있는 워커빌리티의 범위 내에서, 댐 콘크리트는 가능한 한 되게 배합하여야 한다. 굳지 않은 콘크리트의 반죽질기를 평가하는 데는 일반적으로 슬럼프실험을 이용한다. 내부진동기를 이용하여 확실히 다질 수 있는 댐 콘크리트의 슬럼프 값은 체가름을 하여 40 mm 이상의 굵은골재를 제거하고 측정된 값이 일반적으로 20～50 mm 정이다. 롤러다짐용 콘크리트의 반죽질기를 평가하는 데는 일반적으로 VC 시험을 한다. 진동롤러 다짐에 적합한 VC값은 40 mm체로 친 시료에 대하여 측정된 값이 일반적으로 20 ± 10초 정도이다. 또한 댐 콘크리트의 반죽질기는 반죽에서 다짐까지의 기상 조건, 운반조건, 방치시간 등의 영향을 받음에 따라 그 정도는 저하된다. 따라서 시공 시 반죽질기의 저하를 방지하기 위한 노력과 함께 배합설계에 있어서도 이 같은 영향을 고려해 주어야 한다.

댐 콘크리트의 단열온도 상승량, 열전도율, 비열 및 열확산율의 값은 콘크리트댐의 온도제어 계획에 사용한 값에 대해서 설계상 허용되는 변동폭 이내이어야 한다.

단위결합재량은 필요한 물－결합재비를 확보하고 작업에 적합한 워커빌리티가 얻어지는 범위 내에서 될 수 있는 한 적게 하여야 하고 댐 콘크리트에서 시멘트의 일부를 혼화재로 치환하는 경우, 혼화재 치환율은 댐 콘크리트에 필요한 품질을 만족하도록 정하여야 한다. 댐과 같은 매스 콘크리트 구조물에서는 시멘트의 수화열에 의한 온도상승을 억제하여 유해한 온도균열 발생을 방지하여야 한다. 그래서 수화열에 의한 온도상승량을 억제하기 위한 댐 콘크리트의 단위결합재량은 필요한 물－결합재비를 확보하고, 작업에 알맞은 워커빌리티가 얻어지는 범위 내에서 될 수 있는 한 적게 하여야 한다. 내부콘크리트의 단위결합재량은 댐의 시공 방법, 시공기계의 성능에 따라 다르지만 지금까지의 실적에 의하면 중력식 콘크리트 댐의 경우 슬럼프가 있는 콘크리트의 단위결합재량은 주상공법에서는 140～160 kg/m^3 정도, 확장레이어 공법은 130～150 kg/m^3 정도, 롤러다짐용 콘크리트의 단위결합재량은 120～130 kg/m^3 정도이다. 한편 높은 압축강도가 필요한 아치식 콘크리트댐의 경우 단위결합재량은 210～220 kg/m^3 정도이다. 또한 중력식 콘크리트댐 외부 콘크리트의 단위결합재량은 210～220 kg/m^3 정도이다.

롤러다짐용 콘크리트는 무슬럼프의 콘크리트로, 압축강도는 물－결합재비 이외 다짐 밀도에 의존한다. 또한 중력식 콘크리트 댐은 댐 콘크리트의 단위질량이 안정성에 큰 영향을 미치기 때문에 롤러다짐용 콘크리트는 필요한 밀도가 얻어질 수 있도록 다짐관리를 하여야 한다. 롤러다짐용 콘크리트의 다짐상태의 관리 방법에는 진동 롤러의 전압 횟수에 의한 방법, RI밀도계에 의한 방법, 다짐 시의 침하량 측정에 의한 방법이 있다. 진동 롤러의 전압 횟수에 의한 방법은 사전에 시공 시험 등에 의하여 전압 횟수와 롤러다짐용 콘크리트의 다짐 밀도와의 관계를 조사하여 놓고, 전압 횟수에 의한 다짐 상태를 관리하는 방법이다. RI밀도계에 의한 방법은 다짐된 롤러다짐용 콘크리트 내부에 RI밀도계의 봉을 삽입하여 다짐 밀도를 측정하여 다짐 상태를 관리하는 방법이다. 또한 다짐 시의 침하량 측정에 의한 방법은 다짐 전후의 리프트 표면의 높이를 측량하여 구하고, 이로부터 롤러다짐용 콘크리트의 다짐 밀도를 산출하여 다짐 상태를 관리하는 방법이다. 이 중에서 전압 횟수에 의한 관리가 일반적으로 사용되고 있다. 콘크리트 표면차수벽은 균열의 발생을 최대한 억제하여야 하며, 연속 타설 공정에서 배부름이 발생하지 않도록 슬럼프 관리에 주의하여야 하고 CFRD에서 차수를 담당하는 핵심기능의 구조물로서 차수성능을 확보하기 위하여 타설이음을 두지 않도록 시공하여야 한다. CFRD용 콘크리트는 표면차수벽에 적용되어 차수의 기능을 수행하는 중요한 것으로써, 차수성을 확보하기 위하여 수평방향으로 타설이음을 두지 않고, 슬립 폼을 이용하여 한 번에 타설할 수 있도록 시공계획을 세우는 것이 일반적이다. 연속 타설시 표면차수벽의 배부름이 발생하지 않기 위해서는 시험시공을 통하여 슬럼프 값을 결정하여야 한다.

5.17.2 배합

배합에 있어서는 콘크리트 댐에서의 콘크리트의 주요한 품질관리 항목이 온도와 슬럼프(또는 VC값)이므로, 이의 관리를 위하여 골재는 잔골재와 굵은골재로 분리하고, 또한 굵은골재는 소정의 입경별로 따로 저장하여야 하며 저장설비는 표면수율이 안정적인 골재를 공급할 수 있는 구조이어야 하고 저장은 알맞은 배수설비와 배수시간에 의하여 표면수가 일정한 골재를 사용할 수 있도록 하여야 한다. 서중 콘크리트의 배합온도 관리를 위하여 골재저장 함에 선행냉각 설비의 필요 여부를 사전에 검토하여야 한다. 품질이 안정된 댐 콘크리트를 제조하기 위해서는 골재의 입도가 안정되지 않으면 안 된다. 따라서 골재는 잔골재와 굵은골재를 분리하여 저장해야 하고, 재료 분리를 일으키기 쉬운 굵은골재는 3~4개의 입경별로 따로 분리하여 저장하여야 한다. 이 경우 4개의 입경별로 저장할 경우에는 150~80 mm, 80~40 mm, 40~20 mm, 20~5 mm로 하고, 3개의 입경별로 저장할 경우에는 150~80 mm, 80~40 mm, 40~5 mm로 나누는 경우가 많다. 골재의 물기를 충분히 빼주지 않아 표면수율이 크게 변화하면 댐 콘크리트의 단위수량을 일정하게 유지하는 것이 어렵게 되고, 댐 콘크리트의 품질이 변동하는 원인이 된다. 특히 잔골재의 표면수율이 큰 경우에는 그 변동폭이 커져 댐 콘크리트의 품질에 큰 영향을 미치는 경우가 많다. 골재의 저장설비는 안정적인 표면수율을 확보할 수 있도록 적절한 배수설비를 갖추어야 하고 필요한 수분제거시간을 확보할 수 있도록 저장용량을 정하여야 한다. 특히 잔골재는 비를 막기 위해 지붕을 설치하고 배수설비의 구조에 유의해야 한다. 골재의 저장설비는 지붕을 가진 원통형 구조로 안정적인 표면 수율을 확보할 수 있도록 적절한 배수설비를 갖추어야 하고, 필요한 수분제거시간을 확보할 수 있도록 저장용량을 정하여야 한다. 댐 콘크리트의 최대 타설량을 고려하여 복수의 저장빈을 설치하여 3~4일 이상의 물기제거 시간을 확보는 것이 바람직하다. 서중 콘크리트의 콘크리트 배합온도 제어를 위하여 콘크리트 배합온도를 사전에 검토하고 설계 시에 골재저장설비에 선행냉각 설비의 필요여부와 용량 등을 검토하여야 한다.

5.17.3 시공

롤러다짐용 콘크리트의 타설은 타설 장소에 콘크리트를 배출할 때에는 재료의 분리를 최소한 억제하도록 주의하여야 하고 배출한 롤러다짐용 콘크리트는 불도저로 뒤섞으면서 균질하게 되도록 포설하여야 한다. 또한, 한 층당 포설 두께는 댐 콘크리트의 뒤섞기가 쉬운 정도와 불도저에 의한 전압효과를 고려하여 결정하여야 한다. 롤러다짐용 콘크리트는 아주 된 콘크리트이기 때문에 타설 장소에 댐 콘크리트를 배출할 때에는 재료의 분리를 최소한으로 억제하도록 주의를 기울여야 한다. 이를 위하여 롤러다짐용 콘크리트는 불도저로 얇은 층으로 포설하여야 한다. 1층당 포설 두께는 진동롤러로 다짐하여 약 0.25 m가 되도록 0.27 m 정도로 포설하는 경우가 많다. 그러므로 0.75 m 리프트의 경우에는 3층으로, 1 m의 경우에는 4층으로 포설하는 것이 일반적이다. 또한 포설한 라인의 단부에서 재료의 분리가 집중되어지기 쉽기 때문에 이와 같은 부위는 분리된 재료를 불도저로 뒤집어 두었다가 다음 라인의 댐 콘크리트와 함께 뒤섞어 균질한 댐 콘크리트로 만들 필요가 있다. 또한 얇은 층으로 포설을 하면 불도저에 의한 전압효과도 기대할 수 있어 진동롤러에 의하여 다짐이 끝난 후 보다 밀실한 댐 콘크리트를 얻을 수 있다. 따라서 롤러다짐용 댐 콘크리트의 포설은 불도저가 댐 콘크리트 위를 거침없이 주행할 수 있도록 하는 것이 필요하다.

CFRD용 콘크리트의 타설에 있어서 콘크리트 표면차수벽은 프린스에서 댐 정상까지 수평시공이음 없이 한 번에 타설하도록 계획하여야 하고 균열의 발생을 최대한 억제하여야 하며, 연속 타설 공정에서 배부름이 발생하지 않도록 슬럼프 관리에 주의하여야 한다.

CFRD 댐에서 차수기능을 담당하는 표면차수벽 콘크리트의 타설 시에는 차수성을 확보하기 위하여 댐의 하단부인 프린스에서 댐 정상까지 시공이음이 발생하지 않도록 기상상태 등을 고려하여 시공계획을 수립하여야 한다. 일반적으로 12～18 m의 폭으로 시간당 1.5～6.0 m 정도의 속도로 거푸집을 상승시키면서 콘크리트를 연속적으로 타설한다. 콘크리트 차수벽에 균열 발생을 최소화하기 위하여 타설 시에 피막양생제를 도포하며, 정상부까지 타설이 완료되면 양생수를 계속 흘려보내 균열 발생을 최소화 한다. 거푸집을 상승시키면서 연속타설을 실시하게 되므로 거푸집의 일반적인 상승속도 1.5~6.0 m/hr를 고려하여 거푸집 이동시 배부름이 발생하지 않는 슬럼프는 계절 등의 타설조건에 따라 조금씩 다르지만 평균적으로 약 40 mm 정도이다.

댐 콘크리트는 일반 매스 콘크리트와 달리 매우 큰 단면을 갖고 있어 내부의 수화열이 외부 기온과 평형 상태를 이루는데 걸리는 시간이 짧게는 10년에서 20년까지 걸리게 된다. 따라서 시공 중에는 수화열에 의한 온도응력 발생이 큰 문제를 보이지 않더라도 준공 이후 10여년이 지난 운영 중인 상태에서 온도응력에 의한 관통 균열이 발생할 수 있다. 따라서 댐 콘크리트는 최종 안정단계까지의 온도응력 거동을 고려하여 설계 시 시공 계획(리프트 두께나 타설 간격 등의 리프트 스케줄 조정, 수축이음 설치, 댐 콘크리트 재료의 선행냉각 등)을 수립하여야 한다.

댐 콘크리트의 시공에 있어서 수화열에 의한 유해한 온도균열의 발생을 억제하기 위하여 적절한 온도제어 계획을 수립하여야 하며 댐 체내부의 온도가 최종 안정 온도에 도달했을 때의 온도응력을 충분히 고려하여야 한다.

콘크리트는 경화 시 다량의 수화열이 발생한다. 특히 댐과 같은 매스콘크리트에서는 적절한 대책이 강구되지 않으면 콘크리트의 온도가 현저히 상승하고 경화된 메스 콘크리트의 온도가 강하하는 과정에서 온도균열이 발생한다. 콘크리트 댐에 발생하는 온도균열은 댐 구조의 안전성을 손상시키는 원인이 될 뿐만 아니라 댐의 저수기능에 영향을 미치며 댐 콘크리트의 내구성을 손상시키는 원인이 된다. 그러므로 댐 콘크리트의 시공에 있어서는 온도균열의 발생을 최소로 억제하고 유해한 온도균열이 발생하지 않도록 적절한 온도규제계획을 수립하여야 한다. 온도규제의 방법에는 수화열의 발생이 적은 시멘트 사용, 단위결합재량의 저감, 리프트 두께나 타설 간격 등의 리프트 스케줄 조정, 수축이음 설치, 댐 콘크리트 재료의 선행 냉각 등이 있다. 콘크리트 댐의 온도규제는 댐의 규모, 댐 사이트의 기상 조건, 댐의 시공조건 등을 고려하여 이들 방법을 적절히 조합하여 계획할 필요가 있다. 또한 댐의 규모, 댐 사이트의 기상 조건, 댐의 시공조건 등의 검토를 통해서 유해한 온도균열의 발생이 예상될 경우에는 온도 균열에 대한 안전성을 확인할 필요가 있다. 온도균열의 발생가능성은 리프트 스케줄에 따라서 온도해석, 온도변형률해석을 수행하여 발생하는 구속 변형률량과 댐 콘크리트의 변형률 능력과의 관계로부터 검토하는 것이 일반적이다. 댐 콘크리트의 내부온도 강하에 의하여 발생하는 체적변화를 구속하는 요인으로는 암반이나 장기간 타설이 중지된 기존 콘크리트에 의한 외부구속과 댐 콘크리트 자체의 불균일한 온도 변화에 의하여 각각의 부분이 서로 구속하는 내부구속의 두 가지가 있고, 발생하는 구속 변형률 량을 산정하기 위해서는 이들의 복합 상태를 고려할 필요가 있다.

플러그 콘크리트 시공은 댐 시공이 완료된 후, 댐에 담수의 시작점이 되는 가배수(diversion) 터널을 폐쇄하는 것이며, 이에 대한 사항을 다루었다.

5.18 콘크리트 관련 제품

5.18.1 개설

콘크리트제품은 용도 및 종류, 모양, 크기 및 강도에 따라 제조방법이 매우 다르지만, 과거의 연구 경과에 소요의 품질을 경제적으로 얻기 위해서는 재료, 배합, 성형방법, 다짐방법, 양생방법 등에 따른 제조방법이 채택되고 있다. 일반적으로 현장타설 콘크리트와 비교해서 잔면이 얇은 경우가 많고, 조기 탈형하기 위하여 촉진양생을 실시할 경우가 많으므로 배합을 위시해서 제조에 특별한 주의를 요한다.

5.18.2 공장제품의 종류

1) 보도용 콘크리트판(KS F 4001)

정사각형의 무근콘크리트판으로서 치수의 두께 60 mm, 300 mm × 300 mm와 330 mm × 330 mm의 두 종류가 있다. 치수의 허용오차는 ± 2 mm 이내이다. 용도는 보도의 포장용에 사용된다. 보통 3.2 mm 두께의 박판으로 만든 거푸집에 물－시멘트비는 50% 이하로서 슬럼프가 2～4 cm인 콘크리트를 채워 진동대로 다짐을 하고 표면을 끝마감한다. 판은 휨과 마모를 받으므로 탈형 후 6일 이상 수중양생 하여야 한다. 이 제품의 시험을 지간을 240 mm로 하여 지간의 중앙에 하중을 가하여 휨시험을 실시하며, 그 값이 A형의 경우 1200 kg,

B형의 경우 1300 kg 이상이여야 한다.

휨강도의 검사는 2000매 또는 그 단수를 1무더기로 하고, 1무더기에 대하여 무작위로 3매의 시료를 취하여 휨시험에 합격하면 그 시료가 대표하는 1무더기 전부를 합격으로 한다. 도한 흡수율시험은 휨시험 후의 2개의 부서진 조각을 사용하여 실시한다. 이때 흡수율을 8% 이하이어야 한다.

2) 철근콘크리트 U형(KS F 4016)

철근콘크리트 U형은 도로 또는 가로의 배수용 측구에 사용된다. 철근콘크리트 U형의 시공은 측구를 파고 잡석을 깔고 그 위에 U형 머리가 노면과 같은 높이가 되도록 설치하며, 이음부분은 모르타르로 채운다.

3) 콘크리트 및 철근콘크리트 L형(KS F 4005)

콘크리트 및 철근콘크리트 L형은 보도의 구병이 있는 노면의 배수, 즉 가로의 측구에 사용된다.

4) 콘크리트 경계블록(KS F 4006)

보도, 차도 또는 식수대, 기타의 노면과의 경계 등에 사용된다. 경계블록에는 보 · 차도경계블록과 도로경계블록이 있다.
도로용 콘크리트제품으로 이외에도 콘크리트 전선관(KS F 4008), 하수도용 맨홀블록(KS F 4012), 하수도용 맨홀 뚜껑(KS F 4013), 철근콘크리트 U형용 덮개(KS F 4017), 차도용 콘크리트 콘크리트판(KS F 4023) 등이 있다.

5.18.3 재료 및 배합

일반 제품에는 보통 포틀랜트시멘트가 가장 널리 사용되지만, 초기재령에 고강도를 얻어 탈형을 서둘러야 하는 제품이나 PC제품, 한랭기 제조 시 등에는 조강포틀랜드시멘트가 사용된다. 고로슬래그시멘트나 플라이애쉬시멘트 등의 혼합시멘트를 쓸 경우에는 일반적으로 초기 강도 발현이 늦어져서 충분한 양생을 실시해야 한다.

콘크리트제품에 혼화재료를 사용하는 목적은 워커빌리티를 개선하고 성형을 용이하게 하며, 초기강도를 크게 하여 탈형을 빨리하게 하며, 강도, 내구성, 수밀성 등을 개선하고 콘크리트의 표면을 좋게 하는 것이며 콘크리트제품에서의 품질과 성능만이 아니고 외관도 양호해야 되서 콘크리트 제품용 골재는 종류 및 성질을 충분히 조사하여 사용해야 한다. 잔골재의 입도는 외관에 영향이 크기 때문에 크고 작은 입자가 적절히 혼합되어 있는 것을 쓰는 것이 좋다.

공장제품에 많이 쓰이는 혼화재료에는 AE제, 감수제, AE감수제, 고성능감수제 등의 혼화제와 팽창재, 무수(無水)석고 등을 주성분으로 하는 고강도용 혼화재, 고로슬래그 미분말, 플라이애쉬, 규산질 미분말 등의 혼화재가 있고 굵은골재의 최대치수는 40 mm 이하이고, 공장제품의 최소두께의 2/5 및 강재의 최소 수평 순간격의 4/5를 넘어서는 안 되고 철근이나 강선이 사용되고 강재는 철근 콘크리트용 봉강 KS D 3504,철근 콘크리트용 재생봉강 KS D 3527, 연강선재 KS D 3554, 경강선재 KS D 3510, 철선 KS D 3552 등의 규격에 적합해야 하며, 프리스트레스트 콘크리트의 경우 고온양생에 의한 철근의 릴렉세이션 등의 발생할 우려가 있으므로 사용강재의 기계적 성질이 사용목적에 적합한지 확인한 후에 사용하는 것이 바람직하다. 공장제품에 사용하는 PS강재는 PS강선 및 PS강연선 KS D 7002, PS강봉 KS D 3505, PS경강선 KS D 7009 등의 규격에 적합해야 한다. 콘크리트제품은 기계적 다짐으로 성형하므로 단위수량이 적고, 슬럼프가 적은 된반죽 콘크리트가 사용된다. 또 고강도를 필요로 하는 경우가 많고 양생기간의 단축과 취급 중의 불량품을 적게 하기 위하여 일반적으로 부배합의 콘크리트가 사용된다. 제품에 따라서는 최소 단위시멘트량을 규정하는 경우도 있다.

5.18.4 성형 및 양생

1) 성형

공장제품의 혼합 시에는 배치 믹서(batch mixer)를 많이 사용하여, 일반적으로 물/시멘트 비가 낮은 부배합의 된반죽이 많이 사용되므로, 혼합효율이 좋고 부착이 적은 팬타입 믹서나 일축이나 이축의 강제식 믹서를 사용하는 것이 바람직하다.

적당한 비빔시간은 일반적인 경우, 믹서내의 전 재료를 투입한 후 강제식 믹서를 사용할 경우에는 1분 이상, 가경식 믹서를 사용할 경우에는 2분 이상으로 하고, 믹서에 재료를 투입하는 순서는 전체 재료를 거의 동시에 투입하는 것이 일반적이나, 시멘트와 가는 골재, 혼화제, 물을 미리 투입하여 균질한 모르타르를 비비고(선모르타르방식), 여기에 굵은골재를 투입하여 혼합하는 경우도 있다. 이러한 경우 고성능감수제를 적게 넣어도 균질한 혼합물을 얻을 수 있다는 장점이 있으나 공정의 단순화를 위해서 동시 투입방법을 쓰는 경우가 많다.

콘크리트제품에서 일반적으로 사용하고 있는 다지기 방법에는 진동 테이블을 이용한 진동다지기, 원심력다지기, 가압다지기 등의 기계적 다짐이 많이 사용되고 있으며, 최근 일본에는 다짐에 소요되는 에너지, 인력의 절감, 소음, 진동 방지를 위해 다짐이 필요 없는 고성능콘크리트를 채용하는 제품이 급속히 보급되고 있다.

콘크리트를 거푸집에 투입한 후 진동대, 거푸집 진동기와 같은 외부 진동이나 삽입식 봉진동기 등의 진동에 의해 다짐하는 방법을 말한다. 봉진동기는 고진동수로서 저 진폭형으로 되어 있으며, 진동대나 거푸집 진동대와 같은 외부진동기는 반대로 3000～5000 rpm의 진동수와 진폭이 0.5～1.5 mm, 진동가속도 5～15 g 정도가 실용적이다.

고속 회전에 의해서 얻은 원심력을 이용하여 다짐하는 방법을 말한다. 말뚝, 폴(pole), 관 등과 같은 중공원통형제품을 생산하는데 능률적이며 원심력은 회전속도의 제곱에 비례하므로 속도를 높이면 다지기의 효과는 증가한다. 또한 물/시멘트비를 낮게 하여 고강도콘크리트를 쉽게 제조할 수 있다는 장점이 있다. 즉, 원심력에 의해 콘크리트 중의 물과 기포가 빠져나오므로 다짐 후 물/시멘트비는 5～10%가 낮아지며 압축강도는 15～25% 정도 높아진다. 최근에는 원심회전축에 진동을 주고 롤러로 가압하는 방식을 조합하여 다짐효과를 한 층 높인 진동식 원심다짐 방법도 쓰이고 있다.

거푸집에 콘크리트를 투입한 뒤 기계적인 압력을 가하여 물과 기포를 짜내서 공극이 적고 치밀한 고강도 콘크리트제품을 찍어내는 방법이다. 경우에 따라서는 가압한 상태에서 고온양생하거나 가압하면서 진공탈수하여 조기 고강도 제품에 이용하는 경우도 있다. 주로 섬유나 목편 등의 혼합물이 첨가된 제품이나 슬래브, 세그먼트, 널말뚝 등과 같은 판모양 제품에 사용된다.

실린더 속에서 가열 유동화 시킨 플라스틱을 다이를 통하여 연속적으로 성형하는 방법으로 플라스틱이나 세라믹제품 등에서 일반화된 방식이다. 혼합이 끝난 된배합의 모르타르나 콘크리트를 스크루나 피스톤으로 압력을 가하여 압출기를 통해 단면이 같은 모양의 제품을 연속적으로 뽑아내는 방식이다. 판재, 파이프 외에도 단면이 복잡한 형상도 제조 가능하며 국내에서는 창문 프레임과 중공경량벽체에 적용되고 있고, 중공(속이 빈) 성형방식과 함께 경량골재, 섬유보강재 등을 병용함으로써 경량, 단열, 차음재료로서 향후 많은 제품으로의 적용이 가능할 것으로 생각된다.

2) 양생

콘크리트는 성형 후에 저온, 건조, 급격한 온도변화, 하중, 충격 등의 해로운 영향을 받지 않도록 충분히 양생해야 한다. 또 탈형한 후에도 일정기간 습윤양생, 보온양생 등의 적절한 양생을 할 필요가 있다. 양생방법은 콘크리트 제품의 종류, 제조방법, 취급방법 등을 고려해서 소요의 품질이 확보될 수 있도록 충분한 양생을 할 필요가 있다.

(1) 촉진양생

콘크리트 제품의 제조에서 양생은 주로 촉진양생방법이 사용되며, 콘크리트 제품의 성형 후 조기에 소요의 강도를 얻어 빨리 탈형하여 거푸집의 회전율을 높이고, 제품을 빨리 출하하여 사용할 수 있도록 촉진양생을 실시한다.

① 증기양생

증기양생은 콘크리트의 경화촉진을 위해 널리 이용되고 있는 상압증기에 의한 양생방법이다. 증기양생을 실시할 경우 콘크리트의 균열, 변형, 장기재령에 있어서 강도저하 등의 해로운 영향을 주지 않도록 해야 한다.

- 거푸집과 함께 증기양생실에 넣어 양생실의 온도를 균일하게 올린다.
- 비빈 후 2~3시간 이후부터 증기양생을 실시한다(전치양생).
- 양생 시 온도상승속도는 20℃/hr 이하, 최고온도는 65℃로 한다.
- 양생실의 온도가 서서히 내려 외기의 온도와 큰 차이가 없을 정도가 되면 제품을 꺼낸다.

② 고온고압양생(오토클레이브양생)

지름 2.5~4.0 m, 길이 40~60 m의 오토클레이브 안에 제품을 넣고 고온고압에 의해 양생하는 것으로 고강도 파일이나 기포콘크리트 제품 등의 양생에 이용된다. 고온고압 하에서 생성되는 시멘트 수화물인 토베르모라이트 섬유결정이 콘크리트의 강도를 크게 향상시킬 수 있다는 데 착안한 것으로 규석 미분말을 적당량 시멘트와 혼합하여 토베르모라이트

결정을 최대한 많이 생성시키는 조건인 180℃, 7～10기압의 조건에서 고온고압 처리하는 것을 말한다.

③ 전기양생

거푸집에 전극판을 붙여 거푸집 내부 콘크리트에 저주파 교류를 흘려 굳지 않은 상태의 콘크리트는 저항이 큰 전기전도체가 되어 저항발열이 일어나면서 경화가 촉진되는 현상을 이용한 방법이다. 주로 구소련에서 한중 콘크리트공사에 사용되어 왔던 방법으로 이 후 연구 개발이 진행되어 콘크리트제품 제조공정에 적용되고 있다고 한다. 전기양생은 슬래브, 패널 등의 판상제품에 적당하며 증기양생이나 고온고압양생과 비교해서 열손실이 적고 경제적이라고 한다.

(2) 습윤양생

탈형이 급하지 않은 제품, 소형제품, 여름철 고온 시 제조하는 제품에서 촉진양생을 실시하지 않고 살수, 습포, 수중 등의 습윤양생을 실시하는 경우가 많다. 이때 콘크리트는 타설 후 저온, 건조 등의 유해한 영향을 받지 않도록 제품의 소요의 품질이 업어질 때까지 충분히 양생하지 않으면 안 된다. 특히 기온이 낮은 경우에는 동해를 방지하기 위하여 보온이 필요하다. 촉진양생을 실시한 제품도 탈형 후 소요의 품질이 확보될 때까지 습윤양생을 계속하는 것이 요망되며 내구성, 수밀성, 내충격성 등이 개선되므로 이들 성질이 필요한 제품에는 증기양생 후에도 습윤양생을 하도록 규정하고 있다.

5.18.5 탈형, 운반 및 저장

1) 탈형

콘크리트의 경화가 진행되어 취급에 지장이 없는 강도에 도달하면 거푸집을 떼어낸다. 촉진양생을 실시하면 적어도 그 다음 날에는 탈형이 가능하며, 제품의 종류, 모양, 크기 등에 따라 6～12시간 정도에서 거푸집을 떼어내는 경우도 있다. 블록, 무근콘크리트관 등의 제품에는 매우 된반죽 콘크리트를 강력한 진동다지기와 가압을 병용하여 성형하며 저판(底板)을 남기고 거푸집을 떼어내는 즉시탈형방식이 사용되며, 탈형 후에 증기양생을 실시한다.

2) 취급, 운반 및 저장

콘크리트제품은 취급, 운반하는 도중에 균열, 결렬 등의 손상을 받기 쉬우므로 작업 시 주의해야 한다. 화물자동차나 화차에 실을 때는 필요에 따라 받침재료나 패킹(packing) 등을 대는 것이 필요하다. 특히 말뚝, 널말뚝, 전주와 같이 길이가 긴 콘크리트제품을 겹쳐 쌓는 경우에는 제품에 큰 휨이 가해지지 않도록 적당한 받침대를 삽입하는 것이 중요하다. 또한 제품을 겹쳐 쌓는 층수도 제품의 자중과 강도를 고려해서 적당히 정해야 한다.

특히 콘크리트제품은 조기재령에서 거푸집을 떼어내고 운반, 저장하는 경우가 많고, 또 이 기간에 건조수축이나 크리프 등의 영향을 받아 유해한 변형을 일으키는 경우가 있으므로 운반이나 저장 시에 두는 지지점의 위치에 대하여 주의해야 한다. 그리고 설계 시 고려해야 할 결합위치나 지지점을 알 수 있도록 표시해 둘 필요가 있다. 또한 제조업자, 제조년월일 등 필요한 사항도 표시해야 한다.

5.18.6 공장제품의 시험 및 검사

콘크리트제품을 사용하는 경우, 이 제품이 소요의 품질과 성능을 가지는가를 확인하기 위한 제품의 시험을 실시할 필요가 있다, 시험방법은 제품에 따라 다르므로 각 콘크리트 제품별로 균열하중, 파과하중, 기타에 관해서 시험을 실시하고 검사를 한다. 콘크리트제품의 시험 및 검사방법은 한국산업규격 또는 공사시방서에 규정된 방법에 따라야 한다. 실물로 시험하기 곤란한 경우에는 제품의 성능 또는 품질을 판정하기 위하여 공사시방서의 지시에 따라서 특히 설계된 공시체에 의한 콘크리트의 강도시험 등을 할 필요가 있다. 강도시험이 끝난 콘크리트제품에 대해서는 단면의 치수, 배근상태, 덮개 등을 검사하는 것이 좋다. 치수의 허용오차는 콘크리트제품의 종류와 사용목적에 따라 다르기 때문에 일률적으로 정할 수 없으며, 한국산업규격에 제정되어 있는 콘크리트제품에는 각각의 규격에 치수의 허용오차가 표시되어 있다.

MEMO

제 6 장

콘크리트 구조물 유지관리

6.1 개설

완성된 시설물의 기능을 시설물 이용자의 편의와 안전성을 높이기 위하여 시설물을 일상적으로 정비, 점검하고 손상된 부분을 원상복구하며 경과시간에 따라 요구되는 시설물의 보강, 보수, 개량에 필요한 활동을 유지관리라 정의할 수 있다. 20세기는 끊임없는 연구로 개발된 신재료, 신공법을 이용하여 콘크리트구조물을 건설한 '개발과 건설의 시대'였으나, 21세기는 구조물을 건설할 뿐만 아니라 건설된 구조물을 어떻게 유지하느냐에 초점을 맞춘 '지속 가능한 발전'이 요구되는 시대이다. 콘크리트 구조물의 진단은 해당 구조물의 구조적 성능의 향상과 유지뿐만 아니라 구조물로서 완수해야 할 기능, 변경, 향상, 역할의 유지 등을 목적으로 하는 경우가 많으며, 구조물의 진단목적은 크게 개량보전과 유지보전 2가지로 나누어 생각할 수 있다. 일반적으로 콘크리트 구조물의 기능은 준공 직후부터 시간의 경과와 함께 열화 혹은 저하되기 때문에 개량보전(modernization)은 열화, 저하된 기능을 준공 시의 수준 이상으로 향상시키려고 하는 행위 또는 경제적, 사회적 환경의 변화에 따라 설계 당시의 기능 이상으로 향상시키거나 새로운 기능을 부가하려는 행위이며, 구체적으로는 내전개선 등의 대규모 구조개선이나 용도변경, 정보화 대응 등 가능의 개선·향상·새로운 기능부가 등이 있다. 유지보전(maintenance)은 이러한 구조물 보유 기능을 유지하려는 행위이다. 구체적으로는 일상적인 구조물 등의 손상감시, 정비, 점검 및 손질, 열화 또는 저하된 기능을 준공 시의 수준을 목표로 복귀와 향상을 목적으로 한 수선갱신 등이 있다.

6.2 열화

6.2.1 열화예측

열화예측은 구조물의 적절한 유지관리를 위하여 구조물의 각 부위, 부재에 대하여 적절하게 시행되어야 한다. 여기서, 열화예측은 구조물의 잔존내용기간의 추정, 적절한 점검시기의 파악, 공용 기간 중에 구조물에 발생하는 열화가 허용열화한도 이내에 있는가 여부의 추정, 성능에 영향을 미치는 열화한계의 파악 등에 목적을 두고 행한다. 열화예측에 있어서 대상으로 하는 구조물 혹은 부재는 요구되는 성능을 명확히 하고, 요구 성능을 유지하는 기간을 명확히 하는 것이 좋으며, 구조물의 각 부위, 부재의 성능과 열화와의 관계를 파악하고, 각 성능에 대해서 각 열화가 어떻게 영향을 미칠 것인가를 파악하는 것이 좋다.

6.2.2 열화기구의 분류 및 열화요인

열화를 열화기구에 따라 적절히 분류해야 한다. 주된 열화기구로서는 과대하중이나 피로 등 주로 구조적인 것과 화학적 콘크리트부식, 알칼리 골재반응, 동해(凍害), 중성화(中性化), 염해(鹽害) 등의 재료적인 것으로 크게 분류할 수 있다.

열화요인을 시공조건 및 설계조건에 의한 내적인 것과 사용조건 및 환경조건 등의 외적인 것으로 분류해 적절히 선택해야 한다. 시공조건에는 굳지 않은 콘크리트의 상태, 타설 방법, 양생방법 등이 있고, 설계조건에는 배합조건, 부위, 부재의 형상치수, 피복, 배근상태, 설계기준강도, 재료의 성질 등이 있다. 또한 환경조건에는 한랭지, 온난지, 혹서지역, 해양환경, 공업지대, 도시환경 등이 있다.

6.2.3 열화예측의 기본

1) 열화기구의 추정

열화현상요인 및 열화현상으로부터 대상 구조물의 열화기구를 적절히 추정해야 한다. 열화기구의 추정에 있어서는 우선 사용조건, 환경조건, 시공조건 및 설계조건과 구조물의 외관점검결과를 기준으로 한다. 또한, 콘크리트 구조물의 열화기구는 피로, 화학적 콘크리트부식, 알칼리골재 반응, 동해(凍害), 중성화(中性化), 염해(鹽害), 기타의 7종류로 크게 구분한다.

2) 열화진행의 모델화

열화진행을 정량적으로 파악하기 위해서는 열화요인을 적절히 조합한 모델을 이용한다. 열화를 예측평가하기 위한 열화지표는 열화기구와의 대응이 명확히 되고 있는 적절한 것을 선정해야 하며, 열화를 예측하기 위해 각 열화에 대해서는 열화예측식을 설정해두면 좋다. 열화예측식은 기존 연구 등의 데이터 해석과 정리에 의한 표준적 수학모델화에 의해 작성하고, 이를 열화예측에 이용하는 것이 바람직하다.

3) 열화예측의 수준

열화예측의 수준은 열화모델의 정도(精度), 구조물이나 그 부위, 부재의 중요도 등으로부터 정한다.

4) 열화한계

구조물이나 부재에 요구되는 성능을 고려하여 열화한계를 정한다.

6.2.4 열화기구의 모델화와 열화예측

열화기구의 모델화는 열화지표, 열화요인을 적절히 이용하여 모델화한다. 열화기구는 화학적 콘크리트부식, 알칼리 골재반응, 동해, 중성화, 염화, 피로의 6종류를 대상으로 하며, 이들 열화기구에서의 정량적인 예측이 불가능한 경우도 있는데, 열화예측 수준은 일정하지 않아 상세점검에서의 결과를 이용하지 않는 경우에 그렇다. 따라서 현재의 기술수준에서는 정량적인 열화예측을 행하는 데는 상세점검결과가 중요하다. 열화의 진행은 개념적으로 모델화가 가능하고, 정성적으로 열화의 진행을 예측할 수 있다. 그러나 정량적인 예측을 행하는 경우에는 초기점검결과 뿐만 아니라 상세점검 결과도 함께 이용할 필요가 있다.

1) 염해

콘크리트 구조물의 염해에 의한 열화예측은 콘크리트 표면의 염화물 이온 및 콘크리트 내부의 염화물 이온을 열화요인으로 하고, 한계 염화물 이온농도에

달하고 있는 부위의 표면으로부터의 깊이 혹은 철근 부식량 등을 열화지표로 하면 된다. 철근의 부식 측정방법으로는 분극 저항법, 전기화학적인 자연전위법 및 전기적인 전기지저항법 등이 있다.

2) 중성화

콘크리트 구조물의 중성화(탄산화)에 의한 열화예측에서는 콘크리트의 환경조건, 배합조건, 양생조건, 시공조건 등을 열화요인으로 하고, 중성화깊이 혹은 철근 부식량 등을 열화지표로 사용한다.

3) 동해

콘크리트 구조물의 동해에 의한 열화예측에서는 콘크리트의 물의 공급 정도, 공기량 및 외기온도, 물시멘트비 등을 열화요인으로 하고, 콘크리트의 동해깊이를 열화지표로 한다.

4) 알칼리 골재반응

콘크리트 구조물의 알칼리 골재반응에 의한 열화예측에서는 골재의 반응성 등을 열화요인으로 하고 콘크리트 팽창량을 열화지표로 한다.

5) 화학적 콘크리트부식

콘크리트 구조물의 화학적 콘크리트부식에 의한 열화예측에서는 화학적 부식물질의 농도와 종류, 물시멘트비를 열화요인으로 하고 철근부식량, 강도저하율, 피해깊이, 피해면적 등을 열화지표로 한다.

6) 피로

콘크리트 구조물의 피로에 의한 열화예측은 부재의 종류와 외력의 종류, 크기, 빈도, 작용하는 반복하중에 따라 다르며, 피로에 의한 열화예측에는 부재제원과 반복하중 등을 열화요인으로 하고, 처짐과 균열상황을 열화지표로 한다.

6.3 진단

6.3.1 안전점검 종류

1) 초기점검

초기점검은 시설물관리대장에 기록되어있는 최초로 실시된 정밀점검을 말한다. 신설 시설물의 경우는 준공 후 6개월 이내에 시행토록 하며, 구조형태가 변화되었을 때에도 초기점검이 필요하다. 초기점검은 특별법 시행령 제7조 별표2의 정밀점검 책임기술자로서의 자격을 갖춘 자에 의하여 수행되어야 하며, 필요한 경우 내하력에 대한 해석적 계산을 실시한다. 초기점검의 목표는 첫째로 특별법에서 요구하는 시설물관리대장 및 평가자료, 그리고 관리주체가 수집하는 관련 자료를 얻기 위함이며, 둘째로 구조물의 문제점 또는 문제 가능성이 있는 구조부위를 확인 및 구조물상태의 판단하고 기록하는 것이다. 도면의 사전 상세검토를 통하여 붕괴유발 부위 또는 부재에 대하여 주의를 기울여야 하며, 추후 특별한 주의를 필요로 하는 사항에 대해서는 점검기간 중에 평가해야 한다. 또한, 초기점검 이후에 실시되는 점검 및 진단 평가에 필요한 초기치와 기초자료를 제시할 수 있도록 해야 하며, 육안검사 시 결함이 있는 경우에는 도면으로 기록해야 한다.

2) 정기점검

정기점검은 기술과 경험을 갖춘 자에 의한 세심한 육안검사 수준의 점검으로서, 시설물의 기능적 상태를 판단하고, 시설물이 현재의 사용요건을 계속 만족시키고 있는지를 확인하기 위한 관찰로 이루어진다. 점검자는 시설물의 전반적인 외관형태를 관찰하여 심각한 결함이나 손상의 가능성을 발견할 수 있도록 세심한 주의를 기울여야 하며, 이상이 발견되는 경우는 즉시 보고해야 한다.

3) 일상점검

일상점검은 일상의 순회에서 육안검사 가능한 부분은 대상으로 열화의 발생시기, 부분 및 상황파악을 하기 위해 실시한다. 일상점검은 매뉴얼을 작성해서 그에 따라 실시하는 것이 좋다. 일상점검 항목의 부위 및 빈도는 열화예측 결과를 기본으로 결정하며, 점검항목에는 ① 균열상황 ② 들뜸, 박리, 박락, 스케일링 ③ 강재 노출상황, 녹의 유무 ④ 녹물, 유리 석회 ⑤ 누수 ⑥ 변위·처짐 ⑦ 지지상태 ⑧ 이상음, 진동 ⑨ 변색 등이 있다. 그러나 일상점검은 육안관찰을 통해 열화의 발생부분과 상황을 파악해야 하며, 구체적인 점검항목은 열화예측에 기초하여 선정하는 것이 좋다. 또한 유지관리의 대책으로서 보강과 보수를 실시하는 장소에 대해서도 적절한 빈도로 육안관찰을 계속할 필요가 있다. 점검결과가 열화예측 결과와 다른 경우에는 점검빈도와 항목을 변화시켜 유연하게 대응할 필요가 있다. 일상점검은 육안관찰, 쌍안경, 비디오, 사진을 이용한 외관상 열화점검과 차상(車上)감각 등의 기타 점검으로 분류된다. 일상점검에는 일반적으로 특수한 점검기구를 사용하지 않지만 열화의 상황과 발생위치는 일상점검 매뉴얼에 따라 가능한 정확하게 기록하는 것이 중요하다.

4) 정밀점검

계획된 정기적 점검인 정밀 점검은 시설물의 현 상태를 정확히 판단하고, 최초 또는 이전에 기록된 상태로부터의 변화를 확인하며, 구조물이 현재의 사용요건을 계속 만족시키고 있는지를 확인하기 위해 필요한 면밀한 육안검사와 간단한 측정 기구에 의한 측정으로 이루어진다. 면밀하고 지속적 감시가 필요한 시설물의 부위는 안정성평가 및 사전현장조사를 위한 구조계산 및 구조해석을 통하여 결정한다. 정밀점검결과는 사진 및 유지관리 혹은 보수기록, 그리고 필요한 경우 정밀안전진단 계획에 관한 사항과 함께 보관해야 한다. 구조상태 및 외력의 조건이 변화되어 안전성 평가에 영향을 주는 경우에는 필요한 구조해석 및 구조계산을 다시 해서 보관해야 한다. 정밀점검에는 시설물의 내진설계 여부 판단 및 상태평가가 필요시에 시설물의 안전성 평가가 포함된다.

5) 긴급점검

긴급점검에는 특별점검과 손상점검이 있다. 특별점검은 관리주체가 판단해서 행하는 정밀점검 수준의 점검으로, 이 점검은 기초침하 또는 세굴과 같은 결함이 의심되는 경우나 하중제한중인 시설물의 지속적 사용 여부를 판단하기 위한 점검으로서 점검 시기는 결함의 심각성을 고려하여 결정한다. 손상점검은 비계획적인 점검으로서 재해 및 사고에 의해 비롯된 구조적 손상을 평가하는 것이다. 점검의 범위는 긴급한 사용제한이나 사용금지의 필요성이 있는지를 판단하고, 보수를 수행하는 데 있어서 필요한 작업량의 정도를 결정할 수 있어야 하며, 신속한 하중제한 등 사용제한 여부를 결정할 수 있도록 현장에서의 계산 능력이 필요하다. 손상점검은 정밀점검의 보완수단으로서 손상의 정도와 보수의 긴급성, 그리고 보수작업의 규모를 파악할 수 있어야 하며, 시험장비에 의한 현장측정 및 사용제한기간에 대한 해석이 필요하다.

6.4 결함

6.4.1 조사항목

구조물에 결함이 발생했을 때 먼저 취해야 할 대책은 결함의 내용을 충분히 파악하는 것이다. 파악해야 할 내용은 일반적으로 철근과 PC강재의 부식상태, 콘크리트 열화의 상태, 콘크리트의 균열 발생의 상태, 구조물의 변위 또는 변형의 상태이다. 구조물 변형의 내용은 복잡하여서 구조물 건전도 판정을 위한 검사항목은 일반적인 경우 표 6.1의 내용과 같다. 변형의 원인추정과 건전도 판정을 위해서는 일반적으로 한 가지 검사만으로 명확한 결론을 얻기 곤란하므로 몇 가지 검사를 하여 그 결과를 종합적으로 판단하여야 한다.

6.4.2 결함진행성의 판단

결함의 내용이 파악된 뒤에는 보수 공법의 선정에 있어 중요한 기준인 그 결함이 진행 중인지 아닌지를 판단할 필요가 있다. 진행 상태를 파악하는 방법은 변위·변형에 대해서는 레벨, 수집기, 추 등에 의해 정기적으로 관측을 하여 진행 상태를 파악한다. 또한 균열에 대해서는 균열 폭의 확대경향 균열선단의 연신장황을 정기적으로 측정하여 진행 상태를 파악한다.

표 6.1 결함과 검사의 내용

결함의 내용	검사의 내용
콘크리트의 균열	• 균열의 측정 • 균열진행의 측정 • 재하에 의한 균열 개폐의 측정 • 균열로부터 누수의 검사
구조물의 변위·변형	• 변위·변형의 측정 • 균열발생개소의 조사 • 철근의 노출에 의한 응력측정
콘크리트의 열화	• 콘크리트의 中性化 깊이의 측정 • 콘크리트의 열화 깊이의 측정 • 콘크리트의 비파괴 검사 • 콘크리트의 코아에 의한 시험 • 콘크리트의 분석 • 콘크리트의 유효단면의 측정 • 콘크리트 균열의 조사
철근의 부식	• 녹에 의한 콘크리트의 변색 조사 • 철근 노출에 의한 부식정도의 조사 • 철근 노출에 의한 응력 측정
PC강재의 부식	• 균열의 조사 • X선 등에 의한 Grout충전의 조사
Prestress부족	• 재하시험 • PC강재노출 절단에 의한 인장응력의 측정
구조물의 耐力부족	• 설계계산에 의한 조사 • 재하시험 • 진동시험

6.4.3 원인의 판단

구조물에 나타나는 일반적인 결함은 재해 등의 급격한 발생에 의한 결함을 제외하면 한 가지 원인에 의하여 발생하는 경우는 적고, 몇 가지의 직접 또는 간접 원인의 중적에 의하여 발생하여 판단이 곤란한 경우도 많다. 따라서 조사에 있어서는 각종 원인 중에서 어떤 항목이 관계되어 있는지를 알아두는 것이 보수공법 선정에 있어 중요하다.

6.4.4 보수, 보강 필요성의 판단

구조물의 결함에 대하여 보강, 보수가 필요한지 아닌지를 판단하는 기준은 정하기 어렵다. 동일한 것 같은 결함이어도 구조물의 중요도, 종류, 구조물의 처해 있는 환경조건 등에 따라서도 기준은 다르기 때문이다. 보강, 보수를 하는 경우에도 바로 실시할 필요가 있는지, 나중에 진행 상태를 보아서 실시할 필요가 있는지 등의 문제도 있다. 이러한 사항은 일반적으로 구조물의 현재 가지고 있는 강도가 구조물 사용상 문제는 없는지, 결함을 방치함으로써 보다 중대한 결함을 유발시킬 가능성이 있는지 및 진행 중인 결함에 대해서는 보수시기와 보수공사비의 관계 등을 충분히 고려하여 결정한다.

6.4.5 철근콘크리트 압축강도 측정

1) 반발경도법

반발경도법은 콘크리트 표면을 테스트 해머에 의해 타격하고, 그 반발경도로부터 압축강도를 구하는 방법이다. 반발경도법에는 슈미트해머법, 회전식해머법, 스프링식해머법, 낙하시해버법 등 여러 종류가 있다. 이들 중 현재 슈미트해머법이 가장 널리 보급되어 있다.

2) 초음파속도법

초음파전파속도법(또는 음속법)은 콘크리트 비파괴시험법으로서 콘크리트의 내구성과 균질성 등의 강도추정 및 판단 등에 이용된다. 그러나 콘크리트 중의 음속은 내부철근의 양과 배합, 콘크리트의 함수상태, 사용골재의 종류와 양, 측정조건 등 많은 요인의 영향을 받으므로 음속만으로 콘크리트 압축강도의 정도를 양호하게 추정하는 것은 곤란한 경우가 많다. 단, 주요 조건이 유사한 경우는 음속과 강도 사이에 거의 일정한 상관성이 보이므로 어느 정도의 강도 추정은 가능하다. 따라서 음속법에 의한 콘크리트강도 추정에 있어서 대상으로 하는 콘크리트에 대한 가능한 한 많은 정보를 입수하여 강도의 추정에 반영시키는 것이 바람직하다. 측정원리는 콘크리트에 접착시킨 단자로부터 발신한 초음파 펄스(20~200 kHz의 단속음파)가 콘크리트를 이동하여 다른 쪽의 단자에 도달한 시간을 구하여 이를 전파시간으로 하여, 양단자간의 거리를 구하여 속도를 구한다. 음속법도 콘크리트 중의 음속과 압축강도 사이에 일정한 상관성이 있다고 하는 경험적 사실에 근거한 것이므로 음속과 압축강도 사이에 물리적 법칙으로 연결되어 있는 관계가 있는 것은 아니다.

6.5 보수 및 보강 공법

6.5.1 보수공법

보수공법은 열화 된 부재나 구조물의 기능과 성능을 원상 복구시키거나 사용상 지장이 없는 상태까지 회복시키는 것을 말하며, 철근부식에 의해서 생긴 내하력 저하와 부재의 변형을 개선하여 초기 상태로 회복시키는 것도 보수에 포함된다. 보수는 열화와 하자 및 손상을 충분히 조사하고 구조의 내구성, 유지관리, 시공성, 중요도, 특성 등을 고려해서 그 시설물의 중요도에 따라 적절한 보수수준을 정하여 실시하고 경제성, 잔존설계 내용기간, 시설물의 중요도, 유지관리의 구분 등을 고려하여 적절한 보수 수준을 정한다. 보수수준은 보수 후의 시설물에 기대되는 내용기간, 보수 후에 필요한 점검 방법이나 빈도 등을 고려하여 설정할 필요가 있다.

6.5.2 보강공법

보강공법은 구조물 혹은 부재의 강성이나 내하력 등의 역학적인 열화를 회복 또는 향상시킬 목적으로 실시하는 대책이다. 역학적인 성능저하는 주로 재료의 손상이나 과대한 하중의 재하에 의해서 일어난다. 보강 수준은 대상 적용하중에 대한 내하력 회복의 정도 및 요구수준의 향상 정도이다. 보강 시 고려할 사항에서 ① 평가, 판정 결과 ② 열화원인 ③ 시설물의 특성 ④ 시공성 ⑤ 유지관리 ⑥ 잔존설계 내용기간 ⑦ 중요도 등이 있다.

6.5.3 공법의 선정

시설물의 유지관리를 위한 보수와 보강을 실시함에 있어서 보수와 보강에 사용하는 재료와 공법의 선정은 경제성, 시설물의 환경과 상태변화의 원인 등을 고려하여 선택해야 한다. 앞서 살펴본 봐와 같이 국내에는 상태변화에 따라 적용 가능한 대표적인 재료와 공법들이 있으며 이러한 대표적인 재료 및 공법은 많은 시공을 통하여 사용성이 입증되었다. 그러나 많은 시공에도 불구하고 시설물이 위치한 환경과 상태변화의 원인을 정확하게 고려하지 않고 시공하여 재시공 등과 같은 경제적 손실과 시설물의 안전성에 우려를 발생시키고 있다. 보수와 보강 재료 및 공법 선정 기준을 작성하기 위하여 기존의 보수와 보강 재료 및 공법 선정과 관련된 연구 결과에 대하여 분석하였는데, 상태변화 가운데 가장 많이 발생하는 균열에 대하여 적정 보수, 보강 공법의 선정을 위한 시스템 알고리즘과 철근 콘크리트 바닥판의 보수, 보강을 위한 전문가 시스템 알고리즘을 분석하고 7가지 상태변화에 따른 원인과 원인에 따른 적정 보수, 보강 재료 및 공법을 선정하는 절차를 작성하였다.

1) 균열 보수 공법

균열 보수 공법은 내구성과 방수성을 향상시키기 위해 적용하는 공법으로 종류로는 충전공법, 주입공법, 표면처리공법이 있으며, 철근부식의 유무, 균열변동의 대소, 균열폭의 대소, 발생상황, 균열의 발생원인 등에 따라 단독 혹은 여러 공법을 조합하여 사용한다.

2) 표면처리 공법

마감 모르타르의 들뜸 및 균열은 상황의 진전에 따라 박락이나 구체 콘크리트로의 수분 및 가스 침투로 인한 열화를 유발시킬 수 있으므로 중요하다. 원인으로는 균열을 통한 빗물, 반복적인 진동에 의한 모르타르의 접착력 저하, 시공불량에 따른 모르타르의 접착불량, 온도변화에 따른 모르타르·콘크리트의 수축팽창 등을 들 수 있다. 사용재료로는 보수목적, 구조물의 환경 등에 따라 다르지만 일반적으로 시멘트 필러, 폴리머 시멘트 슬러리, 폴리머 시멘트 페이스트, 에폭시 수지, 도막탄성 방수재 등이 사용된다. 사용재료에 따라서는 바탕재료의 부착력이 낮은 것이 있으므로 계획 시 충분히 고려해야 한다. 피복제의 두께가 얇아 사용년수의 경과에 따른 열화를 고려해야 한다. 표면처리공법으로는 결함부위의 에폭시 수지 모르타르 도포공법과 결함부위의 에폭시 수지 실(seal)공법 등이 있다.

3) 에폭시 주입공법

에폭시 수지를 진행성 균열의 보수에 사용할 경우 에폭시 수지의 변형에 대한 적응성이 문제가 된다. 일반적으로 사용되고 있는 에폭시 수지의 변형량은 2% 정도로, 이와 같은 재료로 보수하면 균열이 발생하는 경우가 많다. 따라서 이러한 균열에 대해서는 가요성인 것을 사용하거나 충전공법의 적용을 고려할 필요가 있으며, 에폭시 수지 주입공법과 앵커 핀과 병용으로 균열부의 일체화를 증대시켜 온도변화 등에 의한 균열이 움직임을 작게 하는 방법도 고려할 필요가 있다. 에폭시주입공법은 내구성 저하 및 누수 방지와 내력복원의 안전성을 기대할 수 있다. 또한 내후성이 좋고 미관의 유지가 용이하며, 경제적이다. 에폭시 주입방법은 균열 위에 주입 수지가 들어 있는 용기를 설치하여 고무, 용수철, 공기압 등으로 수지를 서서히 주입하는 저압 또는 지속식 주입법과 주입 건(gun)이나 소형 펌프를 사용하여 주입제를 비교적 다량으로 주입할 경우 사용되는 수동식 주입법 등이 있다.

4) 충전공법

충전공법은 균열의 폭이 0.5 mm 이상으로 비교적 큰 경우의 보수에 적합한 공법으로 균열을 따라 콘크리트 절단 또는 모르타르 마감하여, 그 부분에 보수재를 충전하는 공법이다. 충전공법은 철근이 부식되어 있는 경우와 철근이 부식되지 않은 경우가 다르게 적용되며, 철근의 부식이 발생한 경우는 철근의 부식제거 방청재 도포 등을 실시한 후 충전한다. 충전공법에는 결함부위의 폴리머 시멘트 모르타르 충전공법, 결함부위의 에폭시 수지 모르타르 충전공법, U컷 실링재 충전공법 등이 있다.

6.5.4 보강공법

1) 외부 케이블공법

외부 케이블공법은 긴장재를 콘크리트의 외부에 배치하여 편향부 혹은 정착부를 끼워서 부재의 긴장력을 미리 도입하는 것에 의해 필요한 성능의 향상을 꾀하는 공법이다. 프리스트레스를 도입함으로써 전단보강 및 콘크리트교량의 휨을 목적으로 하는 보강공법으로서 구조물의 국부적인 보강보다는 전체 구조계의 변경, 단면력의 개선을 목적으로 사용되는 경우가 많다. 일반적으로 직선형태의 보강에는 고강도의 나사식 강봉(Thread bar)이 사용되며, 만곡되는 부분이 있는 곳에 대해서는 스트랜트(Strand)를 사용하고 있다.

2) 강판부착공법

강판접착공법으로는 콘크리트 부재의 주인장응력 작용면에 강판을 근접시키고, 강판과 콘크리트의 공간에 주입용 접착제를 주입하여 콘크리트 접착시켜 필요한 성능의 향상을 꾀하는 공법이다.

3) 상면 두께증설공법

상판 콘크리트 상면을 절삭 또는 연마한 후 강섬유 보강콘크리트를 타설하여 상판을 증설하는 상파상면 두께증설공법과 그에 보강철근을 배치하여 보강하여 철근 보강 상면 증설공법의 두 종류가 있다.

4) 하면 두께증설공법

주로 상판 하면에 철근 등의 보강재를 배치하여 증설재료에 부착성이 높은 모르타르를 타설하거나 뿜어 붙이기로 단면을 증가시켜 일체화시킴으로써 성능의 향상을 꾀하는 공법이다.

5) 라이닝 공법

기(旣) 타설 콘크리트 부재의 주위에 보강재를 배치하여 기(旣) 타설부재와 일체화에 의해 필요한 성능의 향상을 꾀하는 공법이다.

6) 연속섬유 시트 접착공법

주로 콘크리트 부재의 인장응력이나 사인장응력 작용면에 연속섬유를 1방향으로 배치하여 시트모양으로 직조된 보강재 혹은 현장에서 함침접착제로 함침·경화시킨 FRP의 연속섬유 시트를 접착하여 기(旣) 타설부재와 일체화시키는 것에 의해 필요한 성능의 향상을 꾀하는 공법이다.

MEMO

제 7 장

금속재료

7.1 개설

금속재료는 철 금속과 비철 금속으로 구분된다. 철 금속은 철이 많이 포함됨 금속을 말하며, 강하고 값이 싸며 비교적 쉽게 생산할 수 있는 장점이 있어 많이 사용되고 있으며, 철 또는 강이라고 말한다. 철 금속 재료는 탄소량에 따라 순철, 선철, 강, 주철로 구분되고, 비철 금속은 철 이외의 공업용 금속으로 구리, 납, 주석, 아연, 금, 니켈, 알루미늄, 텅스텐 등을 말한다. 이와 같은 금속재료의 특징은 전기 및 열의 전도율이 크며, 다른 금속과 융해되어 합금이 되는 성질을 갖고 있다. 또한 전성, 연성이 큰 성질을 갖고 있으며, 인장강도, 탄성계수, 내마모성, 경도가 크다. 그러나 비중이 커서 자중이 증가되며, 부식하거나 녹슬기 쉬운 단점을 갖고 있다. 건설재료로 사용되고 있는 금속재료는 대부분이 철 금속이며, 구조물이 고층 및 대형화되면서 교량, 레일, 철탑, 콘크리트 보강재 등으로 적용범위가 확대되고 있다. 따라서 본 장에서는 금속재료의 제조 및 특징, 용도 등에 대해서 기술하였다.

7.2 철 금속

7.2.1 순철(pure iron)

순철(純鐵)은 성분이 거의 100% 철(Fe)로만 되어 있으며, 그 밖의 원소는 거의 함유되어 있지 않다. 천연적으로 유성이 지구에 떨어진 그대로인 운석의 형태로 존재하며, 공업용 순철은 통상 철 함유량은 99.9% 이하이다. 순철은 상온에서 연성과 전성이 우수하고 용접성이 좋으며 탄소강에 비해서 내식성이 우수하다. 그러나 너무 연해서 합금용, 촉매, 전자기 재료 등 용도가 매우 한정되어 있으며, 인장강도가 낮아서 기계구조용 재료로 사용되지 않는다.

7.2.2 선철(pig iron)

선철(銑鐵)은 고로(高爐)나 용광로에서 철광석을 녹여 만든 탄소(C)가 다량

함유된 철을 말한다. 일반적으로 철강을 제조하기 위해서는 제선, 제강, 연주, 압연공정을 거치게 된다. 이때 제선공정은 철광석과 원료탄 등을 고로에 넣고 1,000℃ 이상의 바람을 불어넣으면 철광석이 녹아 쇳물이 만들어지게 되는데, 이 쇳물을 용선이라고 부르며 이것은 곧 액체상태의 선철을 의미한다.

제선공정을 통해 만들어진 용선에는 철(Fe) 성분뿐만 아니라 탄소(C) 3.0~4.5%, 규소(Si) 0.2~3.0%, 망간(Mn) 0.5~2.0%, 인(P) 0.02~0.5%, 황(S) 0.01~0.1% 등의 불순물이 함께 섞여 있다. 탄소가 함유된 선철은 단단하지만 강하여 부서지기 쉬우며, 철 본래의 인성, 가단성을 상실하고 있어 주물제작은 가능하지만 인발 압연 가공은 어려워 대부분은 강을 만들기 위한 원료로 사용된다. 그리고 선철은 탄소함유량에 따라 선철, 주철, 강으로 구분된다. 여기서 선철과 주철은 성분적으로 동일하며 주철은 주로 주조재료로 사용되고 선철은 불순물을 제거하고 탄소의 양을 변화시키거나 다른 원소를 합금해 순철, 주철, 강 등을 만드는데 사용된다.

선철은 제조방법, 파면 등에 따라 분류할 수 있으며, 제조방법에 따라 고로 선철, 전기로 선철, 목탄 선철, 파면에 따라 회선철, 백선철, 반선철로 구분된다. 그리고 용도에 따라 제강용 선철과 주물용 선철로 분류되고, 주물용 선철은 보통 주철, 고급 주철, 특수 주철, 가단주철, 구상흑연 주철 등으로 세부적으로 구분된다.

1) 제조방법에 따른 분류

고로 선철은 현재 생산되는 대부분의 선철이 바로 고로 선철이며 고로선, 보통 선철, 코크스 선철이라고도 명명되기도 한다. 그리고 목탄 선철은 목탄을 연로로 한 용광로에서 만든 선철로 불순물이 적고 보통의 코크스로 만든 선철보다 조직이 조밀하다.

2) 파면에 따른 분류

회선철은 파단면이 회색인 것으로 비교적 재질이 연하고, 강도가 작으나 유동성이 크고 수축이 작아 주조용으로 적합하다. 그리고 백선철은 파단면이 백색인 것으로 재질이 매우 단단한 성질을 갖고 있어 주조용으로 적합하지 않다. 또한 반선철은 파단면이 회선철과 백선철의 중간이다.

7.2.3 강(steel)

1) 성분에 의한 분류

(1) **탄소강**(carbon steel)

탄소강은 탄소가 0.04~1.7%로 광범위하게 함유되어 있으며, 탄소량에 의하여 탄소량이 0.3% 이하인 저탄소강과 탄소량이 0.3~0.6%인 중탄소강, 탄소량이 0.6% 이상인 고탄소강으로 분류한다. 그리고 용도에 따라 저탄소강은 강도가 낮고 무르며 가공이 쉬워 철판, 철근, 철사 등에 사용되며, 중탄소강은 강도와 경도가 크므로 기계부품 및 구조용 재료로 사용된다. 그리고 고탄소강은 강도가 크고 단단하여 각종 공구 제작 및 철도레일 등에 사용된다. 역학적 특성은 탄소(C)의 함유량이 증가하면 비중, 선팽창계수, 충격치는 감소하나 인장강도, 경도, 항복점은 증가한다. 탄소함유량에 따른 분류 및 용도는 표 7.1과 같다.

표 7.1 탄소강의 분류

종류	탄소함유량 (%)	인장강도 (N/mm^2)	연신율 (%)	담금질	용도
특별극연강	> 0.08	320~360	30~40	부적합	박판, 전신선
극연강	0.08~0.12	360~420	30~40	부적합	용접관, 리벳
연강	0.12~0.20	380~480	24~36	부적합	철근, 철골
반연강	0.20~0.30	440~550	22~32	부적합	교량, 레일
반경강	0.30~0.40	500~600	17~30	약간부분	볼트, 구조용 샤프트
경강	0.40~0.50	580~700	14~26	양호	레일, 건축재
최경강	0.50~0.70	650~1000	11~20	양호	나사, 레일
탄소공구강	0.70~1.50	700 <	7~2	양호	절삭공구

(2) **합금강**(alloy steel)

탄소강의 성질을 개선하기 위해 한 가지 이상의 특수한 금속을 첨가하여 만든 강철을 합금강 또는 특수강이라고 한다. 주요 합금원소로는 몰리브덴(Mo), 텅스텐(W), 크롬(Cr), 니켈(Ni), 망간(Mn) 등이 있다. 몰리브덴은 담금질 깊이를 깊게 하고 크리프 저항과 내식성을 증가시켜 뜨임 취성을 방지한다. 텅스텐은 재결정 온도가 가장 높으므로 고온에서의 인장강도와 경도가 높아서 고온 절삭성이 향상되며, 크롬은 적은 함유량에도 강도와 경도를 증가시키고 내식성과 내열성을 증가시킨다. 니켈은 펄라이트를 미세화 시키고 강인성, 내식성 및 내산성을 증가시키고, 망간은 함유량이 많아지면 내마멸성을 크게 증가시키고 고온 취성을 방지한다.

합금강은 탄소강을 강하게 한 구조용 합금강과 특수한 용도에 알맞도록 특별한 성질을 갖도록 한 특수용 합금강으로 구별한다. 구조용 합금강은 크롬강, 니켈강, 망간강, 니켈-크롬강, 크롬－몰리브덴강 등이 있으며, 특수용 합금강은 베어링강, 자석강, 내식강, 내열강 등이 있다. 합금강은 값이 비싸며 토목용 재료로서는 그 사용이 특수한 분야인 철도레일, 강널말뚝, 봉강, PSC 강재 등에 한정된다.

2) 형상 및 용도에 의한 분류

강은 형상에 따라 조강, 강판, 3 mm 미만의 얇은 판 및 강관으로 구분되며, 가공법에 따라서는 단조, 주조, 압연, 열간압출, 냉간인발, 열처리, 용접 등으로 분류할 수 있다. 그리고 용도에 따라 구조용 강과 공구강으로 분류되며, 구조용 강재에는 일반구조용 압연 강재, 용접구조용 압연 강재, 철근콘크리트용 봉강, 용접구조용 내후성 열간압연강재, 탄소강 주강품 등으로 구분된다.

3) 강의 제조법

고로에 철광석을 넣고 코크스를 태워서 철광석중의 산소를 제거하고 용해시켜 선철로 만드는 공정이지만 철광석을 사전 처리하는 소결이나 코크스를 만드는 과정도 포함하여 넓은 의미의 제선(製銑)이라 한다. 그리고 선철은 탄소함유량이 많아 너무 단단하기 때문에 이것을 용해상태에서 정련하여 탄소량을 낮추고, 동시에 불순물을 산화 또는 고로 슬래그로 하여 표면에 떠오르게 하는데, 이것을 제강(製鋼)이라고 한다. 이와 같은 제강공정을 거치면 점착성과 충분한 신장성을 가져 단조, 압연이 가능한 강을 얻을 수 있다.제강로에는 평로, 전로, 전기로 등이 있으며, 보통강의 제조에는 평로나 전로가 사용되지만, 현재는 과거에 많이 사용되었던 평로는 거의 사용되지 않고 전로와 전기로가 주로 이용되고 있으며, 약 70% 정도가 전로에 의해 생산되고 있다.

(1) **평로 제강법**(open-hearth furnace process)

좌우 대칭으로 축열실을 가진 평로에 선철, 철 부스러기 등을 넣고 연료 가스와 공기를 노 내에 보내어 가열 용해하여 제강하는 방법으로, 1950년대 이전에는 대부분 이 방법으로 강철을 생산하였다. 최근에는 LD전로의 보급으로 평로 사용이 많이 줄어들었다. 평로 제강법의 특징은 선철과 고철의 비율을 대폭적으로 변화시킬 수 있고, 제강 원료 수입의 어려움과 가격 등의 사정에 대해 적응성이 높다는 점, 불순물의 제거도 비교적 쉬워 생산 원가가 싸다는 점, 탄소강에서 저합금강에 이르는 광범위한 강의 생산에 적합하다는 점 등이다.

(2) **전로 제강법**(converter process)

선철에서 강을 제조하는 방법의 하나로서 제강로로 전로를 사용하는 방법으로 회전 장치가 있어 회전할 수 있는 전로에 용융상태의 선철을 넣고 산소를 주입하여 선철 중의 C, Si, 기타 불순물을 산화 제거하는 제강법으로 제강시간은 약 20분 정도이며 산화 시 발생하는 열을 이용하므로 연료가 필요하지 않는 이점이 있다. 그리고 용융된 선철로부터 강의 대량생산을 위해 비용이 가장 적게 드는 제강법이다.

(3) **전기로 제강법**(electric furnace process)

전류의 열효과를 이용하여 고온을 발생시키는 전기로에 선철, 철 부스러기 등을 넣어 제강하는 방법이다. 강의 내부 불순물이 적고 성분의 조절이 쉽기 때문에 특수강이나 주강의 제조는 전기로에 의한 것이 대부분이며, 보통강의 제조에도 많이 사용되고 있다.

(4) **도가니 제강법**(crucible process)

양질의 강을 얻기 위해 점토나 흑연으로 만든 도가니에 순철과 저탄소강을 넣어 공구강이나 특수강 등을 제강하는 방법으로 다른 제강법과 같은 화학 반응으로 정련할 수는 없으며, 원료에는 불순물이 아주 작은 것을 이용한다. 축열실을 갖는 도가니 노에서 가열 용융하여 철 중의 기포, 슬래그 등을 부유 제거시킨 후 도가니를 꺼내어 강괴로 주조한다. 장입한 후 철강이 나올 때까지의 시간은 약 4시간이다. 전기 제강법이 발달한 뒤에는 경제성 문제로 점차로 쇠퇴하고 있다.

4) 강의 열처리

강을 가열하거나 냉각시킴에 따라 역학적 성질을 변화시키거나 가공성을 개선하고, 잔류응력을 제거할 수 있다. 이러한 조작으로 강을 용도 및 목적에 맞는 성질로 변화시킬 수 있는데 이러한 조작을 열처리라 하며, 불림, 풀림, 담금질, 뜨임으로 구분한다.

(1) **풀림**(annealing)

적당한 온도(800～1,000℃)로 가열한 후 노 안에서 천천히 냉각시키는 열처리법으로, 강의 가공으로 인한 내부응력을 제거시키고 강을 연화시키기 위해 실시하며, 목적에 따라 완전풀림과 변형풀림으로 구분한다.

(2) **불림**(normalizing)

A_3 (910℃) 또는 A_{cm} 변태점 이상의 적당한 온도로 가열한 후 대기 중에서 냉각시키는 열처리법으로, 강의 조직을 미세화하고 균일하게 하며 강의 내부변형과 응력을 제거하기 위해 실시한다.

(3) **담금질**(quenching)

강을 높은 온도로 가열한 후에 물 또는 기름 속에서 급랭시키는 열처리법으로, 강의 강도, 경도가 증가하며, 담금질할 때 가열온도가 너무 높으면 취성이 커진다. 담금질 온도의 범위는 탄소 함유량이 증가함에 따라 온도가 낮아지며, 담금질의 효과는 탄소함유량이 증가함에 따라 인장강도 및 경도는 증가하며, 신장률 및 단면수축률은 감소한다.

(4) **뜨임**(tempering)

담금질한 강을 담금질 온도보다 낮은 온도로 다시 가열하여 서서히 냉각시키는 열 처리법으로, 인성, 충격에 대한 저항성이 커지며, 경도와 강도는 감소한다.

5) 강의 성형 가공

용강의 대부분은 주형에 부어 강괴를 만들어 고온에서 소성을 이용한 압연, 인발, 압축, 단조 등의 가공방법으로 강판, 형강, 봉강 등을 제조한다.

(1) **압연 가공**

압연(rolling)은 강괴 또는 강편과 같은 소재를 회전하는 2개의 롤 사이에 끼우고 롤의 간격을 점차 좁히면서 연속적인 힘을 가하여 늘리거나 얇게 성형하는 소성가공법이다. 압연가공은 열간 압연(hot rolling)과 냉간 압연(cold rolling) 가공법으로 구분된다. 열간 압연은 금속재료를 재결정온도 이상의 온도에서 하는 압연으로, 일반적으로 압연가공에서는 가급적 열간압연으로 큰 압감을 한 후, 냉간압연으로 다듬는 방법으로, 강괴를 가열하여 롤러로 압연시켜 여러 가지 모양의 강재로 만드는 공정이다. 그리고 냉간 압연은 재결정 온도 이하로 회전하는 2개의 롤 사이에 재료를 통과시켜 성형하는 가공법으로, 냉간 압연강은 인장강도, 항복점, 경도가 커지고 비중, 신장률이 작아진다.

(2) 인발 가공

인발(drawing)은 약간 굵은 원재료를 특수강으로 만든 고정된 다이스(dies)의 뚫린 구멍에 봉상의 재료를 넣고 반대쪽으로 나온 부분을 잡아 당겨 재료의 단면을 축소시켜 선재, 봉재, 관재 등을 만드는 가공법이다.

(3) 압출 가공

압출(extruding)은 고온에서 압연가공이 곤란한 구리, 알루미늄, 주석, 납 등의 합금인 형재 또는 관을 만들 때, 재료를 고온으로 가열해서 다이스의 구멍으로 밀어내어 만드는 가공법이다.

(4) 단조 가공

강괴 또는 강편을 고온으로 가열해서 기계 해머나 수압기로 압축 가공하여 소정의 모양으로 성형하는 가공법으로, 그 제품을 단조품이라 하며, 재질이 치밀하고 단단하다. 단조의 목적은 형을 만드는 것, 성장한 결정입자를 파괴해서 인성을 부여하는 것으로 재료의 낭비를 없애고 양질의 기계적 성질을 만들어내기 위한 것이다.

6) 강의 기계적 성질

(1) 인장강도 및 응력-변형률 곡선

강의 응력-변형률 곡선은 철의 강도와 시험온도에 따라 다르며, 고강도강이나 조질강(heat treated steel)에서는 항복점이 명확하게 구분되지 않는다. 그리고 강의 변형 능력 특성은 신장률로 평가하며, 신장률은 강 시험편에 일정한 간격의 표점을 찍고 시험편이 파단한 후에 표점거리의 변화와 원래의 표점거리와의 비로 구한다. 강은 상온보다 낮은 온도에서는 온도가 내려감에 따라 인장강도, 항복점, 피로한도 등이 증가하지만 신장률 및 충격값은 감소한다.

(2) 피로강도

강 구조물의 파손원인은 대부분 강 재료의 피로현상 때문으로 강의 피로강도는 설계상 매우 중요한 요인이 된다. 피로현상은 정적강도보다 상당히 작은 외력의 계속적인 반복 작용에 의해 균열이 발생하여 진전하는 현상으로 강의 피로강도는 정적강도와 비교하여 상당히 작다. 피로강도는 하중의 반복횟수, 응력범주, 응력변동 범위, 반복하중의 응력진폭이 일정한 경우와 변화하는 경우에 따라 피로강도는 변한다.

(3) 충격강도

강재의 충격강도는 샤르피(charpy) 충격시험이 주로 사용되며, 충격강도는 시험편을 파괴하는데 요하는 에너지 또는 충격값(impact value)인 그 에너지를 절단면부의 원래의 단면적으로 나눈 값으로 나타낸다.

(4) 부식성

강재는 산화화합물을 환원·제련하여 제조되기 때문에 자연계 속에서는 불안정한 상태로 존재하므로 산소 및 물과 결합하여 안정한 상태인 발청의 상태로 돌아가고자 하는 현상이 있는데 이것을 부식이라고 한다. 습도, 온도, 강우량, 일조, 오염물질 등의 영향도에 의해 부식속도가 결정되며, 녹은 물과 산소의 존재에 의해 발생하므로 습도는 부식의 직접적 요인으로 그 영향도가 크다.

(5) 내화성

탄소강의 강도는 200~300℃에서 상온의 강도보다는 다소 증가하지만 500℃에서는 연화하여 상온의 약 1/2의 강도가 되고, 600℃에서는 약 1/3, 1000℃에서는 강도를 모두 잃으며, 1400~1500℃에서는 완전히 용해한다.

7) 철강제품

(1) 구조용 강재

① 일반구조용 압연강재

일반구조용 압연강재는 SS로 표시되고 가장 많이 사용되고 있는 강종으로 대부분의 기계 및 구조물의 보조재로서 강판, 평강, 봉강 및 형강 등으로 사용되고 있으며, 350℃까지의 온도범위에서 사용할 수 있다.용접성에 있어서 SS275 (SS400)는 판 두께가 50 mm를 초과하지 않는 한 거의 문제가 되지 않으며, SS315 (SS490) 및 SS410 (SS540)은 용접하지 않는 곳에 사용된다. 판 두께가 50 mm 이상인 경우 용접이 필요할 때는 SS275 (SS400)를 사용해서는 안 되며, 용접구조용 압연강재를 사용한다. 일반 구조용 압연강재는 탄소 함유량이 적어서 열처리(담금질과 템퍼링)가 되지 않아 그대로 사용하며, 연강이라고 불리기도 한다. 일반구조용 압연강재의 종류 및 용도, 화학성분은 표 7.2~7.3과 같다.

표 7.2 일반구조용 압연강재의 종류 및 용도(KS D 3503)

<table>
<tr><th>종류의 기호(종래기호)</th><th>적 용</th></tr>
<tr><td>SS235 (SS330)</td><td>강판, 강대, 평강 및 봉강</td></tr>
<tr><td>SS275 (SS400)</td><td>강판, 강대, 형강, 평강 및 봉강</td></tr>
<tr><td>SS315 (SS490)</td><td>강판, 강대, 형강, 평강 및 봉강</td></tr>
<tr><td>SS410 (SS540)</td><td rowspan="2">두께 40 mm 이하의 강판, 강대, 형강, 평강 및 지름, 변 또는 맞변거리 40 mm 이하의 봉강</td></tr>
<tr><td>SS450 (SS590)</td></tr>
<tr><td>SS550</td><td>두께 40 mm 이하의 강판, 강대, 평강</td></tr>
</table>

표 7.3 일반구조용 압연강재의 화학성분(KS D 3503)

종류의 기호	C	Si	Mn	P	S
SS235 (SS330)	0.25 이하	0.45 이하	1.40 이하	0.050 이하	0.050 이하
SS275 (SS400)	0.25 이하	0.45 이하	1.40 이하	0.050 이하	0.050 이하
SS315 (SS490)	0.28 이하	0.50 이하	1.50 이하	0.050 이하	0.050 이하
SS410 (SS540)	0.30 이하	0.55 이하	1.60 이하	0.040 이하	0.040 이하
SS450 (SS590)	0.30 이하	0.55 이하	1.60 이하	0.040 이하	0.040 이하
SS550	0.30 이하	0.55 이하	1.80 이하	0.040 이하	0.040 이하

② 용접구조용 압연강재(KS D 3515)

용접구조용 압연강재는 SM으로 표시되고 A, B, C, D의 순으로 용접성이 좋아지며, 탄소(C), 규소(Si) 및 망간(Mn) 함유량을 규정하고 있다. 용접구조용 압연강재 중에서 B 및 C종은 충격시험에 의한 저온인성을 보증하고 있어서 취성파괴를 일으킬 염려가 없으나, SM355 (SM490) 이상에서는 용접 시 충분한 주의와 적당한 열처리가 필요하다. 용접구조용 압연강재의 종류 및 용도, 화학성분은 표 7.4~7.6과 같다.

표 7.4 용접구조용 압연강재의 종류(KS D 3515)

종류의 기호	적용 두께
SM275A (SM400A) SM275B (SM400B) SM275C (SM400C) SM275D	강판, 강대, 형강 및 평강 200 mm 이하
SM355A (SM490A) SM355B (SM490B) SM355C (SM490C) SM355D	강판, 강대, 형강 및 평강 200 mm 이하
SM420A SM420B (SM520B) SM420C (SM520C) SM420D	강판, 강대, 형강 및 평강 200 mm 이하
SM460B (SM570) SM460C	강판, 강대 및 평강 100 mm 이하

표 7.5 용접구조용 압연강재의 탄소 당량(KS D 3515)

종류의 기호	탄소 당량(%)		
	두께 50 mm 이하	두께 50 mm 초과 100 mm 이하	두께 100 mm를 초과하는 것
SM275 A, B, C, D	0.42 이하	0.44 이하	주문자와 제조자 사이의 협정에 따른다.
SM355 A, B, C, D	0.47 이하	0.49 이하	
SM420 A, B, C, D	0.48 이하	0.50 이하	
SM460 B, C	0.49 이하	0.51 이하	

표 7.6 용접구조용 압연강재의 화학성분(KS D 3515)

종류의 기호	C		Si	Mn	P	S
	50 mm 이하	50 mm 초과				
SM275A (SM400A)	0.23 이하	0.25 이하	–	2.5×C 이상	0.035 이하	0.035 이하
SM275B (SM400B)	0.20 이하	0.22 이하	0.35 이하	0.50~1.40	0.030 이하	0.030 이하
SM275C (SM400C)	0.18 이하	0.20 이하	0.35 이하	1.40 이하	0.025 이하	0.025 이하
SM275D	0.18 이하	0.20 이하	0.35 이하	1.40 이하	0.020 이하	0.020 이하
SM355A (SM490A)	0.20 이하	0.22 이하	0.55 이하	1.60 이하	0.035 이하	0.035 이하
SM355B (SM490B)	0.18 이하	0.20 이하	0.55 이하	1.60 이하	0.030 이하	0.030 이하
SM355C (SM490C)	0.18 이하	0.20 이하	0.55 이하	1.60 이하	0.025 이하	0.025 이하
SM355D	0.18 이하	0.20 이하	0.55 이하	1.60 이하	0.020 이하	0.020 이하
SM420A	0.20 이하	0.22 이하	0.55 이하	1.60 이하	0.035 이하	0.035 이하
SM420B (SM520B)	0.20 이하	0.22 이하	0.55 이하	1.60 이하	0.030 이하	0.030 이하
SM420C (SM520C)	0.18 이하	0.20 이하	0.55 이하	1.60 이하	0.025 이하	0.025 이하
SM420D	0.18 이하	0.20 이하	0.55 이하	1.60 이하	0.020 이하	0.020 이하
SM460B (SM570)	0.18 이하	0.20 이하	0.55 이하	1.70 이하	0.030 이하	0.030 이하
SM460C	0.18 이하	0.20 이하	0.55 이하	1.70 이하	–	–

③ 용접구조용 내후성 열간 압연 강재

강재의 부식을 방지하기 위해 일반강에 인(P), 동(Cu), 크롬(Cr), 니켈(Ni) 등의 내식성에 우수한 원소를 소량 첨가한 저합금강으로서, 스테인리스 등의 고합금강에 비해서는 떨어지지만 일반강에 비해서는 4~8배의 내식성을 갖고 있는 강재이다. 내후성강이 대기에 노출되면 초기에는 일반강과 유사하게 녹이 발생하지만 시간이 경과함에 따라 녹의 일부가 서서히 모재에 밀착하게 되는 녹층을 형성한다. 이 녹층이 외부 대기에 대한 보호막이 되어 도장과 같은 역할을 하게 되어, 더 이상의 부식 진행을 억제하는 것이다. 내후성강은 시간이 경과함에 따라 색상변화를 보인다. 대기 노출 초기단계인 1~2년 동안에 일반강과 동일하게 부식이 진행되면서 황색에서 적색으로 변화하며, 녹 형성 단계인 3~4년이 경과하면 부식 산화층 내부에서 크롬, 구리, 니켈 등의 작용으로 안정 산화층이 형성된다. 그리고 5~10년이 경과하면 첨가 원소들의 영향으로 치밀하고 안정된 암갈색의 산화

피막층을 형성하며 이후의 부식 진행은 거의 이루어지지 않는다. 내후성 강재의 종류별 특성과 화학성분은 표 7.7~7.9와 같다.

표 7.7 내후성 강재의 종류별 특성

종류 및 규격		규격	특징	적용
용접구조용 내후성 열간압연 강재 (KS D 3529)	도장용 내후성강	SMA 000AP SMA 000BP SMA 000CP	• 내후성강으로 도장하여 사용 • 일반강에 비해 재도장주기 1.5~2배 연장 • 해안지역에서 사용 유리 • 미관이 중요한 경우 사용 가능	• 열악한 환경에 사용(해안지역) • 교량, 조명타워 • 해상용컨테이너 • 콘크리트 믹서
	무도장 내후성강	SMA 000AW	비교적 경제적이고 외관도 우수함	조기에 균등한 외관이 필요한 곳
		SMA 000BW	가장 경제적이지만 흑피박리에 시간이 필요	초기 외관이 중요하지 않는 지역
		SMA 000CW	외관은 도장한 것과 동일하고 도장용 내후성강에 비해 경제적	외관이 중요한 지역
고내후성 압연강재 (KS D 3542)		SPA-H SPA-C	내후성이 가장 우수한 강재로서 건축외장재, 도로시설재, 컨테이너 철도차량 등과 같은 경량구조재로 사용	

표 7.8 내후성 강재의 종류 (KS D 3529)

종류			종류의 기호	적용 두께
SMA275	A	W	SMA275AW (SMA400AW)	내후성을 갖는 강판, 강대, 형강 및 평강 200 mm 이하
		P	SMA275AP (SMA400AP)	
	B	W	SMA275BW (SMA400BW)	
		P	SMA275BP (SMA400BP)	
	C	W	SMA275CW (SMA400CW)	내후성을 갖는 강판, 강대 및 형강 100 mm 이하
		P	SMA275CP (SMA400CP)	
SMA355	A	W	SMA355AW (SMA490AW)	내후성이 우수한 강판, 강대, 형강 및 평강 200 mm 이하
		P	SMA355AP (SMA490AP)	
	B	W	SMA355BW (SMA490BW)	
		P	SMA355BP (SMA490BP)	
	C	W	SMA355CW (SMA490CW)	내후성이 우수한 강판, 강대 및 형강 100 mm 이하
		P	SMA355CP (SMA490CP)	
SMA460		W	SMA460W (SMA570W)	내후성이 우수한 강판, 강대 및 형강 100 mm 이하
		P	SMA460P (SMA570P)	

(비고) W : 압연한 그대로 또는 녹 안정화 처리를 하여 사용
P : 도장하여 사용

표 7.9 내후성 강재의 화학성분(KS D 3529)

종류의 기호		화학 성분 (%)							
		C	Si	Mn	P	S	Cu	Cr	Ni
SMA275 (SMA400) A, B, C	W	0.18 이하	0.15~0.65	1.25 이하	0.035 이하	0.035 이하	0.30~0.50	0.45~0.75	0.05~0.30
	P	0.18 이하	0.55 이하	1.25 이하	0.035 이하	0.035 이하	0.20~0.35	0.30~0.55	-
SMA355 (SMA490) A, B, C	W	0.18 이하	0.15~0.65	1.40 이하	0.035 이하	0.035 이하	0.30~0.50	0.45~0.75	0.05~0.30
	P	0.18 이하	0.55 이하	1.40 이하	0.035 이하	0.035 이하	0.20~0.35	0.30~0.55	-
SMA460 (SMA570)	W	0.18 이하	0.15~0.65	1.40 이하	0.035 이하	0.035 이하	0.30~0.50	0.45~0.75	0.05~0.30
	P	0.18 이하	0.55 이하	1.40 이하	0.035 이하	0.035 이하	0.20~0.35	0.30~0.55	-

(2) 콘크리트 구조용 강재

① 철근

콘크리트를 보강할 목적으로 콘크리트 속에 묻어 넣은 강재를 철근이라 하며, 주로 봉강이 사용된다. 철근은 연성이 커서 가공하기 쉬우며, 콘크리트와 부착성이 좋고, 강도 및 항복점이 높다. 철근은 표면의 요철 유무에 따라 원형철근(round bar)과 이형철근(deformed bar)으로 구분되며, 그림 7-1은 이형철근의 형상이며, 철근콘크리트용 봉강의 종류 및 화학특성, 기계적 성질, 공칭치수는 표 7.10~7.13과 같다.

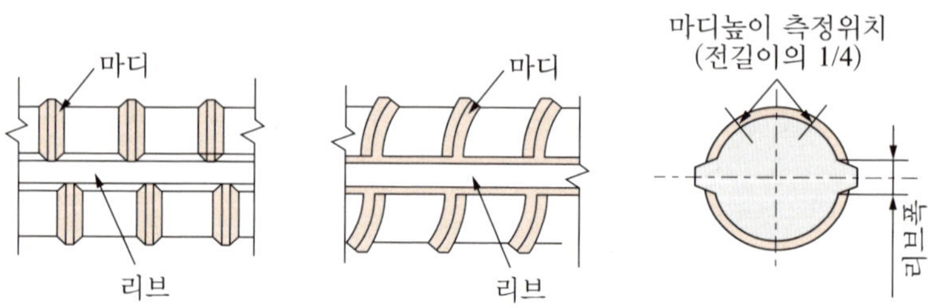

그림 7-1
이형철근의 형상

표 7.10 철근 콘크리트용 봉강의 종류(KS D 3504)

종류	기호	용도
이형 봉강	SD300 SD400 SD500 SD600 SD700	일반용
	SD400 W SD500 W	용접용
	SD400 S SD500 S SD600 S	특수내진용

표 7.11 철근 콘크리트용 봉강의 화학성분(KS D 3504)

종류의 기호	화학 성분(%)							
	C	Si	Mn	P	S	Cu	N	Ceq
SD300				0.050 이하	0.050 이하			
SD400				0.045 이하	0.045 이하			
SD500				0.040 이하	0.040 이하			
SD600				0.040 이하	0.040 이하			0.63 이하
SD700				0.040 이하	0.040 이하			0.63 이하
SD400 W SD500 W	0.22 이하	0.60 이하	1.60 이하	0.040 이하	0.040 이하		0.012 이하	0.50 이하
SD400 S	0.29 이하	0.30 이하	1.50 이하	0.040 이하	0.040 이하	0.20 이상		0.55 이하
SD500 S	0.32 이하	0.30 이하	1.80 이하	0.040 이하	0.040 이하	0.20 이상		0.60 이하
SD600 S	0.37 이하	0.30 이하	1.80 이하	0.040 이하	0.040 이하	0.20 이상		0.67 이하

표 7.12 철근 콘크리트용 봉강의 기계적 성질(KS D 3504)

종류의 기호	항복 강도(N/mm^2)	인장 강도(N/mm^2)	연신율
SD300	300~420	항복강도의 1.15배 이상	16 이상 18 이상
SD400	400~520	항복강도의 1.15배 이상	16 이상 18 이상
SD500	500~650	항복강도의 1.08배 이상	12 이상 14 이상
SD600	600~780	항복강도의 1.08배 이상	10 이상 10 이상
SD700	700~910	항복강도의 1.08배 이상	10 이상 10 이상
SD400 W	400~520	항복강도의 1.15배 이상	16 이상 18 이상
SD500 W	500~650	항복강도의 1.15배 이상	12 이상 14 이상
SD400 S	400~520	항복강도의 1.25배 이상	16 이상 18 이상
SD500 S	500~620	항복강도의 1.25배 이상	12 이상 14 이상
SD600 S	600~720	항복강도의 1.25배 이상	10 이상 10 이상

표 7.13 철근 콘크리트용 봉강의 공칭치수(KS D 3504)

호칭	공칭지름 (mm)	공칭단면적 (cm^2)	공칭둘레 (cm)	단위무게 (kg/m)
D6	6.35	0.3167	2.0	0.249
D 10	9.53	0.7133	3.0	0.560
D 13	12.7	1.267	4.0	0.995
D 16	15.9	1.986	5.0	1.56
D 19	19.1	2.865	6.0	2.25
D 22	22.2	3.871	7.0	3.04
D 25	25.4	5.067	8.0	3.98
D 29	28.6	6.424	9.0	5.04
D 32	31.8	7.942	10.0	6.23
D 35	34.9	9.566	11.0	7.51
D 38	38.1	11.40	12.0	8.95
D 41	41.3	13.40	13.0	10.50
D 51	50.8	20.27	16.0	15.90

② 프리스트레스트 콘크리트용 강재

프리스트레스트 콘크리트는 PC 강선, 강연선, 케이블, 강봉 등이 사용되며, 높은 강도와 작은 릴랙세이션(relaxation) 등의 특성이 요구되어, 고탄소강 및 고강도 합금강이 주로 사용된다.

㉠ PC 강선 및 PC 강연선

PC 강선은 선재로부터 패턴팅(patenting)한 후 냉간 가공하고 마지막 공정에서 잔류 변형을 제거하기 위하여 블루잉(bluing)한 선이며, PC 강연선(steel strand 또는 stranded cable)은 2개의 소선(素線)을 꽈배기 모양(S연)으로 꼰 2연선(2 strand)과 한 개의 둘레에 6개의 소선을 S연으로 꼬아 만든 7연선(7 strand)이 많이 사용되고 있다.7연선의 중심에 두는 소선을 심선(心線) 둘레에 두는 6개의 소선을 측선(側線)이라고 하며, 심선은 측선보다 지름이 약간 큰 것을 사용한다. 그 밖에 3연선, 19연선 등도 있다. 표 7.14~7.16은 KS D 7002에 규정된 PC 강선 및 PC 강연선의 종류 및 단면, PC 강선 및 강연선의 호칭과 기계적 성질을 나타낸 것이다.

표 7.14 PC 강선 및 PC 강연선의 종류(KS D 7002)

종류			기호	단면
PC 강선	원형선	A종	SWPC1AN, SWPC1AL	
		B종	SWPC1BN, SWPC1BL	
	이형선		SWPD1N, SWPD1L	
PC 강연선	2연선		SWPC2N, SWPC2L	
	이형 3연선		SWPD3N, SWPD3L	
	7연선	A종	SWPC7AN, SWPC7AL	
		B종	SWPC7BN, SWPC7BL	
		C종	SWPC7CL	
		D종	SWPC7DL	
	19연선		SWPC19N, SWPC19L	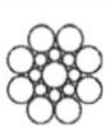 

표 7.15 PC 강선 및 PC 강연선의 호칭(KS D 7002)

기호	호 칭
SWPC1AN	(2.9 mm) (3.5 mm) (4 mm) (4.5 mm) 5 mm (6 mm)
SWPC1AL	7 mm 8 mm 9 mm
SWPC1BN	
SWPC1BL	
SWPD1N	
SWPD1L	
SWPC2N	2.9 mm 2연선
SWPC2L	
SWPD3N	2.9 mm 3연선
SWPD3L	
SWPC7AN	(7연선 6.2 mm) (7연선 7.9 mm) 7연선 9.3 mm
SWPC7AL	7연선 10.8 mm 7연선 12.4 mm 7연선 15.2 mm
SWPC7BN	7연선 9.5 mm 7연선 11.1 mm 7연선 12.7 mm 7연선 15.2 mm
SWPC7BL	
SWPC7CL	7연선 12.7 mm 7연선 15.2 mm
SWPC7DL	7연선 12.7 mm 7연선 15.2 mm
SWPC19N	19연선 17.8 mm 19연선 19.3 mm
SWPC19L	19연선 20.3 mm 19연선 21.8 mm 19연선 28.6 mm

표 7.16 PC 강선 및 PC 강연선의 기계적 성질(KS D 7002)

기호	호칭	0.2% 영구 연신율에 대한 하중(kN)	인장 하중 (kN)	연신율 (%)	릴랙세이션 값(%)	
					N	L
SWPC1AN	(2.9 mm)	11.3 이상	12.7 이상	3.5 이상	8.0 이하	2.5 이하
SWPC1AL	(3.5 mm)	14.2 이상	16.2 이상	3.5 이상	8.0 이하	2.5 이하
SWPD1N	(4 mm)	18.6 이상	21.1 이상	3.5 이상	8.0 이하	2.5 이하
SWPD1L	(4.5 mm)	22.6 이상	25.5 이상	4.0 이상	8.0 이하	2.5 이하
	5 mm	27.9 이상	31.9 이상	4.0 이상	8.0 이하	2.5 이하
	(6 mm)	38.7 이상	44.1 이상	4.0 이상	8.0 이하	2.5 이하
	7 mm	51.0 이상	58.3 이상	4.5 이상	8.0 이하	2.5 이하
	8 mm	64.2 이상	74.0 이상	4.5 이상	8.0 이하	2.5 이하

	9 mm	78.0 이상	90.2 이상	4.5 이상	8.0 이하	2.5 이하
SWPC1BN	5 mm	29.9 이상	33.8 이상	4.0 이상	8.0 이하	2.5 이하
SWPC1BL	7 mm	54.9 이상	62.3 이상	4.5 이상	8.0 이하	2.5 이하
	8 mm	69.1 이상	78.9 이상	4.5 이상	8.0 이하	2.5 이하
SWPC2N	2.9 mm 2연선	22.6 이상	25.5 이상	3.5 이상	8.0 이하	2.5 이하
SWPC2L	–	–	–	–	–	
SWPD3N	2.9 mm 3연선	33.8 이상	38.2 이상	3.5 이상	8.0 이하	2.5 이하
SWPD3L	–		–	–	–	–
SWPC7AN	(7연선 6.2 mm)	33.8 이상	40.2 이상	3.5 이상	8.0 이하	2.5 이하
SWPC7AL	(7연선 7.9 mm)	54.9 이상	64.7 이상	3.5 이상	8.0 이하	2.5 이하
	7연선 9.3 mm	75.5 이상	88.8 이상	3.5 이상	8.0 이하	2.5 이하
	7연선 10.8 mm	102 이상	120 이상	3.5 이상	8.0 이하	2.5 이하
	7연선 12.4 mm	136 이상	160 이상	3.5 이상	8.0 이하	2.5 이하
	7연선 15.2 mm	204 이상	240 이상	3.5 이상	8.0 이하	2.5 이하
SWPC7BN	7연선 9.5 mm	86.8 이상	102 이상	3.5 이상	8.0 이하	2.5 이하
SWPC7BL	7연선 11.1 mm	118 이상	138 이상	3.5 이상	8.0 이하	2.5 이하
	7연선 12.7 mm	156 이상	183 이상	3.5 이상	8.0 이하	2.5 이하
	7연선 15.2 mm	222 이상	261 이상	3.5 이상	8.0 이하	2.5 이하
SWPC7CL	7연선 12.7 mm	182 이상	214 이상	3.5 이상	–	2.5 이하
	7연선 15.2 mm	255 이상	300 이상	3.5 이상	–	2.5 이하
SWPC7DL	7연선 12.7 mm	202 이상	237 이상	3.5 이상	–	2.5 이하
	7연선 15.2 mm	283 이상	333 이상	3.5 이상	–	2.5 이하
SWPC19N	19연선 18.8 mm	330 이상	387 이상	3.5 이상	8.0 이하	2.5 이하
SWPC19L	19연선 19.3 mm	387 이상	451 이상	3.5 이상	8.0 이하	2.5 이하
	19연선 20.3 mm	422 이상	495 이상	3.5 이상	8.0 이하	2.5 이하
	19연선 21.8 mm	495 이상	573 이상	3.5 이상	8.0 이하	2.5 이하
	19연선 28.6 mm	807 이상	949 이상	3.5 이상	8.0 이하	2.5 이하

㉡ PC 강봉

PC 강봉은 지름이 9.2~40 mm 정도이고, 주로 포스트텐션 방식에 쓰인다. PC 강봉은 PC 강선이나 PC 강연선보다 강도는 떨어지지만, 끝부분을 제두가공(製頭加工)하거나 나사전조(螺絲轉造)를 함으로써 쉽게 정착시킬 수 있는 장점이 있고, 또 PC 강선이나 PC 강연선보다 릴랙세이션이 작은 이점이 있다. 표 7.17~7.19는 PC 강봉의 종류 및 기호, PC 강봉의 명칭과 기계적 성질을 나타낸 것이다.

표 7.17 PC 강봉의 종류(KS D 3505)

종 류			기호
원형 봉강	A종	2호	SBPR 785 / 1030
	B종	1호	SBPR 930 / 1080
	B종	2호	SBPR 930 / 1180
	C종	1호	SBPR 1080 / 1230
이형 봉강	B종	1호	SBPD 930 / 1080
	C종	1호	SBPD 1080 / 1230
	D종	1호	SBPD 1275 / 1420

표 7.18 PC 강봉의 호칭(KS D 3505)

종류	호 칭 명						
원형봉강	9.2 mm	11 mm	13 mm	(15 mm)	17 mm	(19 mm)	(21 mm)
	23 mm	26 mm	(29 mm)	32 mm	36 mm	40 mm	
이형봉강	7.4 mm	9.2 mm	11 mm	13 mm			

표 7.19 PC 강봉의 기계적 성질 (KS D 3505)

기 호	0.2% 항복강도 (N/mm2)	인장강도 (N/mm2)	연신율 (%)	릴랙세이션 값 (%)
SBPR 785/1030	785 이상	1030 이상	5 이상	4.0 이하
SBPR 930/1080	930 이상	1080 이상	5 이상	4.0 이하
SBPR 930/1180	930 이상	1180 이상	5 이상	4.0 이하
SBPR 1080/1230	1080 이상	1230 이상	5 이상	4.0 이하
SBPD 930/1080	930 이상	1080 이상	5 이상	1.5 이하
SBPD 1080/1230	1080 이상	1230 이상	5 이상	1.5 이하
SBPD 1275/1420	1275 이상	1420 이상	5 이상	1.5 이하

표 7.20 와이어로프의 구조 및 단면

<table>
<tr><th>구 조</th><th colspan="2">단면</th></tr>
<tr><td rowspan="4">
</td><td>소선</td><td></td></tr>
<tr><td>스트랜드</td><td></td></tr>
<tr><td>심</td><td></td></tr>
<tr><td>로프</td><td></td></tr>
</table>

ⓒ 와이어로프(wire rope)

와이어로프는 표 7.20과 같이 소선(wire)과 심선(steel core), 스트랜드(strand), 심(core)으로 구성되어 있다. 소선은 로프를 구성하는 1가닥의 선이고, 심선은 스트랜드를 구성하는 가장 중심의 소선이다. 스트랜드는 심선과 소선의 조합으로 로프의 중간단계로 종류에 따라 3~8개 정도로 이루어지며 각각의 재료와 개수에 따라 활용 용도가 달라진다. 심은 로프의 중심에는 반드시 형태를 유지할 수 있는 심이 사용되며, 사용 재질에 따라 크게 섬유심(fiber core)과 철심(steel core)로 구분된다. 와이어로프는 호칭, 구성기호 및 단면에 따라 34종류로 구분하며, 종류 및 특성은 KS D 3514를 따른다.

7.2.4 주철(cast iron)

주철이 강과 다른 점은 탄소 함유량이고, 주철은 탄소(1.7~6.7%)와 철(92~96%)의 합금이며, 탄소와 규소를 기본성분으로 하고, 망간, 인, 유황 등이 포함되어 있다. 주철은 탄소가 화합탄소(Fe_3C), 유리탄소(흑연)이냐에 따라 백주철, 회주철로 분류된다. 주철의 성질은 성분 중의 탄소함유량 및 규소량과 주조 후의 냉각속도에 영향을 받기 때문에, 동일 성분을 갖고 있어도 냉각속도에 따른 차이로 인해 백주철, 회주철로 구분되며 일반적으로 주철은 회주철을 말한다. 철은 강보다 용융점이 낮아서 복잡한 형태의 것이라도 주조하기 쉬우나 단조성이 없는 것이 결점이 있는 반면에, 주철은 취성을 가지기 때문에 단련을 할 수 없으나 성형이 쉬워 주물로 널리 사용되고 있다. 주철은 건설 분야에서 교량의 경우에는 베어링 슈(bearing shoe)나 배수공, 신축이음 등에 사용되며, 건설자재로 수도관 등에 사용되고 있다.

1) 백주철(white cast iron)

주철을 급격히 냉각시킨 것으로 은백색을 띠고 매우 단단하여 절단 등의 가공이 곤란하다. 조직 내에 시멘타이트(Fe_3C) 입자가 존재함으로 해서 마모 특성이 우수하여 밀용(mill) 볼과 같은 극도로 마모되는 곳에 사용되며, 가단주철(malleable cast iron)의 제조를 위한 원재료로도 사용된다.

2) 회주철(gray cast iron)

주철을 천천히 냉각시킨 것으로 파단면이 회색을 띠며 재질은 비교적 연하고 강도가 작다. 흑연이 편상으로 석출되어 있는 주철, 편상 흑연주철, 회주철이라고도 한다. 보통 주철이라고도 불리며, 어느 정도의 기계적 강도를 지님과 동시에 내식성, 내마모성, 진동 흡수 능력 등이 좋으며, 주조성이 뛰어나므로 일용품으로부터 중공업 재료에 이르기까지 용도가 넓다. 그리고 보통 열처리는 하지 않으며, 강도가 낮은 것이 최대 결점이다.

주철은 기계적 성질에 따라 다음과 같이 가단주철, 칠드주철, 구상 흑연주철로 분류한다.

(1) 가단주철(malleable cast iron)

주철을 열처리하여 그 산화작용에 의하여 가단성을 부여한 것으로, 보통 주철보다도 점성이 강하고 충격에 잘 견디는 재질이 얻어지므로 용도가 넓으며 흑심가단주철과 백심가단주철로 구분되며, 흑심가단주철이 탄소량이 상대적으로 더 많다.

(2) 칠드주철(chilled cast iron)

냉각속도를 빠르게 하여 경도를 높인 주철을 칠드주철이라 하며, 보통 주철보다 규소의 양을 적게 하고 망간을 첨가하여 주철을 주입한 후 표면을 급랭시켜 표면은 단단한 백주철, 내부는 회주철의 조직으로 만든 것이다. 칠드주철은 경도, 내마멸성, 내압성이 우수하다.

(3) **구상 흑연주철**(nodular graphite cast iron)

주조한 채로 흑연이 구상으로 되어 있는 주철, 주조할 때 용탕에 마그네슘, 칼슘 등을 첨가하고 조직 속의 흑연을 구상화한 것으로 보통 주철에 비해 강력하고 점성이 강하다. 또한 내열성은 보통 주철보다는 뛰어나고 용접성은 동일하며, 압연용 롤, 철관, 주형 등에 주로 사용된다.

7.3 비철금속

7.3.1 구리 및 구리합금

강도가 강보다 작지만 내식성, 전성, 연성, 가공성, 연전도율 및 전기전도율이 좋으므로 건설재료로 널리 사용되고 있다.

1) 구리(copper)

구리는 휘동광, 황동광, 공작석과 같은 광석을 용광로 및 반사로에서 가열하여 황화구리(Cu_2S)를 만들고, 이 황화구리를 전로에서 정제하여 순도 98~99%의 조동을 얻으며, 이 조동은 전기분해 및 반사로에 의하여 동으로 정제된다. 구리는 특유한 적색 광택을 가진 금속으로 전성, 연성 및 가공성이 뛰어나다. 그리고 열 및 전기의 전도율은 은에 이어 두 번째로 크고 결정은 등축정계이다. 가열하면 어두운 빛깔의 산화제일구리(CuO)가 되고 1,000℃ 이상으로 가열하면 적자색인 산화제이구리(Cu_2O)가 된다. 구리는 다른 금속에 비해 부식 저항성이 크며, 유연하고 전연성이 좋아 가공하기가 쉬우며 아연, 주석, 니켈 등과 합금에 용이하다. 구리의 물리적, 기계적 성질은 표 7.21~7.22와 같다.

표 7.21 구리의 물리적 성질

비중 (20℃)	용융점 (℃)	선팽창계수 (℃)	열전도율 (20℃)	비저항 (20℃)
8.93	1,083	1.409×10^{-5} (−191~16℃) 1.678×10^{-5} (40℃)	0.0919 cal/℃/gr	1.72×10^{-6} Ω · cm

표 7.22 구리의 기계적 성질

제조방법	인장강도 (MPa)	항복점 (MPa)	신장률 (%)	수축률 (%)	영계수 (GPa)
주물	140~200	45~60	25~50	40~70	–
압연제	340~360	–	5	8	121~123
압연 후 풀림	220~250	60	50~60	40~60	–

2) 구리합금

구리합금은 황동, 청동 및 특수황동, 특수청동 등으로 구분한다.

(1) 황동(brass)

구리에 아연을 첨가하여 만든 합금으로 놋쇠라고도 한다. 고체의 구리 속에 아연이 녹아들어가는 약 35%까지의 범위의 것을 α황동이라고 하며, 전연성이 크므로 두들기거나 늘려서 판, 봉, 선, 관 등으로 가공해서 사용한다. 아연의 함량이 많아짐에 따라 경도와 강도가 증가하고, 합금의 색도는 구리의 붉은색에서 황색에 접근해 간다. 아연 40% 전후의 것은 $\alpha+\beta$ 황동이라 하며 주로 주물로 사용된다. 황동은 주조나 가공이 쉽고 내식성이 크고 저렴하다.

(2) 청동(bronze)

청동은 구리와 주석(Sn)을 주성분으로 하며, 황동보다 내마모성 및 내식성이 우수하며, 공업용 청동의 주석 함유량은 15% 이하이다. 건설재료로 가장 많이 사용되는 것은 주석을 10% 정도 포함한 포금(gun metal)으로, 문이나 밸브 등에 사용된다.

(3) 특수황동

특수황동은 황동에 구리와 아연 성분을 제외하고 다른 원소를 첨가한 것으로 납황동(lead brass), 주석황동(tin brass), 고장력황동(high tention brass), 니켈황동(nickel brass) 등이 있다.

(4) 특수청동

특수청동은 인청동(phospher bronze), 알루미늄청동(aluminum bronze), 니켈청동(nickel bronze) 등이 있다.

7.3.2 알루미늄 및 알루미늄 합금

1) 알루미늄(aluminum)

알루미늄은 주성분이 $Al_2O_3 \cdot 2H_2O$인 보크사이트이며 원광석에서 Al_2O_3를 분리시킨 후 전기분해하여 순도를 높인 알루미늄이 정제된다. 알루미늄의 밀도는 약 2.7로 철이나 구리에 비해 약 1/3 정도이며, 전기전도도는 구리의 약 1/2 정도이고, 열전도도는 구리의 약 2/3 정도이다. 알루미늄은 강도가 크지만 영계수가 구리의 약 1/3로 작고, 선팽창계수가 구리의 약 2배 정도로 크다. 또한 알루미늄을 공기 중에 방치하면 금속 표면에 단단하고 강한 산화막을 형성하기 때문에 내식성이 크나 산, 알칼리에 부식하기 쉬운 결점이 있다. 대부분의 묽은 산에서는 서서히 녹고 진한 염산에는 빨리 녹으나 진한 질산에는 잘 녹지 않는다. 이러한 결점은 합금으로 하여 개선시킬 수 있다.알루미늄의 장점은 강의 1/3 수준의 밀도를 가지며, 열전도도 및 전기전도도가 우수하며, 강도 대 중량비인 비강도가 높고 성형성이 우수하고 무독성이다. 표 7.23은 순도가 99.9996%인 알루미늄의 물리적 성질이다.

표 7.23 알루미늄의 물리적 성질

밀도 (20℃)	선팽창계수 (20~100℃)	전기전도도 (Cu 100%)	비열 (100℃)
2.69	24.58×10^{-6}	64.94%	0.2226 cal/g

2) 알루미늄 합금

순도가 높은 알루미늄은 내식성이 우수하나, 기계적 성질이 구조용 재료로는 부족하므로 알루미늄 합금이 발명되게 되었으며, 1900년대 초에 두달루민계 합금이 개발되면서 항공기, 자동차 및 기타 기계부품에 이용되게 되었다. 최근 알루미늄 합금으로는 고력 알루미늄 합금과 내열 알루미늄 합금 등이 있다. 대표적인 고력 알루미늄 합금은 Al-Cu-Mg계 및 Al-Zn-Mg-Cu계 합금인 두랄루민(duralumin)이다. 그리고 내열 알루미늄 합금은 200~250℃의 온도까지 재료의 강도가 거의 저하하지 않는 합금으로 Al-Si-Mg-Cu계 합금과 Al-Cu-Ni-Mg계 합금이 대표적이다. 특히 Al-Cu계에 리듐과 카드뮴을 첨가한 합금은 내열성이 우수하다. 알루미늄 합금을 탄소강과 비교하면 비중이 1/3, 영계수가 1/3이며, 단위중량당 강도가 탄소강의 몇 배에 달하므로 경량이면서 고강도이다.

알루미늄 합금은 가공방법과 열처리 형태에 따라 표 7.24와 같이 분류한다. 가공방법에 따라 단련용 합금(wrought alloy)과 주조용 합금(casting alloy)로 분류하고, 각각 열처리 형태에 따라 열처리를 하는 합금과 열처리를 하지 않는 합금으로 분류된다. 단련용 합금은 압출(extrusion), 압연(rolling), 단조(forging) 등의 가공에 사용되는 합금이며, 주조용 합금은 사형주조(sand casting), 다이캐스팅(die casting) 등에 사용되는 합금이다.

표 7.24 알루미늄 합금의 분류

가공형태	열처리 형태	합금 성분
단련용 합금	비열처리용 합금	순알루미늄(1000계)
		Al-Mn계 합금(3000계)
		Al-Si계 합금(4000계)
		Al-Mg계 합금(5000계)
	열처리용 합금	Al-Cu-Mg계 합금(2000계)
		Al-Mg-Si계 합금(6000계)
		Al-Zn-Mg계 합금(7000계)
주조용 합금	비열처리용 합금	순알루미늄계
		Al-Si계 합금
		Al-Mg계 합금
	열처리용 합금	Al-Cu-Si계 합금
		Al-Cu-Mg-Si계 합금
		Al-Mg-Si계 합금

7.3.3 기타 비철금속

1) 주석(tin)

주석은 광석을 노(爐)안에서 탄소, 규석, 형석 및 석회석 등을 혼합 용련해서 환원시켜 주석을 만들고, 건식법 또는 전해법으로 정제한 것으로 순도는 99.5 ~99.9% 정도로 불순물은 Pb, Sb, As, Cu, Fe 등이다. α주석(회색 주석, 저온형)과 β주석(백색 주석, 고온형)의 2가지 변형태가 있고, 전이온도는 18℃이다. 주석은 쉽게 산화되지 않고 부식에 대한 저항성이 있으며, 상온에서 가공하기 쉽고 연성과 전성이 커서 강, 주철, 구리 등의 표면에 도금용으로 사용된다.

2) 니켈(nickel)

니켈은 은백색의 광택을 지닌 금속으로 전성, 연성이 풍부하고 연마가공도 가능하다. 강한 자성을 지니고 있으나 철보다는 약하며, 전기전도도는 구리의 14.9%이며, 공기와 습기에 대하여 철보다 안전하여 잘 산화되지 않으며, 알칼리성에 강한 내식성을 갖는다. 묽은 질산에는 쉽게 녹지만 진한 질산에는 철과 마찬가지로 부동상태로 되어 침식되지 않는다. 니켈은 동, 크롬, 철합금 등에 가장 많이 사용되고 있으며, 아름다운 광택과 내식성을 지니고 있어 각종 도금에 많이 사용되고 있다.

3) 아연(zinc)

섬아연광(ZnS)과 능아연광($ZnCO_3$)의 광석에서 증류법 또는 전해법에 의하여 제조된다. 아연은 청회색 광택이 있는 백색금속 또는 회색의 분말로 밀도는 7.142이며, 상온에서는 무르지만 100~150℃에서 연성이 증가하고 200~300℃에서 다시 물러진다. 공기 중에서 순도가 높을수록 내식성은 좋으며, 고온으로 가열하면 녹색을 띤 백색광을 내면서 불타 산화물(ZnO)이 된다. 적열(赤熱)상태에서는 물을 분해하여 수소를 발생시킨다. 아연은 산화방지에 유효하며, 함석의 제조 외에 황동의 합금재료 등에 사용된다.

부록

KS 규격
재료시험법

목 차

1. 시멘트의 시료 채취 방법 (KS L 5101)
2. 시멘트의 비중시험 (KS L 5110)
3. 수경성 시멘트 페이스트 및 모르타르의 기계적 혼합방법 (KS L 5109)
4. 길모어 침에 의한 시멘트의 응결 시간 시험 (KS L 5103)
5. 수경성 시멘트 모르타르의 압축 강도 시험 (KS L 5105)
6. 골재의 시료 채취방법 (KS F 2501)
7. 골재의 시료 분취방법 (KS F 2553)
8 굵은골재 및 잔골재의 체가름 시험 (KS F 2502)
9. 굵은골재의 밀도 및 흡수율 시험 (KS F 2503)
10. 잔골재의 밀도 및 흡수율 시험 (KS F 2504)
11. 골재의 단위용적질량 및 실적률 시험 (KS F 2505)
12. 로스앤젤레스 시험기에 의한 굵은골재의 마모 시험 (KS F 2508)
13. 굳지 않은 콘크리트의 시료 채취방법 (KS F 2401)
14. 콘크리트의 슬럼프 시험 (KS F 2402)
15. 굳지 않은 콘크리트의 단위용적질량 및 공기량시험(질량 방법) (KS F 2409)
16. 압력법에 의한 굳지 않은 콘크리트의 공기량 시험 (KS F 2421)
17. 콘크리트의 블리딩 시험 (KS F 2414)
18. 콘크리트의 강도 시험용 공시체 제작방법 (KS F 2403)
19. 콘크리트의 압축 강도 시험 (KS F 2405)
20. 콘크리트의 휨 강도 시험 (KS F 2408)
21. 콘크리트의 쪼갬 인장 강도 시험 (KS F 2423)
22. 콘크리트 원주 공시체의 정탄성계수 및 포아송비 시험 (KS F 2438)
23. 콘크리트 압축강도 추정을 위한 반발경도 시험 (KS F 2730)
24. 콘크리트 압축 강도 추정을 위한 초음파 펄스 속도 시험 (KS F 2731)
25. 급속 동결 융해에 대한 콘크리트의 저항 시험 (KS F 2456)

1. 시멘트의 시료 채취 방법

[Testing method for sampling hydraulic cement]
KS L 5101 : 2013 확인

1. 시험 목적

이 시험은 시멘트의 시료 채취 방법에 대해서 규정한다.

2. 시료의 수 및 양

(1) 시료의 수

물리 및 화학 시험용 시료는 별도의 규정이 없는 한 300톤마다 평균 품질을 나타낼 수 있도록 일정량의 시료를 채취하는 것을 원칙으로 한다.

(2) 시료의 양

시험을 하기 위해 채취하여 혼합한 시료의 양은 5kg 이상이어야 한다.

3. 시료 채취

(1) 시멘트가 벌크 상태로 운반될 때는 100톤마다 일정한 시료를 채취하여 평균 혼합시료로 한다.

(2) 포대 시멘트로부터 시료를 채취할 때는 시료채취기를 사용하여 4톤(100포대)마다 1포대씩 대각선으로 넣어 시료를 꺼내고 이것들을 모두 평균 혼합 시료로 한다.

4. 시료의 보관

채취한 시료는 즉시 방습성 밀폐용기에 가득 채워 넣고 습기나 공기와 접촉하지 않도록 밀봉하여 보관한다.

5. 시험에 사용될 시료 준비

(1) 시험하기 전에 841 μm 표준체로 치며, 이때 굳어진 덩어리 및 잡물을 깨뜨리지 말고 버린다.

(2) 시험하기 전에 준비된 시료를 완전히 혼합한다.

2. 시멘트의 비중 시험

[Testing method for specific gravity of hydraulic cement]
KS L 5110 : 2016 확인

1. 시험 목적

시멘트의 비중은 시멘트의 종류 및 풍화정도를 추정할 수 있으며, 콘크리트 배합설계에서 시멘트의 용적계산에 사용된다.

2. 장치

(1) 르샤틀리에 플라스크

그림 A-1과 같은 표준 르샤틀리에 플라스크를 사용하고, 표기된 치수에 따르는 것을 원칙으로 한다.

(2) 광유

온도 23±2℃에서 비중 약 0.73 이상인 완전히 탈수된 등유나 나프타를 사용한다.

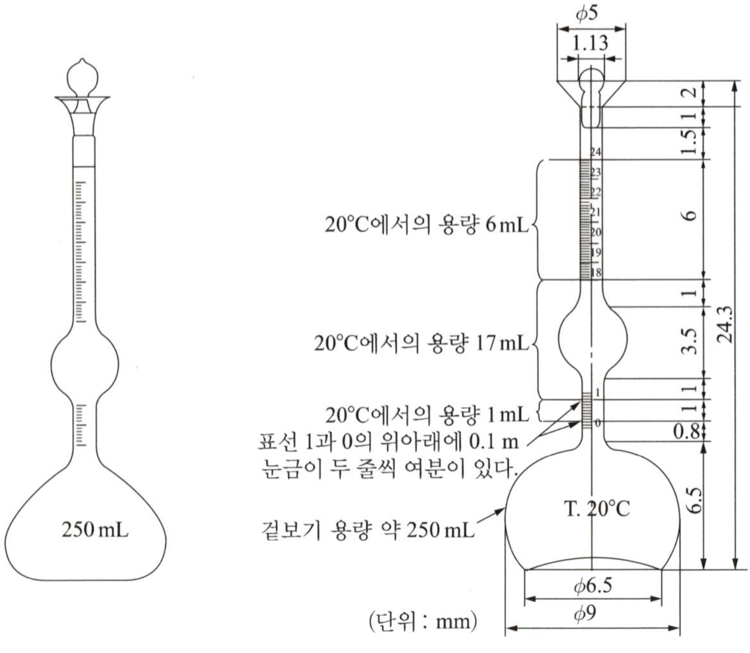

그림 A-1
르샤틀리에 플라스크

3. 시험 방법

(1) 비중병의 0~1 mL 사이와 눈금선까지 광유를 채운다.

(2) 광유를 부은 다음에 비중병의 가는 목 부분에 묻은 광유를 마른걸레로 닦아낸다.

(3) 비중병을 실온으로 일정하게 되어 있는 물중탕에 넣어 광유의 온도차가 0.2℃ 이내로 되었을 때의 눈금을 읽어 기록한다.

(4) 다음에 일정한 양의 시멘트(포클랜드 시멘트는 약 64 g)를 0.05 g까지 달아 광유와 동일한 온도에서 조금씩 넣는다. 이 때 시멘트가 흐트러지지 않고, 또 액면 윗부분의 비중병 내부에 묻지 않도록 주의하여야 한다.

(5) 시멘트가 비중병 안에 잘 들어가고, 또 병의 안쪽 벽에 묻어 있지 않도록 적당히 진동시킨다.

(6) 시멘트를 다 넣은 다음에 비중병의 마개를 막고 공기 방울이 나오지 않을 때까지 병을 조금 기울여 굴리든가 또는 천천히 수평하게 돌려서 시멘트 안의 공기를 제거한다.

(7) 비중병을 물중탕 안에 넣어 광유 온도차가 0.2℃ 이내로 되었을 때의 눈금을 읽는다.

(8) 시험의 정밀도는 동일 시험자가 동일 재료에 대하여 2회 측정한 결과가 ±0.03 이내이어야 한다.

4. 비중 계산

$$\text{비중} = \frac{\text{시멘트의 무게(g)}}{\text{비중병의 읽음 차(mL)}},\ \rho\,(\text{g/cm}^3)$$

5. 주의사항

(1) 시멘트를 비중병에 넣을 때 막혔을 경우에는 병 밑바닥을 가볍게 두들기거나 경사지게 해서 시멘트가 내려오도록 한다.

(2) 시험 후 비중병 세척 시에는 반듯이 광유를 사용해야 하며, 깨끗하게 청소가 되지 않을 때는 건조한 모래를 사용해서 청소한 후 광유를 사용하여 마무리 한다.

3. 수경성 시멘트 페이스트 및 모르타르의 기계적 혼합 방법

[Testing method for mechanical mixing of hydraulic cement pastes and mortars of plastic consistency]
KS L 5109 : 2012

1. 시험 목적

시멘트 페이스트 및 모르타르 제조를 위한 기계적 혼합방법에 대해서 규정한다.

2. 장치

(1) 혼합기

① 혼합기는 그림 A-2와 같이 공전과 자전 운동을 하는 전동 혼합기로서, 혼합기 패들이 공전 운동과 동시에 자전 운동을 하는 것

② 혼합기는 적어도 두 단계의 속도가 기계적 방법으로 조절 가능해야 한다.

③ 제1속 저속 운동은 패들이 약 62 rpm의 공전 운동을 하면서 (140 ± 5) rpm의 속도로 자전해야 하며, 제2속 운동은 패들이 약 125 rpm의 공전 운동을 하면서 (285 ± 10) rpm의 속도로 회전해야 한다.

④ 혼합기는 조정나사와 브래킷 간격 조정 장치를 갖추어야 하며, 용기가 혼합기의 위치에 있을 때, 패들의 아래와 용기 밑바닥 간격이 약 2.5 mm가 되도록 하고. 0.8 mm 이하가 되지 않도록 조정할 수 있어야 한다.

그림 A-2 모르타르 혼합기

(2) 패들

패들은 스테인리스 강제로서 떼어내기가 쉬워야 한다.

(3) 혼합 용기

① 스테인리스 강제로서 떼어낼 수 있어야 하고, 공칭 용량은 4.73 L이다.

② 용기는 혼합 조작 중 고정된 위치에서 견고하게 유지되어야 하며, 시멘트에 침식되지 않는 비흡수성 물질로 된 뚜껑이 있어야 한다.

(4) 스크레이퍼

스크레이퍼는 반강성 고무 날로 되어 있고, 길이

약 150 mm의 자루가 달려 있어야 하며, 날은 길이가 약 75 mm, 폭이 50 mm로서 끝의 두께가 약 2 mm로 얇은 것이어야 한다.

3. 온도 및 습도

(1) 실온은 20∼27.5℃로 유지하고, 건조 재료 패들 및 혼합 용기의 온도는 시험할 때 위에 규정한 범위 이내이어야 한다.

(2) 혼합수의 온도는 (23±2.0)℃, 시험실의 상대 습도는 50% 이상

4. 반죽의 혼합 방법

건조한 패들 및 혼합 용기는 제자리에 놓는다. 다음에 1배치의 재료를 다음 순서에 따라 혼합한다.

(1) 혼합수 전량을 혼합 용기 안에 붓는다.

(2) 시멘트를 물 안에 넣고 물을 흡수하도록 30초 동안 둔다.

(3) 혼합기를 시동하여 30초 동안 제1속[저속 (140±50)rpm]으로 혼합한다.

(4) 혼합기를 정지하고 15초 동안에 반죽 전부를 긁어내려 모아 놓는다.

(5) 혼합기를 제2속[중속 (285±10)rpm]으로 변동하며 60초 동안 혼합한다.

5. 모르타르의 혼합 방법

건조한 패들 및 혼합 용기를 혼합기의 제자리에 놓는다. 다음에 1배치의 재료를 다음 순서에 따라 혼합한다.

(1) 혼합수 전량은 혼합 용기 안에 붓는다.

(2) 시멘트를 물 안에 넣고 혼합기를 시동하여 제1속으로 30초 동안 혼합한다.

(3) 제1속으로 혼합하고 있는 동안 30초에 걸쳐 모래 전량을 서서히 가한다.

(4) 혼합기를 정지하고 제2속으로 바꾸어 30초 동안 혼합한다.

(5) 혼합기를 정지하고 모르타르를 90초 동안 방치한다. 이 기간의 처음 15초 동안에 용기의 측면에 부착한 모르타르를 전부 배치 안에 긁어내리고, 이 기간의 나머지 시간은 용기에 뚜껑을 덮어 둔다.

(6) 제2속으로 60초 동안 혼합하고 혼합을 끝마친다.

(7) 재 혼합을 요할 때에는 용기의 뒷면에 부착된 모르타르 전부를 재 혼합 전에 스크레이퍼로 속히 배치 안에 긁어내려야 한다.

4 길모어 침에 의한 시멘트의 응결시간 시험

[Testing method for setting time of hydraulic cement by Gilmour needles]
KS L 5103 : 2016 확인

1. 시험 목적

이 시험은 시멘트가 물과 혼합된 후 유동성을 저하되고 경화하기 시작할 때까지 응결의 시작(초결)과 끝나는(종결) 시점을 길모어 침에 의한 방법으로 측정하기 위해서 실시한다.

2. 장치

(1) 저울 : 용량 1000 g

(2) 메스실린더 : 용량 150~200 mL

(3) 길모어 침 – 초결 침 : 무게(113.4 ± 0.5g), 지름(2.12 ± 0.05 mm)
종결 침 : 무게(453.6 ± 0.5g), 지름(1.06 ± 0.05 mm)

침 끝의 약 4.8 mm 길이는 원기둥형으로 되어 있고, 그 단면은 평면이며 침 축에 대하여 직각이고 깨끗해야 하며, 그림 A-3은 길모어 장치이다.

3. 온도와 습도

(1) 실험시 온도는 20~27.5℃로 유지하여야 한다.

(2) 혼합수 및 습기함이나 흡기실의 온도는 (23 ± 2.0)℃범위 내에 있어야 한다.

(3) 시험실의 상대 습도는 50% 이상이어야 하며, 습기함이나 습기실은 시험체 90% 이상의 상대 습도에서 저장할 수 있는 구조이어야 한다.

4. 시멘트 반죽 조체

(1) 시멘트 반죽은 KS L 5109의 5에 따라 조제한다.

(2) 시료 시멘트 500 g을 저울에 단다.

(3) 적당한 물의 양을 메스실린더로 재어서 혼합용기 안에 넣는다.

(4) 시멘트를 혼합용기에 넣고 시멘트와 물이 흡수되도록 30초 동안 둔다.

(5) 혼합기를 시동하여 30초 동안 제1속도로 혼합한 후, 혼합기를 정지하고 15초 동안 반죽 전부를 스크레이퍼로 긁어내려 모아 놓는다. 그리고 혼합기를 제2속도로 시동하여 1분간 혼합한다.

그림 A-3 길모어 장치

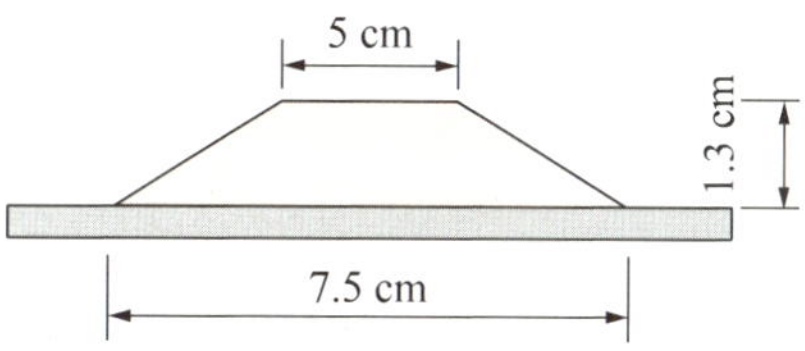

그림 A-4 응결시간 측정을 위한 패트(pat)

5. 시험 방법

(1) 시험체 성형

① 조제한 시멘트 반죽을 그림 A-4와 같이 약 10 cm 정사각형의 깨끗한 유리판 위에 밑면 지름이 약 7.5 cm, 윗면 지름은 약 5.0 cm, 중앙면의 두께가 약 1.3 cm이고, 바깥쪽으로 갈수록 점점 얇은 패트(pat)를 만든다.

② 패트를 만드는 데는 처음에 시멘트 반죽을 유리판 위에 평평하게 놓고 패트의 바깥쪽에서 안쪽으로 훑는 것 같이 흙손질을 하여 만든 뒤 윗면을 평평하게 한다.

③ 조제한 패트는 습기함이나 습기실 안에 넣고 응결 시간을 측정하는 시간 이외에 정치하여 둔다.

(2) 응결 시간의 결정

① 응결 시간을 측정하는 데는 침을 수직 위치로 놓고 패트의 표면에 가볍게 댄다.

② 알 수 있는 흔적을 내지 않고 패드가 길모어의 초결 침을 받치고 있을 때를 시멘트의 초결로 하고, 길모어 종결 침을 받치고 있을 때를 시멘트의 종결로 한다.

5 수경성 시멘트 모르타르의 압축 강도 시험

[Testing method for compressive strength of hydraulic cement mortar]
KS L 5105 : 2012확인

1. 시험 목적

이 시험은 시멘트를 사용해서 만든 모르타르의 강도를 추정하기 위해서 행한다.

2. 장치

(1) 모르타르 제조

① 시멘트, 물

② 표준사 : 주문진산 천연사로서 KS L 5100에 따른다.

③ 혼합기, 혼합용기 및 패들

④ 저울 : 용량 2kg, 감량 1g

⑤ 메스실린더 : 용량 250mL, 500mL

⑥ 표준체 : No.50(297μm), No.30(595μm)

⑦ 온・습도계

(2) 흐름(flow) 시험

① 플로 테이블 및 플로 틀 : KS L 5111

② 다짐봉(tamper) : 비흡수성, 내마모성, 비취성인 재료로 된 다짐막대로 다짐면은 12×25mm, 길이 120～150mm, 찧는 면은 평평하고 축에 대해 직각이어야 한다.

③ 흙손 : 길이 100mm에서 150mm

④ 버니어캘리퍼스

⑤ 마른걸레, 온・습도계

(3) 공시체 제작 및 탈형

① 모르타르 몰드 : 50mm 입방체

② 다짐봉(tamper) : 플로 시험 다짐봉과 동일

③ 나무망치

④ 흙손, 스크래퍼

⑤ 혼합기, 혼합 용기 및 패들 : 전동 혼합기로서 KS L 5109의 규정에 따름

그림 A-5 흐름(flow) 시험기

그림 A-6 모르타르 몰드

(4) 압축강도 시험

① 압축강도 시험기

② 온·습도계

3. 온도와 습도

① 실험실 온도는 20℃에서 27.5℃로 유지한다.

② 습기함, 습기실 및 저장 수조의 물 온도는 (2 3± 2)℃, 시험실의 상대 습도는 50% 이상으로 한다.

4. 시험방법

(1) 모르타르 제조

① 표준 모르타르의 건조 재료 배합은 시멘트와 표준사를 1 : 2.45 무게비로 섞는다.

② 6개의 시험체를 한 배치로 한 번에 반죽할 건조 재료의 양은 시멘트 510 g에 표준사 1250 g이다.

③ 9개의 시험체를 한 배치로 한 번에 반죽할 건조 재료의 양은 시멘트 760 g에 표준사 1862 g이다.

④ 혼합수의 양은 포틀랜드 시멘트는 사용 시멘트 무게의 48.5%로 하며, 기타 시멘트는 mL로 계량하고 플로(110 ± 5)가 될 만한 양으로 하고, 시멘트의 무게에 대한 백분율로 표시한다.

⑤ 혼합 반죽은 KS L 5109에 규정한 방법에 따라 기계적으로 조제한다.

(2) 흐름(flow) 시험

① 플로 테이블의 윗면을 깨끗이 건조하게 닦고, 플로 틀을 중앙에 놓는다.

② 모르타르를 약 25 mm 두께의 층으로 하여, 틀 안에 넣고 탬퍼로 20번 찧는다. 찧는 압력은 틀에 균일하게 차는데 꼭 충분하도록 한다. 다음에 모르타르로 틀을 채우고, 처음 층에서와 같이 찧는다.

③ 이어서 모르타르를 평면으로 잘라내고, 틀의 윗면에 맞추어 흙손은 곧은 날로 틀의 면에 거의 직각이 되게 세우고, 틀의 윗면을 따라서 톱질 운동으로 평평하게 한다.

④ 테이블 윗면을 깨끗이 마르게 닦고, 특히 플로 틀의 변두리에서 물기를 완전히 없앤후, 1분 뒤에 틀을 모르타르로부터 들어 올린다.

⑤ 즉시, 플로 테이블을 15초 동안에 25회, 12.7 mm의 높이로 낙하시킨다.

⑥ 플로 테이블 위에 퍼진 모르타르를 같은 간격으로 4개의 평균 지름을 측정하고 원지름에 대한 증가를 원지름의 백분율(%)로 나타낸다.

$$\text{백분율(흐름값 : \%)} = \frac{\text{시험 후의 증가된 지름(mm)}}{\text{몰드의 밑지름(mm)}} \times 100$$

⑦ 규정된 흐름값 110~115를 얻을 때까지 물의 양을 변경해 가면서 시험 모르타르를 만들고, 이때 규정된 흐름값을 얻기 위하여 새로 만드는 시험 모르타르는 반듯이 새로운 시멘트로 만들어야 한다.

(3) 시험체 제작

① 모르타르를 조제하기 전에 몰드(mold)는 몰드를 분해하고 누수를 방지하기 위해 몰드 내면에 광유나 연한 컵-그리스를 엷게 바른다.

② 플로 시험이 끝나는 즉시 모르타르를 플로 틀로부터 혼합 용기에 쏟는다.

③ 혼합 용기의 벽에 붙은 모르타르를 속히 긁어내려 용기 안에 넣고, 전 배치를 보통 속도로 15초간 반죽한다.

④ 모르타르 배치의 처음 반죽이 끝난 뒤로부터 2분 15초 이내에 시험체의 성형을 시작한다.

⑤ 두께 약 25 mm 모르타르 층을 모든 입방체 칸 안에 넣는다.

⑥ 각 입방체 칸 안의 모르타르에 대하여 약 10초 동안에 네 바퀴로 32회 찧는다.

⑦ 한 바퀴마다 직각으로 방향을 바꾸고, 다음 그림 A-7에 나타낸 대로 시험체 전면에 8회의 인접한 찧기를 한다. 찧는 압력은 모르타르 틀에 균일하게 차는데 꼭 충분하도록 한다.

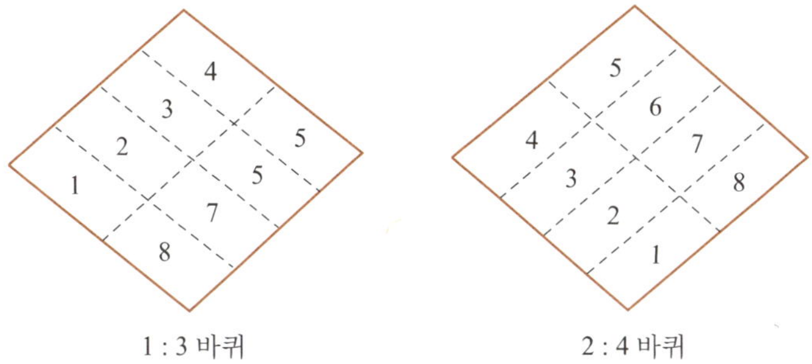

그림 A-7
시험체를 성형할 때 찧는 순서

⑧ 네 바퀴의 모르타르 찧기(32회 찧기)는 하나의 입방체를 끝낸 후 다음 것으로 옮긴다.

⑨ 모든 입방체 칸에 대하여 제1층의 찧기를 끝내고, 모든 칸에 나머지의 모르타르를 채우고, 제1층에서 규정한 대로 찧는다.

⑩ 제2층을 찧는 동안 한 바퀴마다 장갑을 낀 손가락과 탬퍼로써 밀려 나온 모르타르를 늘 위에 쌓아올린다.

⑪ 찧기가 끝났을 때는 각 입방체의 윗부분은 틀의 윗면보다 약간 나와 있어야 한다.

⑫ 틀 윗면에 밀려나온 모르타르는 흙손으로 밀어 넣고, 흙손의 평평한 면을 (진행 방향의 날을 약간 올리고) 틀의 길이 방향에 대하여 직각으로 각 입방체의 윗부분을 한번 건너 당김으로써 입방체를 고르게 한다.

⑬ 이어서 흙손의 곧은 날을 틀에 대하여 직각으로 대고 틀의 길이에 따라서 톱질 운동을 하며 당김으로써 틀의 윗면과 같은 면으로 모르타르를 잘라 맞춘다.

⑭ 시험체는 각 재령에 대하여 3개 이상씩 만든다.

(4) 시험체 양생

① 모든 시험체를 성형이 끝난 즉시 틀에 넣은 그대로 밑판에 얹어서 습기함이나 습기실에 20시간에서 24시간 보관한다. 이때 윗부분 표면은 습기에 노출시키고, 물방울이 떨어지지 않도록 주의한다.

② 24시간 이전에 시험체를 틀에서 빼어 냈을 때는 24시간이 될 때까지 습기함이나 습기실 선반 위에 보관하고, 24시간 시험할 때만 제외하고는 시험체를 불침식성 재료로 만든 저장용 수조의 깨끗한 물 안에 담가 놓는다. 저장용 물은 자주 바꿔 넣어 깨끗하게 한다.

(5) 압축강도 시험

① 24시간 시험체에 대하여는 습기함에서 꺼내 놓은 직후, 그 이외의 시험체는 저장수에서 꺼내는 직후에 시험을 한다.

② 모든 시험체는 주어진 시험기간 내[(1일 ± 1/2)시간, (3일 ± 1)시간, (7일 ± 3시간), (28일 ± 12)시간]에 시험을 하여야 한다.

③ 24시간 시험을 하기 위하여 습기함에서 1개보다 많은 시험체를 끄집어냈을 때는, 이것들을 시험할 때까지 젖은 헝겊으로 덮어 놓아야 한다. 만약, 시험을 하기 위하여 저장수에서 1개보다 많은 시험체를 끄집어냈을 때는, 이것들을 (23 ± 2)℃ 온도의 물이 있는 용기에 넣어 완전히 잠기도록 해 두어야 한다.

④ 각 시험체는 표면이 건조 상태가 되도록 물기를 닦고, 시험기의 지지 블록과 접촉할 면에 붙어 있는 모래알이나 다른 부착물을 없게 한다. 이들 면은 곧은자를 사용해 검사한다. 만약, 눈에 띌 만큼 굽어 있으면, 그 면을 평평하게 만들거나 그 시험체를 버린다.

⑤ 하중은 몰드의 정확한 평면과 접촉하고 있는 시험체 면에 대해서만 가해야 한다.

⑥ 예측하는 최대 하중이 1350 kg 이상인 시험체에 대하여는, 그 예측하는 초기 부하의 1/2까지는 임의의 속도로 하여도 좋다. 예측하는 최대 하중이 1350 kg보다 작은 시험체에 대하여는 초기 부하를 가해서는 안 된다. 따라서 하중 부하는 속도는 그 나머지 하중을(예측하는 최대 하중이 1350 kg보다 작을 때는 전 하중) 끊임없이 가하여 시험체가 파괴되도록 한다. 이때, 최대 하중이 20초 이상 80초 이내에 미치는 속도로 가한다.

⑦ 압축강도는 시험기가 나타낸 최대 총 하중을 공시체 단면적으로 나누어 N/mm^2로 표시한다.

$$f_c = \frac{P}{A}$$

여기서, f_c : 압축강도(N/mm^2)

A : 가압판이 접촉하는 공시체 단면적(mm^2)

P : 최대하중(N)

6. 골재의 시료 채취 방법

[Standard test method for sampling aggregate]
KS F 2501 : 2012 확인

1. 시험 목적

재료 산지의 예비 조사와 적부 판정, 출하시 재료의 검사 및 시공 중 재료의 검사를 목적으로 굵은골재, 잔골재의 시료를 채취하는 방법을 습득한다.

2. 채석장에서 채석한 석재

색깔 및 조직 상태가 서로 다른 암층마다 각각 25 kg 이상의 시료를 채취한다. 이때 풍화토 부분에서 시료를 채취하여서는 안 된다.

3. 노천에서 채취하는 석재 또는 호박돌

각종 석재에 대하여 각각 25 kg 이상의 시료를 채취한다.

4. 공사 현장 주변에서 생산하는 모래 또는 자갈

(1) 노천 채굴일 때는 윗면에서 밑면까지 수직구를 굴착하여 사용할 재료의 대표적인 시료를 채취하며, 표토와 다른 부분의 재료가 시료에 혼입되지 않도록 한다.

(2) 쌓아 놓은 자갈 무더기에서 시료를 채취할 경우에는 무더기의 꼭대기, 중앙부 및 밑 부분에서 각각 내부에 구멍을 뚫고 대표적인 시료를 채취한다. 이 시료를 한데 혼합한 후 4분법에 의하여 필요한 만큼의 시료를 얻는다. 모래일 경우에는 표면의 건조한 모래를 제거하고 내부의 젖은 모래에서 대표적인 시료를 채취한다.

5. 시장 판매품인 모래, 자갈, 석재 광재

품질 시험용 시료는 될 수 있는 한 완성품에서 채취하고, 마모 시험용 시료는 반드시 완성품을 원상태로 채취하여야 한다.

(1) 생산 공장에서의 시료 채취

① 쌓아 놓은 무더기 또는 저장고에서 반출 차량에 실을 때, 적당한 위치에서 대표적인 시료를 채취한다.

② 저장고에서 시료를 채취할 때는 배출구에서 흘러나오는 재료의 전체 단면에 걸쳐 채취하며, 방출이 시작될 때는 균일한 흐름이 된 후에 채취한다.

(2) 운반 차량에서의 시료 채취

① 생산 공장에 가는 것이 불가능한 경우에는 인수지에서 재료를 내려놓기 전에 시료를 채취하여 적부 판정을 위한 입도 시험을 한다. 차량에서 시료를 채취할 때는 실을 때 재료가 분리되었을 확률이 많으므로 여러 부분에서 각각 시료를 채취한다. 이 시료를 한데 혼합한 후 4분법에 의하여 필요한 양의 시료를 얻는다.

② 화물 자동차, 화물선 또는 작은 배에서의 시료 채취는 화물의 양에 따라 채취 장소만 다르고 그 외에는 5.(2).①의 시료 채취 방법에 따른다.

③ 잔골재인 경우에는 5.(2).① 또는 5.(2).②에 따라 시료를 채취하거나 지름 약 30 mm, 길이 1800 mm의 시료 채취관을 사용하여 한 번에 약 1 kg의 시료를 채취한다.

(3) 시료의 개수 및 양

① 시료의 개수는 재료의 사용 목적, 재료의 양, 골재의 성질 및 치수 변화에 따라 결정된다. 재료의 모든 변화 상태를 나타낼 수 있도록 충분한 개수의 시료를 취해야 하며, 쇄석, 자갈, 광재 또는 모래에서는 약 50 t 마다 별개의 시료를 채취한다.

② 시료의 양은 시험방법 및 치수에 따라 결정되며, 표 A-1은 입도 시험에 필요한 시료의 양을 나타낸 것이다.

표 A-1 시료의 채취량

잔골재			
통과하는 최대 입자 지름의 체의 호칭 크기	현장에서 채취할 시료의 최소 중량	통과하는 최대 입자 지름의 체의 호칭 크기	현장에서 채취할 시료의 최소 중량
2.5 mm	10 kg	5 mm	10 kg
굵은재			
통과하는 최대 입자 지름의 체의 호칭 눈 크기	현장에서 채취할 시료의 최소 중량	통과하는 최대 입자 지름의 체의 호칭 눈 크기	현장에서 채취할 시료의 최소 중량
10 mm	10 kg	50 mm	100 kg
13 mm	15 kg	65 mm	125 kg
20 mm	25 kg	75 mm	150 kg
25 mm	50 kg	90 mm	175 kg
40 mm	75 kg		

7. 골재의 시료 분취 방법

[Standard test method for samples of aggregate to testing size]
KS F 2553 : 2012 확인

1. 시험 목적

골재의 산지 시료와 시험용 시료에서 특성의 변화를 줄일 수 있는 방법으로, 산지 시료를 적절한 양의 시험용 시료로 분취하는 방법에 대하여 습득한다.

2. 분취 방법의 종류

골재의 시료 분취 방법은 A방법(분취기에 의한 방법), B방법(4분법) 및 C방법(작은 무더기에서 채취하는 방법)의 세 가지 방법이 있다.

(1) 잔골재의 시료 분취 방법

① 표면 건조 포화 상태를 판별하는 방법은 KS F 2504에 따르며, 개략적인 방법으로 잔골재를 손으로 쥐었다 폈을 때, 그 모양을 유지하면 표면 건조 포화 상태보다 더 젖은 상태라고 생각한다.

② 건조한 산지시료는 A방법에 따라 시료 분취기를 사용하여 분취하여야 한다.

③ 입자 표면에 표면수가 있는 산지 시료는 B방법에 따라 4분하여 시료를 분취하거나, C방법에 따라 작은 무더기에서 채취하는 방법으로 시료를 분취한다.

(2) 굵은골재 및 굵은골재와 잔골재의 혼합물

① A방법에 따라 분취기를 사용하여 시료를 분취하거나, B방법의 4분법에 따라 시료를 분취한다.

② 작은 무더기에서 채취하는 방법인 C방법을 굵은골재 및 굵은골재와 잔골재의 혼합물에 사용하여서는 안 된다.

3. A방법(분취기에 의한 방법)

(1) 시료 분취기

① 시료 분취기는 동일한 나비의 짝수 슈트를 가져야 하며, 굵은골재는 8개 이상, 잔골재는 12개 이상의 슈트를 가져야 한다.

② 골재는 분취기의 양쪽 각 슈트로 분할되어 배출되어야 하며, 각 슈트의

최소 나비는 분취할 시료 중에서 가장 큰 입자보다 약 50% 커야한다.

(2) 분취 순서

① 산지 시료를 호퍼나 팬 속에 넣고, 한쪽 모서리에서 다른 쪽 모서리까지 시료를 균등하게 분산시킨다.

② 시료는 각 슈트 속으로 같은 양이 흘러내리도록 부어야 하며, 시료가 들어가는 속도는 슈트를 통하여 밑에 있는 용기 속으로 자유로이 흘러 들어가야 한다.

③ 슈트 밑의 두 용기 중 한쪽 용기 속에 있는 시료를 규정된 시험용 시료량으로 분취할 때까지 여러 번 되풀이하여 분취기 속으로 재투입한다.

4. B방법(4분법)

(1) 기구

① 모서리가 일직선인 삽, 흙손

② 비 또는 브러시

③ 천막지(canvas) : 크기 약 2 × 2.5 m

(2) 분취 순서

다음 방법 또는 이 두 가지의 조항 중 한 방법에 따라야 한다.

① 바닥면이 편평할 경우

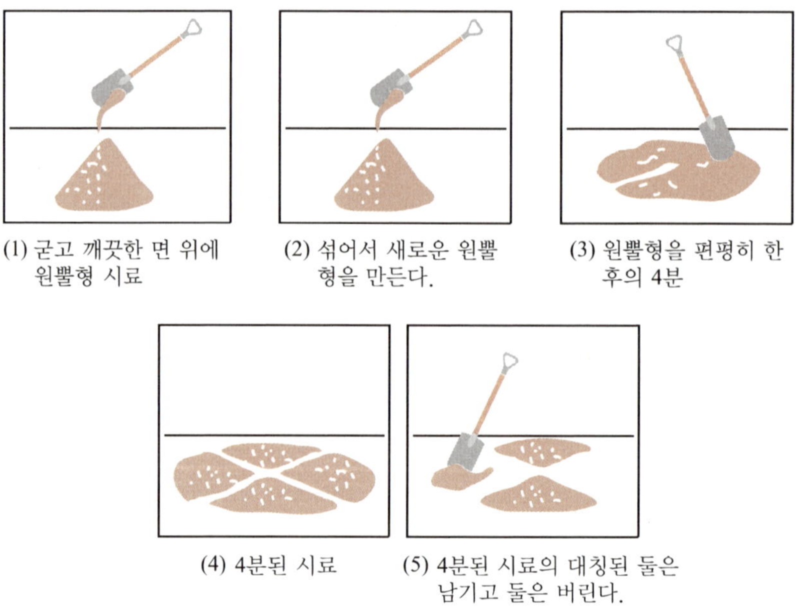

(1) 굳고 깨끗한 면 위에 원뿔형 시료

(2) 섞어서 새로운 원뿔형을 만든다.

(3) 원뿔형을 편평히 한 후의 4분

(4) 4분된 시료

(5) 4분된 시료의 대칭된 둘은 남기고 둘은 버린다.

그림 A-8 평면 위에서의 4분법

② 바닥면이 편평하지 않은 경우

(1) 천막지 위에서 굴리면서 섞는다.
(2) 섞어서 원뿔형을 형성
(3) 원뿔형을 편평히 한 후 4분
(4) 4분된 시료
(5) 4분된 시료의 대칭된 둘은 남기고 둘은 버린다.

그림 A-9 천막지 위에서의 4분법

5. C방법 (작은 무더기에서 채취하는 방법, 젖은 잔골재에만 적용)

(1) 기구

① 모서리가 일직선인 삽이나 흙손

② 작은 삽이나 스푼

(2) 분취 순서

① 젖은 잔골재로 된 산지 시료를 재료의 손실이나 이물질의 혼입을 방지할 수 있는 단단하고 깨끗한 평면 위에 놓는다.

② 산지 시료 전체를 3번 이상 뒤집어서 충분히 섞는다. 마지막으로 뒤집을 때에는 각각의 삽질을 한 삽 가득히 하여, 앞에 삽질한 무더기 위에 쌓는 방식으로 전체 시료를 원뿔형 무더기가 균등한 두께와 지름으로 편평히 되도록 조심스럽게 삽으로 꼭대기를 누른다.

③ 이렇게 하여 만든 무더기의 4분된 각 부분에는 산지 시료의 특성을 골고루 가지고 있어야 한다.

④ 시료 채취용 기구를 사용하여 작은 무더기의 랜덤한 위치에서 적어도 5개 이상의 소량 재료를 채취한다.

8. 굵은골재 및 잔골재의 체가름 시험

[Standard test method for sieve analysis of fine and coarse aggregates]
KS F 2502 : 2014

1. 시험 목적

골재의 입도, 조립률, 굵은골재의 최대치수 등을 알기위해 실시한다. 그리고 골재로서의 적합여부 및 콘크리트의 배합설계, 골재의 품질관리 등에 필요하다.

2. 시험 기구

(1) 골재 : 잔골재, 굵은골재

(2) 건조기 : (105 ± 5)℃의 온도를 유지할 수 있는 것

(3) 시료분취기

(4) 저울 : 시료 질량의 0.1% 이하의 눈금량 또는 감량을 가진 것이며, 현장에서 시험하는 경우에는 저울의 정밀도를 시료 질량의 0.5%까지 측정할 수 있는 것

(5) 표준체

잔골재용 : No.100, No.50, No.30, No.16, No.8, No.4, 10 mm체

굵은골재용 : No.8, No.4, 10, 16, 19, 25, 30, 40, 50, 65, 80, 100 mm체

(6) 체 진동기 : 그림 A-9, 그림 A-10 참조

(7) 삽 및 시료 팬(pan)

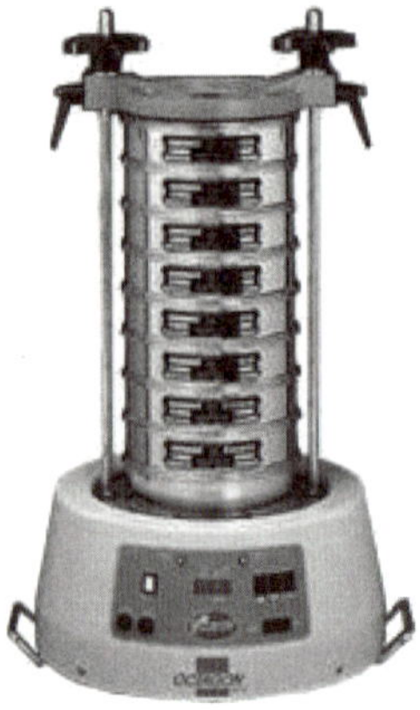

그림 A-10 잔골재용 체 진동기

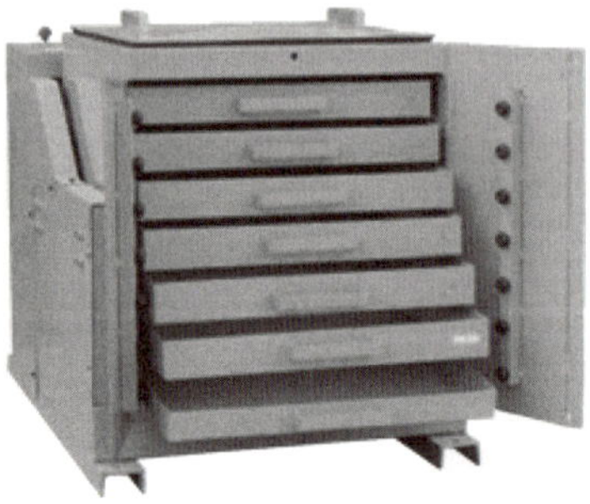

그림 A-11 굵은골재용 체 진동기

3. 시료

(1) 시료의 채취

시료는 대표적인 것을 채취하여 사분법 또는 시료 분취기에 의해 일정 분량이 되도록 축분한다.

(2) 시료의 건조

분취한 시료를 (105±5)℃에서 24시간, 일정 질량이 될 때까지 건조시킨다. 건조 후, 시료는 실온까지 냉각시킨다.

(3) 시료의 질량

시료의 최소 건조 질량은 다음에 따른다.

① 굵은골재 : 사용하는 골재의 최대 치수(mm)의 0.2배를 시료의 최소 건조 질량(kg)으로 한다.

굵은골재의 최대 치수 9.5 mm 정도인 것	2.0 kg
굵은골재의 최대 치수 13.2 mm 정도인 것	2.6 kg
굵은골재의 최대 치수 16.0 mm 정도인 것	3.0 kg
굵은골재의 최대 치수 19.0 mm 정도인 것	4.0 kg
굵은골재의 최대 치수 26.5 mm 정도인 것	5.0 kg
굵은골재의 최대 치수 31.5 mm 정도인 것	6.0 kg
굵은골재의 최대 치수 37.5 mm 정도인 것	8.0 kg
굵은골재의 최대 치수 53.0 mm 정도인 것	10.0 kg
굵은골재의 최대 치수 63.0 mm 정도인 것	12.0 kg
굵은골재의 최대 치수 75.0 mm 정도인 것	16.0 kg
굵은골재의 최대 치수 106.0 mm 정도인 것	20.0 kg

② 잔골재 : No.8 (1.18 mm)체를 95%(질량비) 이상 통과하는 것에 대한 최소 건조 질량을 100 g으로 하고, No.8 (1.18 mm)체에 5%(질량비) 이상 남는 것에 대한 최소 건조 질량을 500 g으로 한다. 다만, 구조용 경량 골재에서는 위의 최소 건조 질량의 1/2로 한다.

잔골재 No.8 (1.18 mm)체를 95%(질량비) 이상 통과하는 것	100 g
잔골재 No.8 (1.18 mm)체를 5%(질량비) 이상 남는 것	500 g

4. 시험방법

(1) 시료를 0.1% 이상의 정밀도로 측정한다.

(2) 시료는 용도에 따라 규정된 1벌의 체로써 체가름 하되 체눈이 가는 것을 밑에 놓는다.

(3) 체를 그림 A-9, 그림 A-10과 같은 체진동기에 걸어 놓은 다음 시료를 맨 위 체에 조심하여 붓는다.

(4) 체진동기로서 1분간에 각 체에 남은 시료량의 1% 이상이 그 체를 통과하지 않을 때가지 계속한다.

[체 눈에 막힌 알갱이는 파쇄되지 않도록 주의하면서 되밀어 체에 남은 시료로 간주한다. 어떤 골재에서나 손으로 밀어서 무리하게 체를 통과시켜서는 안 된다. 다만, 큰 입자는 손으로 놓도록 하고 방향을 바꾸어 개개의 구멍에 맞추어 통과하는 것은 체를 통과하는 시료로 간주한다)

(5) 각 체에 남은 시료의 중량을 저울로 측정한다.

(6) 최대치수 및 조립률을 구한다.

(7) 결과를 도시하려면 횡축에 체눈의 크기를, 종축에는 각 체에 남는 시료의 중량(%)값을 점으로 찍는다.

[측정결과의 중량백분율의 표시는 가장 가까운 정수로 수정하고, No.200 체를 통과하는 재료를 포함한 전 시료의 양을 기준으로 하여 계산한다]

(8) 시험은 2회 이상으로 하고 그 평균값을 구한다.

9. 굵은골재의 밀도 및 흡수율 시험

[Standard test method for density and absorption of coarse aggregate]
KS F 2503 : 2014

1. 시험 목적

굵은골재의 밀도는 골재의 적합여부 및 콘크리트의 배합설계에 필요하며, 흡수율은 콘크리트 배합설계 계산에서 사용수량을 조절하기 위해 사용된다.

2. 시험용 기구

(1) 굵은골재

(2) 체 : 5 mm 체

(3) 저울

① 시료 질량의 0.1% 이내를 읽을 수 있는 것

② 저울에는 중심으로부터 지름 3 mm 이하의 금속선으로 철망태를 매달고, 이것을 수중에 담글 수 있는 적절한 장치가 되어 있는 것

(4) 철망태

① 지름 3 mm 또는 그 이하의 철선으로 만든 것으로서, 나비와 높이가 같은 것

② 골재의 최대 치수가 40 mm 이하일 경우에는 지름 약 200 mm, 높이 약 200 mm로 하고, 40 mm 이상일 경우에는 더 커야 한다.

③ 철망태는 물에 잠겼을 때 갇힌 공기를 방지할 수 있는 구조여야 한다.

(5) 수조 : 저울에 매달린 시료 용기를 담을 수 있고 물이 새지 않는 수조

그림 A-12 철망태

그림 A-13 굵은골재 밀도 시험장치

(6) 건조기 : (105 ± 5)℃로 유지할 수 있는 것
(7) 흡수 천 : 건조한 부드러운 것
(8) 시료 팬

3. 시료

(1) 시료는 대표적인 것을 채취하여, 호칭 치수 5 mm의 체에 남는 굵은골재를 사분법 또는 시료 분취기에 의해 거의 일정 분량이 될 때까지 축분한다.
(2) 보통 골재의 1회 시험에 사용하는 시료의 최소 질량은 굵은골재의 최대 치수(mm 표시)의 0.1배를 kg으로 나타낸 양으로 한다.
(3) 경량 골재에 대하여는 다음 식에 따라 대략적인 시료 질량을 정한다.

$$m_{\min} = \frac{d_{\max} \times D_e}{25}$$

여기서, $m_{\min}$: 시료의 최소질량(kg)
$d_{\max}$: 굵은골재의 최대치수(mm)
D_e : 굵은골재의 추정밀도(g/cm^3)

(4) 시료를 물로 충분히 세척하고, 입자 표면의 불순물 및 그 밖의 이물질을 제거한다.

4. 시험방법

(1) 시험에 사용하는 시료의 최소 질량(굵은골재의 최대 치수(mm 표시)의 0.1배를 kg으로 나타낸 양) 이상을 준비한다.
(2) 시료를 물로 충분히 세척하고, 입자 표면의 불순물 및 그 밖의 이물질을 제거한다.
(3) 시료는 (20 ± 5)℃의 물속에 24시간 침수시킨다. 이때 수중에 진동을 주어, 입자 표면과 입자 간의 부착 공기를 제거한다.
(4) 철망태를 저울의 하부 고리에 걸고 수조 속에 넣은 후 수족속의 물의 움직임이 정지되었을 때 저울의 영점을 잡는다.
(5) 철망태를 저울 하부 고리에서 분리한 후 준비된 시료를 철망태에 넣는다.
(6) 시료가 포함된 철망태를 수조 속에 넣은 후 흔들어서 골재 사이에 포함된 기포를 제거한 후 저울 하부고리에 달은 후 물과 철망태가 정지된 이후에 수중질량(C)과 물의 온도를 측정한다.

(7) 철망태와 시료를 수중에서 꺼내고, 물기를 제거한 후 시료를 흡수천 위에 굴리고, 눈에 보이는 수막을 제거하여 표면 건조 포화 상태의 질량(B)을 측정한다.

(8) (105 ± 5)℃에서 질량의 변화가 없을 때까지 건조시키고, 실온까지 냉각하여 절대 건조 상태의 질량(A)을 측정한다.

(9) 시험은 2회 이상으로 하고 그 평균값을 소수점 이하 둘째자리까지 구한다.

5. 계산

(1) 표면 건조 포화 상태의 밀도

골재의 표면은 건조하고 골재 내부의 공극이 완전히 물로 차있는 상태의 골재의 질량을 같은 체적의 물의 질량으로 나눈 값으로 골재의 함수 상태를 나타내는 기준

$$D_s = \frac{B}{B-C} \times \rho_w$$

여기서, D_s : 표면 건조 포화 상태의 밀도(g/cm^3)

B : 표면 건조 포화 상태 시료의 질량(g)

C : 시료의 수중 질량(g)

ρ_w : 시험 온도에서의 물의 밀도(g/cm^3)

[비고] 순수한 물의 밀도는 15℃에서 0.9991 g/cm^3, 20℃에서 0.9982 g/cm^3, 25℃에서 0.9970 g/cm^{3}이다.

(2) 절대 건조 상태의 밀도

골재 내부의 빈틈에 포함되어 있는 물이 전부 제거된 상태인 골재 입자의 겉보기 밀도로서, 골재의 절대 건조 상태 질량을 골재의 절대 용적으로 나눈 값

$$D_d = \frac{A}{B-C} \times \rho_w$$

여기서, D_d : 절대 건조 상태의 밀도(g/cm^3)

A : 절대 건조 상태 시료의 질량(g)

B : 표면 건조 포화 상태 시료의 질량(g)

C : 시료의 수중 질량(g)

ρ_w : 시험 온도에서의 물의 밀도(g/cm^3)

(3) 진밀도

절대 건조 상태의 체적에 대한 절대 건조 상태의 질량

$$D_A = \frac{A}{A-C} \times \rho_w$$

여기서, D_A : 진밀도(g/cm^3)

A : 절대 건조 상태 시료의 질량(g)

C : 시료의 수중 질량(g)

ρ_w : 시험 온도에서의 물의 밀도(g/cm^3)

(4) 흡수율

표면 건조 포화 상태의 골재에 함유되어 있는 전체 수량을 절대 건조 상태의 골재 질량으로 나누어 백분율로 표시한 값

$$Q = \frac{B-A}{A} \times 100$$

여기서, Q : 흡수율(질량백분율)(%)

A : 절대 건조 상태 시료의 질량(g)

B : 표면 건조 포화 상태 시료의 질량(g)

10. 잔골재의 밀도 및 흡수율 시험

[Standard test method for density and absorption of fine aggregates]
KS F 2504 : 2014

1. 시험 목적

콘크리트의 배합설계 시 잔골재의 밀도가 요구되며, 흡수율은 콘크리트의 배합설계 시 사용수량을 조절하기 위해 요구된다.

2. 시험용 기구

(1) 잔골재

(2) 시료 분취기

(3) 저울 : 시료 질량의 0.1% 이내를 읽을 수 있는 것

(4) 원뿔형 몰드 : 윗지름 (40 ± 3) mm, 밑지름 (90 ± 3) mm, 높이 (75 ± 3) mm, 두께 4 mm 이상

(5) 다짐봉 : 질량 (340 ± 15) g, 지름 (23 ± 3) mm인 평평하고 원형인 다짐면을 가진 것

(6) 플라스크 : 용적 500 mL

(7) 건조기 : (105 ± 5)℃의 온도를 유지할 수 있는 것

(8) 데시케이터

(9) 시료 팬, 볼

(10) 스포이트 또는 피펫

(11) 분무기, 비커, 드라이기, 마른걸레, 깔때기 등

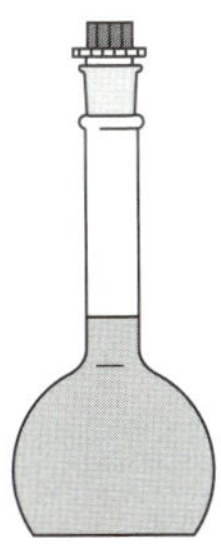

그림 A-14 플라스크

그림 A-15 원추형 몰드 및 다짐봉

3. 시료의 준비

(1) 시료는 사분법 또는 시료 분취기에 의해 약 1 kg의 잔골재를 준비해서 적당한 팬이나 그릇에 넣어 (105 ± 5)℃의 온도로 질량의 변화가 없을 때까지 건조시킨 후, (24 ± 4)시간 물속에 침수시킨다. 이때 수온은 (20 ± 5)℃에서 최소한 20시간 이상 유지하도록 한다.

(2) 침수시킨 시료를 평평한 용기에 펴서 따뜻한 공기 속에서 서서히 건조시킨다. 자주 시료를 헤쳐서 건조가 균일하게 되도록 하고, 잔골재 중의 물기가 거의 없어질 때까지 이 작업을 계속한다.

(3) 잔골재를 원뿔형 몰드에 다지는 일이 없이 서서히 넣은 다음, 윗면을 평평하게 한 후, 힘을 가하지 않고 다짐봉으로 25회 가볍게 다진다. 다짐한 후, 남아 있는 공간을 다시 가득 채워서는 안 되며, 원뿔형 몰드를 가만히 연직으로 들어 올린다.

(4) 표면수가 있으면 잔골재의 원뿔이 흘러내리지 않고 그 상태를 유지할 것이다. 몰드를 들어 올릴 때, 잔골재의 원뿔이 흘러내릴 때까지 계속해서 잔골재를 헤쳐 말려야 하며, 원뿔이 처음 흘러내린다는 것은 잔골재가 표면 건조 포화 상태에 도달하였다는 것을 의미한다.

(5) 표면 건조 포화 상태의 잔골재를 500 g 이상 채취하고, 그 질량(m)을 0.1 g까지 측정하여, 이것을 1회 시험량으로 한다.

4. 시험방법

(1) 물을 플라스크의 목부분 검정선까지 채우고, 플라스크의 질량을 측정한다. 이때 정확하게 검정선에 물을 위치시키기 위해 스포이트나 피펫 등을 사용한다. 그리고 질량 측정전에 플라스크 표면의 물기는 마른 천 등으로 닦는다.

(2) 표면건조포화상태의 시료를 정밀도 0.1 g으로 500 g을 계량한다.

(3) 플라스크에 잔골재 시료를 투입하기 전에 플라스크의 물을 비커에 따르고, 플라스크에 소량의 물을 남겨, 잔골재 투입시 플라스크가 깨질 염려를 없앤다.

(4) 시료가 유실되지 않도록 플라스크에 깔때기를 넣고 잔골재 시료를 투입한다.

(5) 시료가 전부 투입되면 물을 비커의 물을 플라스크의 검정선에 90%정도 채운다.

(6) 플라스크를 평평한 면에 굴려서 교란시켜 기포를 모두 제거한다.

(7) 스포이트를 사용하여 물을 플라스크의 검정선까지 정확하게 일치시킨다.

(8) 물의 온도를 측정한 후, 플라스크를 항온조에 약 1시간 동안 담가 (20 ± 5)℃의 온도로 조정한다.

(9) 플라스크 외부의 물기를 마른 천 등으로 제거하고 질량(C)을 측정한다.

(10) 금속제 용기 안으로 플라스크 속에 있는 시료를 모두 옮기고, 플라스크 속에 물을 검정 용량까지 다시 채워 그 질량(B)을 측정한다. 이때 물의 온도를 측정하여야 하는데, 첫 번째와 두 번째 물의 온도 차이가 1℃를 초과해서는 안 된다.

(11) 플라스크에서 꺼낸 시료로부터 상부의 물을 천천히 따라 버리고, 금속제 용기를 시료와 함께 일정한 온도가 될 때까지 약 24시간 동안 (105 ± 5)℃에서 건조시킨다. 또한, 데시케이터내에서 실온까지 냉각하여, 그 질량(A)을 0.1 g까지 측정한다.

(12) 시험은 2회 이상으로 하고 그 평균값을 구하며, 소수점 이하 둘째 자리까지 구한다.

5. 계산

(1) 표면 건조 포화 상태의 밀도

골재의 표면은 건조하고 골재 내부의 공극이 완전히 물로 차있는 상태의 골재의 질량을 같은 체적의 물의 질량으로 나눈 값으로 골재의 함수 상태를 나타내는 기준

$$d_s = \frac{m}{B + m - C} \times \rho_w$$

여기서, d_s : 표면 건조 포화 상태의 밀도(g/cm^3)

m : 표면 건조 포화 상태 시료의 질량(g)

C : 시료와 물로 검정된 용량을 나타낸 눈금까지 채운 플라스크의 질량(g)

B : 검정된 용량을 나타낸 눈금까지 물을 채운 플라스크의 질량(g)

ρ_w : 시험 온도에서 물의 밀도(g/cm^3)

[비고] 순수한 물의 밀도는 15℃에서 0.9991 g/cm^3, 20℃에서 0.9982 g/cm^3, 25℃에서 0.9970 g/cm^3이다.

(2) 절대 건조 상태의 밀도

골재 내부의 빈틈에 포함되어 있는 물이 전부 제거된 상태인 골재 입자의

겉보기 밀도로서, 골재의 절대 건조 상태 질량을 골재의 절대 용적으로 나눈 값

$$d_d = \frac{A}{B+m-C} \times \rho_w$$

여기서, d_d : 절대 건조 상태의 밀도(g/cm^3)

A : 절대 건조 상태 시료의 질량(g)

(3) 진밀도

절대 건조 상태의 체적에 대한 절대 건조 상태의 질량

$$d_A = \frac{A}{B+A-C} \times \rho_w$$

여기서, d_A : 진밀도(g/cm^3)

(4) 흡수율

표면 건조 포화 상태의 골재에 함유되어 있는 전체 수량을 절대 건조 상태의 골재 질량으로 나누어 백분율로 표시한 값

$$Q = \frac{m-A}{A} \times 100$$

여기서, Q : 흡수율(질량 백분율)(%)

11. 골재의 단위용적질량 및 실적률 시험

[Standard test method for bulk density of aggregates and solid content in aggregates]
KS F 2505 : 2002 (2012 확인)

1. 시험 목적

콘크리트 배합설계에서 단위골재용적을 결정하는데 사용되고, 골재의 공극률 계산에 필요한 시험이다. 그리고 골재의 검수 및 입형 판정에 사용된다.

2. 시험 기구

(1) 골재 : 잔골재, 굵은골재

(2) 저울 : 시험 질량의 0.2% 이하의 눈금량 또는 정밀도를 가진 것

(3) 다짐봉 : 지름 16 mm, 길이 500~600 mm의 원형 강으로, 앞 끝을 반구 모양으로 한 것

(4) 시료 팬, 삽

(5) 용기

① 내면을 기계 가공한 금속제 원통으로 수밀하고 충분히 튼튼한 것

② 용기의 위 테두리면은 편평도를 0.25 mm로 하고 0.5° 이내에서 밑면과 평행인 것

③ 용기에는 취급에 편리한 손잡이가 있는 것

④ 용기는 굵은골재의 최대 치수에 따라 표 A-2에 따른다.

표 A-2 골재의 최대치수에 따른 용기와 다짐 횟수

굵은골재의 최대 치수	용 적	1층당 다짐 횟수
5 mm(잔골재) 이하	1~2 L	20회
10 mm 이하	2~3 L	20회
10 mm 초과~40 mm 이하	10 L	30회
40 mm 초과~80 mm 이하	30 L	50회

3. 시료

(1) 시료는 4분법 또는 시료 분취기에 의해 축분한다.

(2) 시료 양은 사용하는 용기의 용적의 2배 이상으로 한다.

(3) 시료는 절건 상태로 하며, 굵은골재의 경우는 기건 상태이어도 된다.

4. 시험 방법

(1) 단위 용적 질량의 측정

단위 용적 질량의 측정은 다음과 같이 시료를 채우고 골재의 표면을 고른 후, 용기 안의 시료의 질량을 잰다.

① 봉 다짐 방법

㉮ 시료를 용기의 1/3까지 넣고 윗면을 손가락으로 고르게 하고 다짐봉으로 균등하게 소요 횟수를 다진다. 이 때 다짐봉의 앞 끝이 용기 바닥에 세게 닿지 않도록 주의한다.

㉯ 다지는 횟수는 골재의 최대 치수에 따라 표 A-2에 따른다.

㉰ 용기의 2/3까지 시료를 넣고 앞과 똑같은 횟수를 다진다.

㉱ 용기에서 넘칠 때까지 시료를 넣고 전회와 같은 횟수를 다진다.

② 충격 다짐 방법

㉮ 용기를 콘크리트 바닥과 같은 튼튼하고 수평인 바닥 위에 놓고 시료를 거의 같은 3층으로 나누어 채운다.

㉯ 각 층마다 용기의 한 쪽을 약 5 cm 들어 올려서 바닥을 두드리듯이 낙하시킨다.

㉰ 반대쪽을 약 5 cm 들어 올려 낙하시키고 각각을 교대로 25회, 전체적으로 50회 낙하시켜서 다진다.

③ 골재의 표면을 고르는 방법

㉮ 잔골재는 다짐봉을 자로 여분의 시료를 긁어내고 용기의 윗면을 따라 고른다.

㉯ 굵은골재는 골재의 표면을 손가락 또는 자로 고르게 하여 용기의 윗면에서의 굵은골재 입자의 돌기가 윗면에서의 오목부와 같은 정도가 되도록 고른다.

(2) 시료의 밀도, 흡수율 및 함수율의 측정

밀도, 흡수율 및 함수율은 KS F 2503, KS F 2504, KS F 2529, KS F 2533 및 KS F 2550에 따라 시험한 결과를 사용한다.

(3) 시험의 횟수

시험은 동시에 채취한 시료에 대하여 2회 실시한다.

5. 계산

(1) 골재의 단위 용적 질량

① 함수량 측정을 하지 않은 경우

$$T = \frac{m_1}{V}$$

여기서, T : 골재의 단위 용적 질량(kg/L)

V : 용기의 용적(L)

m_1 : 용기 안의 시료의 질량(kg)

② 함수량 측정을 한 경우

$$T = \frac{m_1}{V} \times \frac{m_0}{m_2}$$

여기서, T : 골재의 단위 용적 질량(kg/L)

V : 용기의 용적(L)

m_1 : 용기 안의 시료의 질량(kg)

m_2 : 함수율 측정을 위한 시료의 건조 전의 질량(kg)

m_0 : 함수율 측정을 위한 시료의 건조 후의 질량(kg)

(2) 골재의 실적률

$$G = \frac{T}{d_D} \times 100 \text{ 또는 } G = \frac{T}{d_s} \times (100 + Q)$$

여기서, G : 골재의 실적률(%)

T : 골재의 단위용적질량(kg/L)

d_D : 골재의 절건 밀도(kg/L)

Q : 골재의 흡수율(%)

d_s : 골재의 표건 밀도(kg/L)

(3) 골재의 공극률

공극률(%) = 100 − 실적률(%)

(4) 시험결과는 2회 시험의 평균값을 사용하고, 결과값은 유효숫자 3자리로 끝맺음한다.

12. 로스앤젤레스 시험기에 의한 굵은골재의 마모 시험

[Standard test method for resistance to abrasion of coarse aggregate by use of the Los Angeles machine]
KS F 2508 : 2012 확인

1. 시험 목적

로스앤젤레스 시험기에 의한 방법으로 굵은골재의 마모정도에 대한 적부를 판정하기 위함이며, 입자지름의 범위가 5∼2.5 mm인 잔골재에도 적용할 수 있다.

2. 시험 기구

(1) 굵은골재

(2) 시료 분취기

(3) 저울 : 칭량 10 kg 이상, 눈금량 1 g 또는 이것보다 정밀한 것

(4) 표준체 : 1.7 mm, 2.5 mm, 5 mm, 10 mm, 15 mm, 20 mm, 25 mm, 40 mm, 50 mm, 65 mm 및 75 mm 체

(5) 로스앤젤레스 시험기

① 안지름 (710 ± 5) mm, 안쪽 길이 (510 ± 5) mm의 양끝이 닫힌 강제 원통에 부착한 수평 회전축을 베어링에 부착한 것

② 원통의 옆면에는 재료 투입구를 만들고 틈이 생기지 않도록 긴밀하게 연결할 수 있는 강제의 덮개를 부착하며, 이 덮개는 그 내면과 원통 내면이 같은 곡면이 되도록 부착할 수 있는 것

③ 원통의 내부에는 길이가 원통의 길이와 같고 나비 (89 ± 2) mm의 뗄 수 있는 선반을 원통의 반지름 방향으로 (89 ± 2) mm만큼 튀어 나와 부착한다.

④ 선반에서 재료 투입구까지의 거리는 회전 방향으로 원통의 바깥둘레를 따라 1270 mm 이상 떨어져 있는 것

(6) 구

구는 평균지름 약 46.8 mm, 1개의 질량은 390∼445 g인 강제로 하고 구의 수 및 전체 질량은 표 A-3에 나타내는 입도 구분에 따라 결정한다.

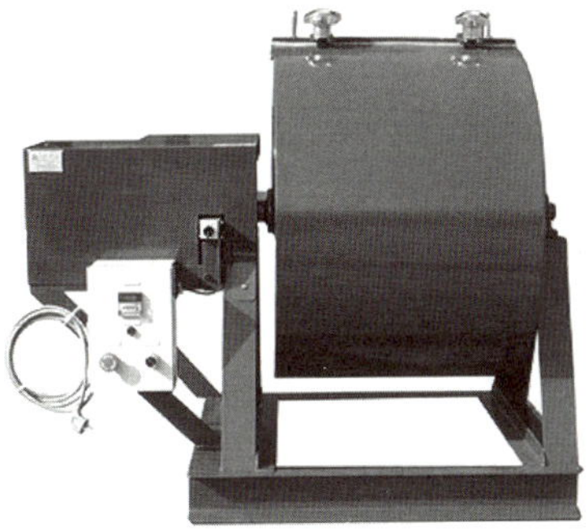

그림 A-16
로스앤젤레스 마모시험기

표 A-3 구의 수 및 전체 질량

입도 구분	구의 수	구의 전체 질량(g)
A	12	5,000 ± 25
B	11	4,580 ± 25
C	8	3,330 ± 25
D	6	2,500 ± 25
E	12	5,000 ± 25
F	12	5,000 ± 25
G	12	5,000 ± 25
H	10	4,160 ± 25

표 A-4 시료의 질량

입도 구분	입자지름의 범위(mm)	시료의 질량(g)	시료의 전질량(g)
A	40～25	1,250 ± 25	5,000 ± 10
	25～20	1,250 ± 25	
	20～15	1,250 ± 10	
	15～10	1,250 ± 10	
B	25～20	2,500 ± 10	5,000 ± 10
	20～15	2,500 ± 10	
C	15～10	2,500 ± 10	5,000 ± 10
	10～5	2,500 ± 10	
D	5～2.5	5,000 ± 10	5,000 ± 10
E	80～65	2,500 ± 50	10,000 ± 100
	65～50	2,500 ± 50	
	50～40	5,000 ± 50	
F	50～40	5,000 ± 50	10,000 ± 75
	40～25	5,000 ± 25	
G	40～25	5,000 ± 25	10,000 ± 50
	25～20	5,000 ± 25	
H	20～10	5,000 ± 10	5,000 ± 10

3. 시료

(1) 시료는 대표적인 것을 채취하여 축분한다.

(2) 굵은골재를 망체 2.5 mm, 5 mm, 10 mm, 15 mm, 20 mm, 25 mm, 40 mm, 50 mm, 65 mm 및 75 mm체 중의 시료의 입도에 따른 망체를 사용하여 체가름 한다.

(3) 표 A-4에 나타내는 입도 구분 중 시험하는 굵은골재의 입도에 가장 가까운 입도 구분을 고르고, 거기에 해당하는 입자지름의 범위의 굵은골재를 물로 씻은 후 (105 ± 5)℃의 온도에서 일정 질량이 될 때까지 건조한다.

(4) 건조시킨 굵은골재를 해당하는 입도 구분의 시료의 질량에 적합하도록 1 g까지 측정하여 시료로 선정한다.

4. 시험 방법

(1) 시료에 따라 시료의 전체 질량(m_1)이 표 A-4에 적합하도록 준비한다.

(2) 시료의 입도 구분에 따라 표 A-3에 적합하도록 구를 선정한다.

(3) 구를 시료와 함께 원통에 넣고 덮개를 부착한다.

(4) 분당 30~33회의 회전수로 A, B, C, D 및 H의 입도 구분의 경우는 500회, E, F 및 G의 경우는 1000회 회전시킨다.

(5) 시료를 시험기에서 꺼내서 1.7 mm의 망체로 친다. 이때, 습식으로 쳐도 좋다.

(6) 체에 남은 시료를 물로 씻은 후 (105 ± 5)℃의 온도에서 일정 질량이 될 때까지 건조하고 질량(m_2)을 잰다.

5. 결과 계산

마모 감량은 다음 식에 따라 산출하여 반올림하여 소수점 이하 한 자리로 끝맺음한다.

$$R = \frac{m_1 - m_2}{m_1} \times 100$$

여기서, R : 마모 감량(%)

m_1 : 시험 전의 시료의 질량(g)

m_2 : 시험 후 1.7 mm의 망체에 남은 시료의 질량(g)

13. 굳지 않은 콘크리트의 시료 채취 방법

[Standard test method for sampling of fresh concrete]
KS F 2401 : 2012 확인

1. 시험 목적

이 방법은 믹서, 호퍼 콘크리트 운반 기구, 타설 장소 등에서 굳지 않은 콘크리트의 시료를 채취하는 방법에 대하여 규정하며, 콘크리트의 물성 실험을 위해 수행한다.

2. 시료의 양

시료의 양은 20 L 이상으로 하고, 시험에 필요한 양보다 5L 이상 많아야 하며, 분취 시료를 그대로 시료로 하는 경우에는 20L 보다 적어도 된다.

3. 분취 시료의 채취 방법

분취 시료는 시험 목적에 맞는 채취 장소에서 시험하려고 하는 콘크리트를 대표하도록 3개소 이상에서 채취한다.

(1) 믹서에서 분취 시료를 채취하는 경우

믹서에서 나오는 중간 부분의 콘크리트 흐름 중의 3개소 이상에서 채취하거나 믹서의 회전을 멈추고 셔블로 믹서 내의 3개소 이상에서 채취하거나, 1배치를 용기에 넣어서 그 중 3개소 이상에서 채취한다.

(2) 트럭 애지테이터에서 분취 시료를 채취하는 경우

① 트럭 애지데이터에서 배출되는 콘크리트에서 규칙적인 간격으로 3회 이상 채취한다. 다만, 배출이 초기와 끝부분에서 채취하여서는 안 된다.

② 트럭 애지테이터에서 30초간 고속으로 회전한 후 최초로 배출되는 콘크리트 50～100L를 제외하고 채취할 수 있다.

③ 분취 시료는 콘크리트 흐름의 전횡단면에서 채취한다. 이 경우 콘크리트의 배출 속도는 트럭 애지테이터의 회전 속도를 바꿈으로써 조절한다.

(3) 콘크리트 펌프에서 분취 시료를 채취하는 경우

배관통 압에서 나오는 트럭 애지테이터 1대분 또는 1배치라고 판단되는 콘크리트 흐름의 전횡단면에서 규칙적인 간격으로 3회 이상 채취하거나 배출된 콘크리트 더미의 3개소 이상에서 채취한다.

(4) 호퍼 또는 버킷에서 분취 시료를 채취하는 경우
 호퍼 또는 버킷에서 나오는 중간 부분의 콘크리트 흐름 중 3개소 이상에서 채취한다.

(5) 덤프 트럭에서 분취 시료를 채취하는 경우
 트럭 화물대의 중앙 부근 3개소 이상에서 윗면의 콘크리트를 제외하고 채취하거나 또는 배출된 콘크리트 더미 3개소 이상에서 채취한다.

(6) 손수레에서 분취 시료를 채취하는 경우
 다져 넣은 위치에 되도록 가까운 곳에서 1배치의 중간 부분의 콘크리트를 운반하는 손수레 중 3대 이상에서 채취한다.

(7) 타설한 곳에서 분취 시료를 채취하는 경우
 콘크리트를 형틀에 넣은 직후 다지기 전의 콘크리트의 3개소 이상에서 삽을 사용하여 채취한다.

(8) 기타의 경우
 시료는 상기 방법 중 가장 적합한 것에 의하여 채취한다.

14. 콘크리트의 슬럼프 시험

[Method of test for slump of concrete]
KS F 2402 : 2012 확인

1. 시험 목적

이 시험은 현장 및 시험실에서의 콘크리트의 슬럼프를 측정하는 시험에 대하여 규정하며, 콘크리트의 슬럼프는 콘크리트의 반죽질기를 측정하기 위함이다.

2. 시험 기구

(1) 슬럼프 콘
슬럼프 콘은 그림 A-16과 같이 윗면의 안지름이 100 mm, 밑면의 안지름이 200 mm, 높이 300 mm 및 두께 1.5 mm 이상인 금속제로 하고, 적절한 위치에 발판과 손잡이를 붙인다.

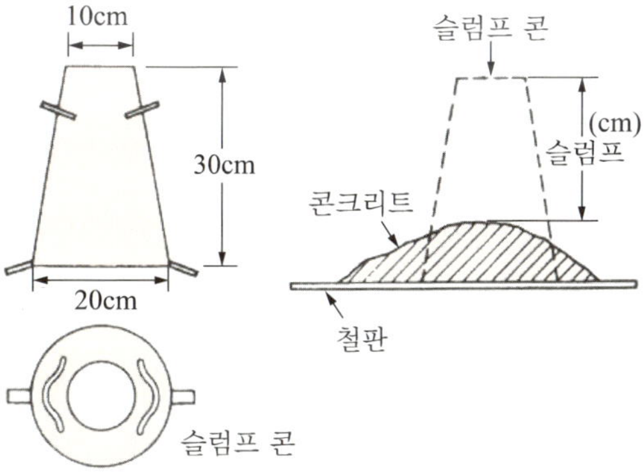

그림 A-17
슬럼프 콘

(2) 다짐봉 : 지름 16 mm, 길이 500~600 mm의 끝을 반구 모양으로 한 강 또는 금속제 원형봉
(3) 수밀성 평판 : 70 × 70 cm, 두께 3 mm 정도의 강판
(4) 측정자 : 1 mm 간격의 30 cm 자
(5) 소형 삽, 흙손, 마른 걸레 등

3. 시험 방법

(1) 슬럼프 콘을 습포로 닦은 후 단단한 평판 위에 놓고, 콘크리트를 채워 넣을 동안 2개의 발판을 디디고 서서 움직이지 않게 그 자리에 단단히 고정시킨다.

(2) 콘크리트 시료를 슬럼프 콘의 바닥에서 7 cm 정도인 1/3 깊이까지 채우고 다짐봉으로 골고루 25회 다진다.

(3) 콘크리트 시료를 슬럼프 콘의 바닥에서 16 cm 정도인 2/3 깊이까지 채우고 다짐봉으로 골고루 25회 다진다. 각 층을 다질 때 다짐봉의 다짐 깊이는 그 앞 층에 거의 도달할 정도로 한다.

(4) 콘크리트 시료를 슬럼프 콘의 상부까지 콘 위에 높이 쌓고 다짐봉으로 골고루 25회 다진다. 각 층을 다질 때 다짐봉의 다짐 깊이는 그 앞 층에 거의 도달할 정도로 한다.

(5) 만일, 다져서 콘크리트가 슬럼프 콘의 상단보다 아래로 낮아지면 여분의 콘크리트가 항상 슬럼프 콘 윗면의 위에 있도록 추가하여 넣는다.

(6) 슬럼프 콘에 채운 콘크리트의 윗면을 슬럼프 콘의 상단에 맞춰 흙칼 등을 사용하여 고르게 한다.

(7) 슬럼프 콘을 조심하여 연직으로 들어 올린다.

(8) 콘크리트의 중앙부에서 공시체 높이와의 차를 5 mm 단위로 측정하여 이것을 슬럼프 값으로 한다.

4. 주의사항

(1) 콘크리트가 슬럼프 콘의 중심축에 대하여 치우치거나 무너지거나 해서 모양이 불균형이 된 경우는 다른 시료에 의해 재시험을 한다.

(2) 슬럼프 콘에 콘크리트를 채우기 시작하고 나서 슬럼프 콘의 들어올리기를 종료할 때까지의 시간은 3분 이내로 한다.

15. 굳지 않은 콘크리트의 단위용적 질량 및 공기량 시험(질량 방법)

[Method of test for unit mass and air content of fresh concrete]
KS F 2409 : 2016 개정

1. 시험 목적

이 시험은 굳지 않은 콘크리트의 단위 용적 질량 및 공기량을 질량으로 구하는 시험 방법이다.

2. 시험 기구

(1) 용기

① 용기는 금속제의 원통 모양이며 수밀하고 견고한 것으로, 취급할 때 편리하도록 손잡이를 부착한 것

② 용기의 치수는 굵은골재의 최대 치수에 따라 표 A-5를 표준으로 한다.

③ 굵은골재의 최대 치수가 25 mm 이하이며, 공기량을 KS F 2421에 따라 구하는 경우는 그 시험에서 사용하는 용적 약 7L의 용기를 사용하여 단위 용적 질량을 구해도 된다.

④ 용기의 용적은 이것을 채우기에 필요한 물의 질량을 정확히 재어서 산출하며, 용기를 채우기에 필요한 물의 질량을 물의 밀도(예, 13～18℃일 때 999 kg/m^3)로 나누어 구한다.

(2) 저울 : 표 A-5에 나타내는 감도의 것

(3) 다짐봉 : 지름 16 mm, 길이 500～600 mm의 끝을 반구 모양으로 한 강 또는 금속제 원형봉

(4) 소형 삽

(5) 시료 팬

(6) 마른 천

표 A-5 용기의 치수 및 저울의 감도

굵은골재의 최대 치수	용기의 치수		저울의 감도
	안지름	안높이	
10 mm 이하인 경우	14 cm	13 cm	2 g
40 mm 이하인 경우	24 cm	22 cm	10 g

3. 시험방법

(1) 용기의 질량을 측정한다.

(2) 시료를 용기의 1/3까지 넣고 고른 후 다짐봉으로 표 A-6의 횟수만큼 균등하게 다진다.

(3) 다짐 구멍이 없어지고 콘크리트 표면에 큰 기포가 보이지 않을 때까지 용기의 바깥쪽을 10회~15회 고무망치로 두들긴다.

(4) 용기의 약 2/3까지 시료를 넣고 앞에서와 같은 조작을 반복한다. 다짐봉의 다짐 깊이는 거의 그 앞 층에 이르는 정도로 한다.

(5) 용기에 약간 넘칠 정도로 시료를 넣고 같은 조작을 반복한 후, 금속제의 직선자로 여분의 시료를 깎아내며 고른다.

(6) 용기의 바깥쪽에 붙은 콘크리트를 마른 천 등으로 닦아낸 후 전체의 질량(kg)을 측정한다.

(7) 미리 측정해 놓은 용기의 질량을 이용하여 용기 중의 시료의 질량(kg)을 측정한다.

표 A-6 다짐 횟수

용기의 안지름	다짐봉에 따른 각 층의 다짐 수
140 mm	10회
240 mm	25회

4. 결과 계산

(1) 단위 용적 질량

$$M = \frac{W}{V}$$

여기서, M : 콘크리트의 단위 용적 질량(kg/m^3)

W : 용기 중의 시료의 질량(kg)

V : 용기의 용적(m^3)

(2) 공기량

$$A = \frac{T - M}{T} \times 100$$

여기서, A : 콘크리트 중의 공기량(%)

T : 공기가 전혀 없는 것으로 계산한 콘크리트의 단위용적질량(kg/m^3)

$$T = \frac{M_1}{V_1}$$

여기서, M_1 : 1 m^3당 구성재료의 질량 합(kg)

V_1 : 1 m^3당 구성재료의 절대용적 합(m^3)

16. 압력법에 의한 굳지 않은 콘크리트의 공기량 시험

[Standard test method for air content of fresh concrete by the pressure method (Air receiver method)]

KS F 2421 : 2016 개정

1. 시험 목적

이 시험은 굳지 않은 콘크리트의 공기 함유량을 공기실의 압력 감소에 의해 시험하는 방법이며, 콘크리트의 품질관리 및 배합설계를 위해서 필요한 것이다.

2. 시험 기구

(1) 공기량 측정기 : 워싱톤형 에어미터(Washington type air meter)

① 공기량 측정기는 그림 A-17과 같이 콘크리트와 덮개 사이의 공간에 물을 부어 시험하도록 만들어진 것

② 용기는 플랜지가 붙은 원통 모양 용기로, 그 재질은 시멘트 페이스트에 쉽게 침식되지 않은 것으로 하고 수밀하며 견고한 것

③ 용기의 지름은 높이의 0.75～1.25배와 같게 하고, 그 용적은 물을 붓고 시험하는 경우 적어도 5 L로 하고, 물을 붓지 않고 시험하는 경우는 7 L 이상으로 한다.

④ 용기는 플랜지가 붙은 덮개와 고압 아래에서 밀봉되는 구조로 되어 있는 것으로 하고, 내면 및 플랜지의 윗면을 평평하게 기계 다듬질한 것

⑤ 덮개는 플랜지가 붙은 것으로, 그 재질은 용기와 같이 시멘트 페이스트에 쉽게 침식되지 않는 것으로 하고 수밀하며 견고한 것으로 주수구 및 배수구를 갖추고 있어야 한다. 덮개의 아랫면 및 플랜지의 아랫면은 평평하게 기계 가공한 것

⑥ 덮개의 상부에는 용기의 약 5%의 내용량을 가진 공기실을 부착한다.

⑦ 공기실은 압력 조정 밸브를 갖추고 공기 핸드 펌프 및 압력계에 연결되어 있어야 한다. 또한 덮개와 용기를 조립한 후 공기실 내의 고압의 공기를 용기에 분출할 수 있는 작동 밸브를 갖추어야 한다. 작동 밸브는 공기실에 물이 침입하지 않는 구조로 한다.

⑧ 덮개와 용기를 조립한 경우, 100 kPa의 압력에서 공기 및 물이 새지 않는 구조이며 보통의 사용 압력 아래에서 공기량의 눈금에서 0.1% 이하의 팽창으로 억제할 수 있는 강성을 가진 것

⑨ 압력계는 용량이 약 100 kPa이며 1 kPa 정도의 감도인 것

(2) 디지털식 압력계를 사용할 경우

① 디지털로 표시되는 압력계를 사용할 경우에는 2.(1)을 충족해야 한다.

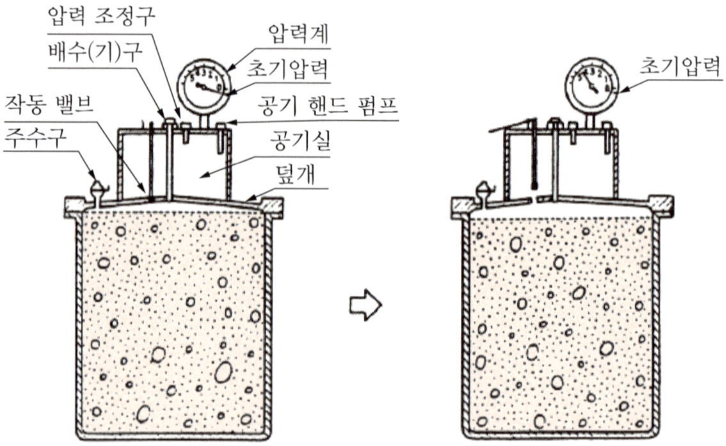

(a) 공기실의 압력을 소정의 압력으로 높인 경우

(b) 작동 밸브를 열고 콘크리트에 압력을 가한 경우

그림 A-18 공기량 측정기

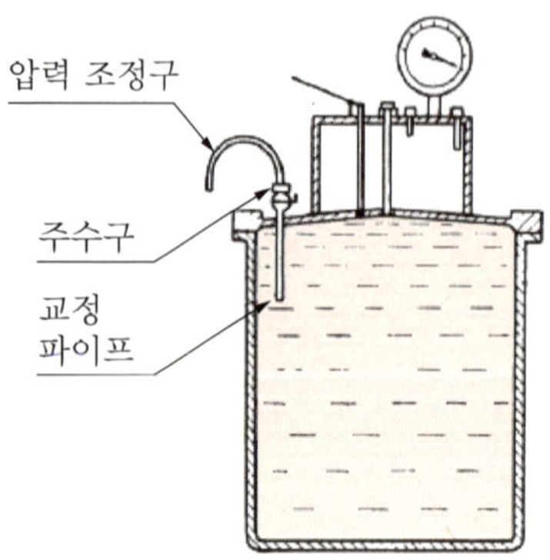

그림 A-19 교정 파이프, 연장 튜브틀

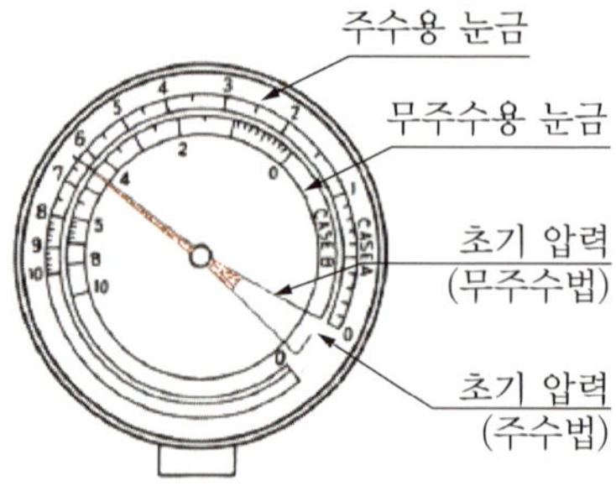

그림 A-20 압력계의 눈금판

② 표시되는 지시값의 단위는 % 로 한다.

③ 지시값은 육안으로 쉽게 식별할 수 있는 것으로 주수식, 무 주수식의 구분이 있는 것이어야 한다.

(3) 검정용 기구 : 검정에 필요한 양의 물을 손쉽게 용기 밖으로 꺼낼 수 있는 것

(4) 소형 삽

(5) 나무망치

3. 측정기의 검정

측정기의 검정은 연속한 측정의 초기에 실시한다.

(1) 용기의 교정

① 용기를 평평한 장소에 놓고, 용기의 플랜지 주변을 따라서 그리스로 얇게 바른다.

② 용기 높이의 약 90%까지 물을 채운 후 연마 유리판을 상부에 얹고 남은 물을 더함과 동시에 연마 유리판을 플랜지에 따라 이동시키면서 물을 채운다. 이때 거품이 남지 않도록 주의하고 수온을 측정하여 t_1 으로 한다.

③ 용기에서 넘친 물이 용기에 묻어 있는 경우에는 물을 닦아 내고, 물을 채운 용기 용기와 유리판의 질량(m_1)을 1 g까지 측정한다.

④ 용기 내의 물을 버린 후 용기에 묻어 있는 물기를 제거한 용기의 질량(m_2)을 1 g까지 측정한다.

⑤ 용기의 용적은 다음 식에 따라 산출한다.

$$V_c = \frac{m_1 - (m_2 + G_1)}{\rho_w}$$

여기서, ρ_w : 수온 t_1 (℃)일 때 물의 밀도

(2) 초기 압력의 결정

① 용기에 물을 채우고 덮개의 겉과 안을 통기할 수 있도록 해 두고 가만히 덮개를 용기에 부착한다. 덮개를 부착한 후 배수구를 열고 덮개의 안쪽과 수면 사이의 공기가 빠져나갈 때까지 주수구에서 물을 주입한다.

② 모든 밸브를 닫고 공기 핸드 펌프로 공기실의 압력을 초기 압력보다 약간 크게 한다. 약 5초 후에 조절 밸브를 서서히 열고 압력계의 지침

을 초기 압력의 눈금에 바르게 일치시킨다.

③ 작동 밸브를 충분히 열고 공기실의 압력과 용가 내의 압력이 평형을 이루게 하여 압력계를 읽고, 그 눈금이 공기량 0%의 눈금과 바르게 일치하는지 여부를 조사한다. 이것이 일치하지 않는 경우에는 공기 및 물의 누수의 유무, 기타 사항을 점검한 후 교정을 반복한다. 2~3회 반복하였을 때 압력계의 지침은 같은 점을 가리키지만, 영점에 일치하지 않는 경우에는 초기 압력의 눈금의 위치를 지침이 영점에 머무르도록 이동한다. 이후 조작을 반복하여 초기 압력의 눈금의 위치가 적절하였는지를 확인한다.

(3) 공기량의 눈금 검정

① 3.(2).①과 똑같은 조작을 하고 다음 조작을 한다.

㉮ 2.(3)의 기구를 사용하여 용기 내의 물을 약 100~140 mL(공기량으로 약 2%)를 메스실린더로 꺼내서 용기의 용량에 대한 백분율로 나타낸다.

㉯ 용기 내의 기압을 대기압과 같게 하여 닫고 공기실 내의 기압을 초기 압력까지 높인다.

㉰ 작동 밸브를 열고 고압의 공기를 용기 안으로 유도한다.

㉱ 압력계의 지침이 안정된 후에 공기량의 눈금을 읽는다.

② 다시 ①에 준하여 용기 내의 물을 뽑아내고, 뽑아낸 수량의 합을 용기의 용량에 대한 백분율로 나타낸다. ①과 똑같이 하여 공기량의 눈금을 읽는다.

③ 앞의 조작을 4~5회(공기량 약 2% 피치)하여 뽑아낸 수량을 용기의 용량에 대한 백분율과 공기량의 눈금을 비교한다. 이러한 값이 각각 일치하고 있을 때에는 공기량의 눈금은 정상이다. 일치하지 않는 경우에는 양자의 관계를 도시한다. 이 그림을 공기량의 검정에 사용한다.

4. 시험 방법

(1) 시료를 용기의 약 1/3까지 넣고 고르게 한 후 용기 바닥에 닿지 않도록 각 층을 다짐봉으로 25회 균등하게 다진다.

(2) 다짐 구멍이 없어지고 콘크리트의 표면에 큰 거품이 보이지 않게 되도록 하기 위하여 용기의 옆면을 10~15회 고무망치로 두드린다.

(3) 용기의 약 2/3까지 넣고 전회와 같은 조작을 반복한다.

(4) 용기에서 조금 흘러넘칠 정도로 시료를 넣고 같은 조작을 반복한 후 곧은 자로 여분의 시료를 깎아서 평탄하게 한다. 다짐봉의 다짐 깊이는 거의 각 층의 두께로 한다.

(5) 용기의 플랜지의 윗면과 덮개의 플랜지의 아랫면을 완전히 닦는다.

(6) 덮개의 겉과 안을 통기할 수 있도록 살짝 덮개를 용기에 부착하고 공기가 새지 않도록 조인다.

(7) 배수구에서 배수되어 덮개의 안팎과 수면 사이의 공기가 빠져나갈 때까지 흔들면서 주수구에 물을 주입한다.

(8) 모든 밸브를 닫고 공기 핸드 펌프로 공기실의 압력을 초기 압력보다 약간 크게 한다.

(9) 약 5초 후에 조절 밸브를 서서히 열고 압력계의 바늘을 안정시키기 위하여 압력계를 가볍게 두드리고 압력계의 지침을 초기 압력의 눈금에 바르게 일치 시킨다.

(10) 약 5초 지난 후 작동 밸브를 충분히 연다. 그리고 용기의 측면을 고무망치로 두드린다.

(11) 작동 밸브를 충분히 열고 지침이 안정되고 나서 압력계의 눈금을 소수점 이하 첫째 자리로 읽는다.

(12) 용기 및 공기실의 양쪽의 압력을 풀기 전에 작동 밸브를 열지 않도록 주의한다. 이를 소홀히 하면 물이 공기실로 들어가서 그 후의 측정에 오차가 발생한다.

(13) 그 눈금을 콘크리트의 겉보기 공기량(A_1)으로 한다.

(14) 측정 종료 후에는 덮개를 떼기 전에 주수구와 배수구를 양쪽으로 열고 압력을 푼다.

5. 결과 계산

콘크리트의 공기량은 다음 식으로 계산한다.

$$A = A_1 - G$$

여기서, A : 콘크리트의 공기량(%)

A_1 : 콘크리트의 겉보기 공기량(%)

G : 골재수정계수(골재수정계수가 0.1% 미만인 경우는 생략)

6. 주의사항

(1) 진동기로 다짐을 할 경우에는 콘크리트를 2층으로 넣어 다지고, 진동시간은 콘크리트의 표면에 큰 기포가 일어나지 않을 때까지 필요한 최소시간으로 한다.

(2) 공기량 측정기는 정기적으로 압력계의 눈금에 대하여 검정을 해야 한다.

17. 콘크리트의 블리딩 시험

[Standard test method for bleeding of concrete]
KS F 2414 : 2015 개정

1. 시험 목적

이 시험은 콘크리트의 재료분리 현상을 예측하기 위함이며, 굵은골재 최대치수가 40 mm 이하인 콘크리트에 한정하는 시험 방법이다.

2. 시험 기구

(1) 용기

① 용기의 치수는 안지름 250 mm, 안높이 285 mm이고 취급을 편하게 하기 위해 손잡이가 부착된 것

② 용기는 안쪽 면을 기계 마무리한 금속제의 원통 모양의 것으로 하며, 수밀하고 견고한 것

③ KS F 2505 및 KS F 2409의 용기(안지름 240 mm, 안높이 220 mm)를 사용해도 된다.

(2) 저울 : 감도 10 g의 것

(3) 메스실린더 : 10 mL, 50 mL 또는 100 mL

(4) 피펫 또는 스포이트

(5) 다짐봉 : 지름 16 mm, 길이 500~600 mm의 끝을 반구 모양으로 한 강 또는 금속제 원형봉

(6) 소형 삽

(7) 시료 팬

(8) 흙손
(9) 마른 천

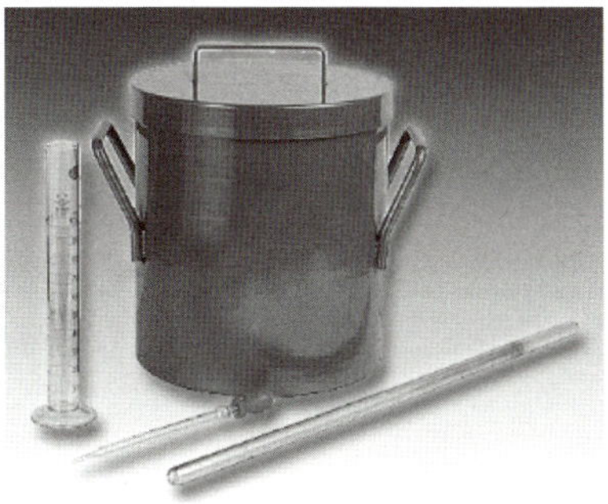

그림 A-21
블리딩 시험 기구

3. 시험방법

(1) 시험하는 동안 (20 ± 3)℃가 유지되는 곳에서 한다.
(2) 빈 용기의 질량을 측정한다.
(3) 콘크리트를 3층으로 나누어 용기에 넣고 각 층의 윗면을 고른 후 25회씩 다지고 콘크리트 표면에 큰 기포가 보이지 않을 때까지 용기의 바깥을 10~15회 두들긴다.
(4) 콘크리트 표면이 용기의 가장자리에서 (30 ± 3) mm 낮아지도록 고른다. 이때 콘크리트 표면은 최소한의 작업으로 평활한 면이 되도록 흙손으로 고른다.
(5) 시료의 표면을 흙손으로 고른 후 즉시 시각을 기록하고, 용기와 시료의 무게를 잰다.
(6) 시료와 용기를 진동이 없는 수평대 또는 바닥위에 놓고 적당한 뚜껑을 덮는다. 시험 중에 뚜껑은 물을 빨아낼 때를 제외하고는 항상 덮어둔다.
(7) 처음 기록한 시각에서부터 60분 동안 10분 간격으로, 그 후는 블리딩이 정지할 때까지는 30분 간격으로 표면에 떠오른 블리딩 물을 스포이트로 빨아낸다. 이때 물을 쉽게 빨아내기 위하여 시험 2분 전에 두께 약 50 mm의 블록을 용기의 한쪽 밑에 주의 깊게 괴어 용기를 기울이고, 물을 빨아낸 후 수평 위치로 되돌린다.
(8) 빨아낸 물은 메스실린더에 옮긴 후 그 때까지 고인 물의 누계를 1 mL까지 기록한다.
(9) 블리딩이 정지하면 즉시 용기와 시료의 질량을 측정한다.

4. 결과 계산

(1) 블리딩 량

$$B_q = \frac{V}{A}$$

여기서, B_q : 블리딩량(m^3/m^2)

V : 마지막까지 누계한 블리딩에 의한 물의 용적(m^3)

A : 콘크리트 윗면의 면적(m^2)

(참고, 1 mL = 10^{-6} m^3, 1 m^3/m^2 = 100 cm^3/m^2)

(2) 블리딩 률

$$B_r = \frac{B}{W_s} \times 100, \quad W_s = \frac{W}{C} \times S$$

여기서, B_r : 블리딩률(%)

B : 최종까지 누계한 블리딩에 의한 물의 질량(kg)

W_s : 시료중의 물의 질량(kg)

C : 콘크리트의 단위용적질량(kg/m^3)

W : 콘크리트의 단위수량(kg/m^3)

S : 시료의 질량(kg)

18. 콘크리트의 강도 시험용 공시체 제작 방법

[Standard test method for making and curing concrete specimens]
KS F 2403 : 2014 개정

1. 시험 목적

콘크리트의 압축 강도 시험(KS F 2405), 휨 강도 시험(KS F 2408) 및 쪼갬 인장 강도 시험(KS F 2423)을 위한 공시체의 제작 방법에 대하여 규정한다.

2. 콘크리트 시료

(1) 시험실에서 만드는 경우 : KS F 2425에 따른다.

(2) 기타 장소에서 채취하는 경우 : KS F 2401에 따른다.

3. 압축 강도 시험을 위한 공시체

(1) 공시체의 치수

공시체의 지름은 굵은골재의 최대 치수의 3배 이상, 100 mm 이상으로 하고, 그 공시체는 지름의 2배 높이를 가진 원기둥으로 한다.

그림 A-22
압축강도 시험용 몰드

(2) 기구

① 몰드는 비흡수성으로 시멘트에 침식되지 않는 재료로 만들며, 누수가 없어야 한다.

② 몰드의 내면에는 콘크리트를 다져 넣기 전에 광물성 기름 또는 비 반응성의 박리제를 바른다.

③ 다짐봉을 이용하여 다지는 경우, 다짐봉은 앞 끝을 반구 모양으로 한 지름 16mm, 길이 약 (500~600)mm의 환형강으로 한다.

④ 진동대식 진동기에 의해 다지는 경우, 진동기는 KS B ISO 18652에 따른다.

(3) 콘크리트의 다져 넣기

① 콘크리트를 채우는 방법

콘크리트는 2층 이상으로 거의 동일한 두께로 나눠서 채운다. 각 층의 두께는 160 mm를 초과해서는 안 된다.

② 다짐봉을 사용하는 경우

각 층은 적어도 1000 mm^2에 1회의 비율로 다지도록 하고 바로 아래층까지 다짐봉이 닿도록 한다. 이 비율로 다지면 재료가 분리될 염려가 있을 때는 분리를 일으키지 않을 정도로 다짐 수를 줄인다.

③ 진동대식 진동기를 사용하는 경우

몰드는 진동대에 부착하거나 단단히 누른다. 진동 다짐은 큰 기포가 나오지 않게 되고 큰 골재의 표면을 모르타르 층이 얇게 덮을 때까지 계속한다. 너무 과하게 진동하는 것은 피하여야 한다.

④ 윗면 고르기

몰드의 상면 위쪽의 콘크리트는 제거하고 표면을 주의를 기울여 고른다.

(4) 공시체의 캐핑

① 캐핑용 재료를 사용하는 경우

㉮ 캐핑용 재료는 콘크리트에 잘 부착하고 콘크리트에 영향을 주는 것이어서는 안 된다.

㉯ 캐핑층의 압축 강도는 콘크리트의 예상되는 강도보다 작아서는 안 된다.

㉰ 캐핑층의 두께는 공시체 지름의 2%를 넘어서는 안 된다.

② 연마에 의한 경우

연마에 의해 윗면을 다듬질하는 경우는 콘크리트 공시체에 영향을 주지 않도록 한다.

(5) 공시체의 모양 치수의 허용차

① 공시체의 정밀도는 지름에서 0.5% 이내, 높이에서 5% 이내로 한다.

② 공시체의 재하면의 평면도는 지름의 0.05% 이내로 한다.

③ 재하면과 모선 사이의 각도는 90° ± 0.5°로 한다.

4. 휨 강도 시험을 위한 공시체

(1) 공시체의 치수

공시체는 단면이 정사각형인 각주로 하고, 그 한 변의 길이는 굵은골재의 최대 치수의 4배 이상이며 100 mm 이상으로 하고, 공시체의 길이는 단면의 한 변의 길이의 3배보다 80 mm 이상 긴 것으로 한다.

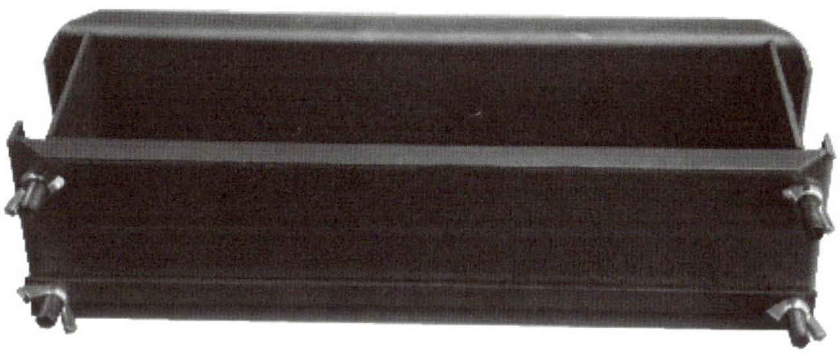

그림 A-23
휨강도 시험용 몰드

(2) 기구

공시체의 제조에 이용하는 기구는 3.(2)에 따른다.

(3) 콘크리트의 다져 넣기

① 콘크리트를 채우는 방법

다짐봉을 이용하는 경우는 2층 이상의 거의 같은 층으로 나누어 채운다. 진동기를 이용하는 경우는 1층 또는 2층 이상의 거의 같은 층으로 나누어 채운다.

② 다짐봉을 사용하는 경우

다짐봉을 이용하여 다져 넣는 경우는 3.(3).②에 따른다.

③ 진동대식 진동기를 사용하는 경우

진동대식 진동기를 이용하여 다져 넣는 경우는 3.(3).③에 따른다.

④ 윗면 고르기

윗면 고르기는 3.(3).④에 따른다.

(4) 공시체의 모양 치수의 허용차

① 공시체의 정밀도는 단면 한 변의 0.5% 이내, 길이의 5% 이내로 한다.

② 공시체의 재하면의 평면도는 단면의 한 변의 길이의 0.05% 이내로 한다.

③ 인접하는 면 사이의 각도는 90° ± 0.5°로 한다.

5. 쪼갬 인장 강도 시험을 위한 공시체

(1) 공시체의 치수

공시체는 원기둥 모양으로 그 지름은 굵은골재의 최대 치수의 4배 이상이며 150 mm 이상으로 한다. 공시체의 길이는 공시체의 지름 이상, 2배 이하로 한다.

(2) 기구

공시체의 제조에 이용하는 기구는 3.(2)에 따른다.

(3) 콘크리트의 다져 넣기

콘크리트의 다져 넣기는 3.(3)에 따른다.

(4) 공시체 치수의 허용차

① 공시체의 정밀도는 지름의 0.5% 이내로 한다.

② 모선의 직선도는 지름의 0.1% 이내로 한다.

6. 몰드의 제거 및 양생

① 콘크리트를 다 채운 후, 그 경화를 기다리며 몰드를 뗀다.

② 몰드를 떼는 시기는 콘크리트 채우기가 끝나고 나서 16시간 이상 3일 이내로 한다. 그 동안, 충격, 진동 및 수분의 증발을 막아야 한다.

③ 공시체의 양생 온도는 (20 ± 2)℃로 한다.

④ 공시체는 몰드를 뗀 후 강도 시험을 할 때까지 습윤 상태에서 양생을 하여야 한다. 공시체를 습윤 상태로 유지하려면 수중 또는 습도 95% 이상의 장소에 두면 된다.

7. 공시체의 운반

공시체의 운반은 건조하지 않도록 실시한다.

19. 콘크리트 압축 강도 시험

[Standard test method for compressive strength of concrete]
KS F 2405 : 2017 확인

1. 시험 목적

이 시험은 굳은 콘크리트 공시체의 압축 강도 시험방법에 대해 규정한다.

2. 시험 장치

(1) 압축 시험기

① 압축 시험기는 KS B 5533의 시험기의 등급에 규정하는 1등급 이상의 것

② 시험시의 최대 하중이 칭량의 1/5에서 칭량까지의 범위에서 사용

(2) 상하의 가압판

① 상하의 가압판의 크기는 공시체의 지름 이상으로 하고 두께는 25 mm 이상

② 가압판의 압축면은 연마 가공으로 하고 평편도는 100 mm당 0.02 mm 이내이며, 쇼어 경도는 70 HS 이상

(3) 구면 시트

① 가압판은 구면 시트를 가진 것

② 구면 시트는 가압판 표면 위에 그 중심을 가지며 가압판의 회전각을 3° 이상 얻을 수 있는 것

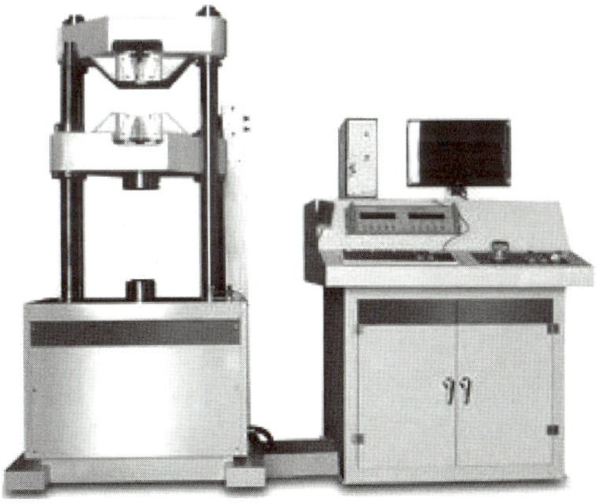

그림 A-24
만능 시험기

3. 시험 방법

(1) 지름을 0.1mm, 높이를 1 mm까지 측정한다. 지름은 공시체 높이의 중앙에서 서로 직교하는 2방향에 대하여 측정한다.

(2) 공시체의 상하 끝면 및 상하의 가압판의 압축면을 청소한다.

(3) 공시체를 공시체 지름의 1% 이내의 오차에서 그 중심축이 가압판의 중심과 일치하도록 놓는다.

(4) 시험기의 가압판과 공시체의 끝면은 직접 밀착시키고 그 사이에 쿠션재를 넣어서는 안 된다. 다만, 언본드 캐핑에 의한 경우는 제외한다.

(5) 공시체에 충격을 주지 않도록 똑같은 속도로 하중을 가한다.

(6) 하중을 가하는 속도는 압축 응력도의 증가율이 매초 (0.6 ± 0.4) MPa이 되도록 한다.

(7) 공시체가 급격한 변형을 시작한 후에는 하중을 가하는 속도의 조정을 중지하고 하중을 계속 가한다.

(8) 공시체가 파괴될 때까지 시험기가 나타내는 최대 하중을 유효 숫자 3자리까지 측정한다.

4. 결과 계산

(1) 공시체의 지름은 0.1 mm까지 측정한다.

$$d = \frac{d_1 + d_2}{2}$$

여기서, d : 공시체의 지름(mm)

d_1, d_2 : 2방향의 지름(mm)

(2) 압축 강도는 다음 식에 따라 산출하여 유효 숫자 3자리로 한다.

$$f_c = \frac{P}{\pi\left(\frac{d}{2}\right)^2}$$

여기서, f_c : 압축강도(MPa)

P : 최대하중(N)

20. 콘크리트의 휨 강도 시험

[Standard test method for flexural strength of concrete]
KS F 2408 : 2016 개정

1. 시험 목적

이 시험은 4점 재하법에 따른 경화 콘크리트 공시체의 휨 강도 시험방법에 대하여 규정한다.

2. 시험 장치

(1) 시험기 : 시험기는 KS B 5533에서 규정하는 1등급 이상의 것

(2) 4점 재하 장치

① 4점 하중을 재하하기 위한 장치는 4점 하중을 연직으로, 또한 중심이 치우치지 않도록 가할 수 있으며, 공시체를 설치하였을 때 안정되고, 그 밖에도 충분한 강성을 가지는 것

② 시험 장치는 그림 A-24와 같이 2개의 지지 롤러와 2개의 재하 롤러로 구성

③ 실제 재하 장치는 가령, 상부 가압 장치를 시험기의 크로스헤드에 매다는 핀 등이 필요하다. 그리고 구접점 대신에 선저형 접점 등을 사용하여도 된다.

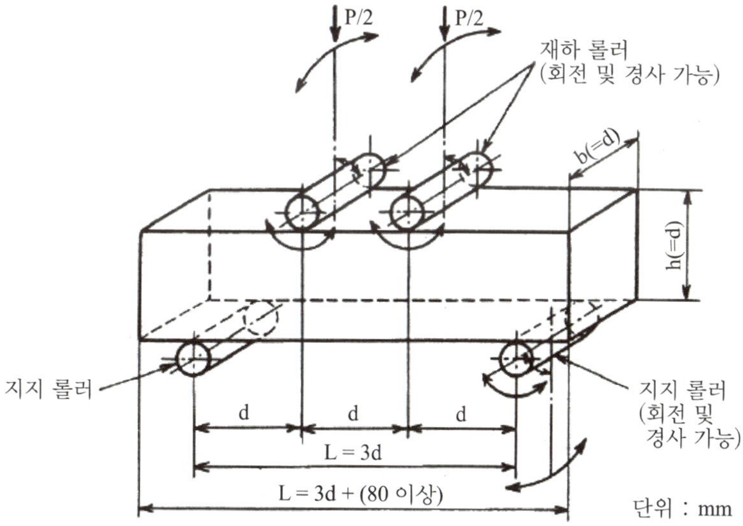

그림 A-25
4점 재하 장치

④ 롤러는 강재로 하며, 지름 20~40 mm의 원형 단면이며 공시체의 너비보다 적어도 10 mm 긴 것으로 한다. 그리고 1개를 제외한 모든 롤러는 그 축을 중심으로 회전할 수 있어야 한다.

3. 시험 방법

(1) 공시체의 길이, 너비, 높이를 측정한다.

(2) 시험기는 시험 시의 최대 하중이 용량의 1/5에서 최대 용량까지의 범위에서 사용한다.

(3) 지간은 공시체 높이의 3배로 한다.

(4) 공시체는 콘크리트를 몰드에 채웠을 때의 옆면을 상하면으로 하며, 베어링 너비의 중앙에 놓고 지간의 4점에 상부 재하 장치를 접촉시킨다. 이 경우, 재하 장치의 접촉면과 공시체 면과의 사이 어디에도 틈새가 없도록 한다.

(5) 공시체에 충격을 가하지 않도록 일정한 속도로 하중을 가한다.

(6) 하중을 가하는 속도는 가장자리 응력도의 증가율이 매초 (0.06 ± 0.04) MPa이 되도록 조정하고, 최대 하중이 될 때까지 그 증가율을 유지하도록 한다.

(7) 공시체가 파괴될 때까지 시험기가 나타내는 최대 하중을 유효 숫자 3자리까지 측정한다.

(8) 파괴 단면의 너비는 3곳에서 0.1 mm까지 측정하고, 파괴 단면의 높이는 2곳에서 0.1 mm까지 측정한다.

4. 결과 계산

(1) 공시체가 인장쪽 표면 지간 방향 중심선의 4점 사이에서 파괴되었을 때는 휨 강도를 다음 식으로 유효숫자 3자리까지 산출한다.

$$f_b = \frac{Pl}{bh^2}$$

여기서, f_b : 휨 강도(MPa)

P : 시험기가 나타내는 최대 하중(N)

l : 지간(mm)

b : 파괴 단면의 너비(mm)

h : 파괴 단면의 높이(mm)

(2) 공시체가 인장쪽 표면의 지간 방향 중심선의 4점의 바깥쪽에서 파괴된 경우는 그 시험 결과를 무효로 한다.

21. 콘크리트의 쪼갬 인장 강도 시험

[Standard test method for tensile splitting strength of concrete]
KS F 2423 : 2016 개정

1. 시험 목적

이 시험은 경화된 콘크리트의 쪼갬 인장 강도 시험방법에 대하여 규정한다.

2. 시험 장치

(1) 시험기는 KS B 5533에 규정하는 1급 이상의 것

(2) 상하 가압판의 압축면은 연마 가공을 하고, 평면도는 0.02 mm 이내, 쇼어 경도는 70 HS 이상으로 한다.

3. 시험방법

(1) 공시체의 하중을 가하는 방향에서의 지름을 2개소 이상에서 0.1 mm까지 측정하고, 그 평균값을 공시체의 지름으로 하여 KS Q 5002에 따라 소수점 이하 첫째 자리로 끝맺는다.

(2) 시험기는 시험 시의 최대 하중은 시험기의 용량 20%~80%까지의 범위에서 사용한다.

(3) 공시체의 측면 및 상하 가압판의 압축면을 청소한다.

(4) 공시체를 시험기의 가압판 위에 편심하지 않도록 그림 A-25와 같이 설치한다. 이 경우, 가압판과 공시체의 접촉선의 어디에서도 틈새가 없도록 한다. 상하의 가압판은 하중을 가하고 있는 동안 평행을 유지할 수 있도록 한다.

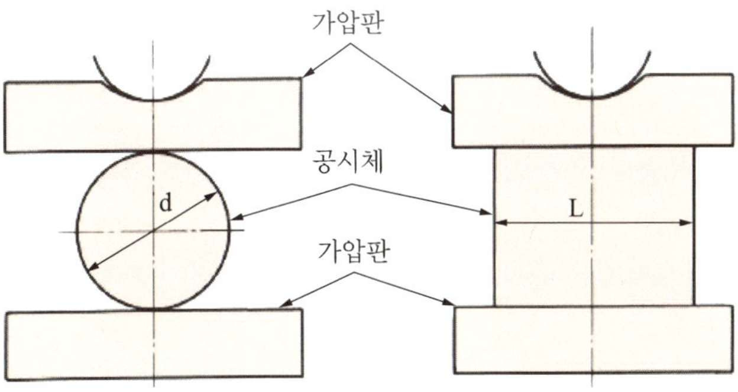

그림 A-26
공시체의 설치 방법

(5) 5.00 kN 이내의 하중을 가한 상태에서 하중의 증가를 일시 멈추고, 상하 가압판의 거리를 2개소 이상 측정하여 상하 가압판의 평행을 확인한다. 평행하지 않은 경우는 구면 시트를 가진 쪽의 가압판을 고무망치로 두드려서 조정한다.

(6) 공시체에 충격을 가하지 않도록 똑같은 속도로 하중을 가한다.

(7) 하중을 가하는 속도는 인장응력의 증가율이 매초 (0.06 ± 0.04) MPa이 되도록 조정하고, 최대 하중에 도달할 때까지 그 증가율을 유지하도록 한다.

(8) 공시체가 파괴될 때까지 시험기에 나타내는 최대 하중을 유효 숫자 3자리까지 읽는다.

(9) 공시체가 쪼개진 면에서의 길이를 2개소 이상에서 0.1 mm까지 측정하여 그 평균값을 공시체의 길이로 하고, KS Q 5002에 따라 유효 숫자 4자리로 끝맺는다.

4. 결과 계산

쪼갬 인장 강도는 다음 식에 따라 계산하고 유효 숫자 3자리로 끝맺는다.

$$f_{sp} = \frac{2P}{\pi d l}$$

여기서, f_{sp} : 쪼갬 인장 강도(MPa)

P : 최대 하중(N)

d : 공시체의 지름(mm)

l : 공시체의 길이(mm)

22. 콘크리트 원주 공시체의 정탄성 계수 및 포아송비 시험

[Standard test method for static modulus of elasticity and Poission's ratio in compression of cylindrical concrete specimens]

KS F 2438 : 2017 개정

1. 시험 목적

이 시험은 성형한 콘크리트 원주형 공시체 및 다이아몬드로 뚫은 콘크리트 코어가 세로 압축 응력을 받았을 때의 콘크리트의 탄성 계수 및 포아송비를 구하는 방법에 대하며 규정한다.

2. 시험 기구

(1) 시험기 : 4.(4)에 규정된 크기 및 속도로 하중을 가할 수 있는 것

(2) 변형 측정장치 : 스트레인 미터와 스위치 박스

(3) 콘프레소미터 : 지름 반대쪽에 2개의 게이지 선을 각각 축과 평행하게 공시체 높이의 중간에 붙여서 25.4 mm에 대해 0.127 μm까지의 정밀도로 평균 변형을 측정할 수 있는 것

(4) 엑스텐소미터 : 공시체 높이 중앙에서의 지름 변형을 접착시키지 않은 엑스텐소미터로 0.635 μm까지 읽는다. 2개의 접착한 스트레인 게이지를 공시체 높이 중간에 지름 반대쪽 점에 원주를 따라 붙이고, 원주 변형을 25.4 mm에 대해 0.127 μm까지 정확하게 읽을 수 있는 것

(5) 저울 : 칭량 20 kg, 감도 50 g

(6) 버니어 캘리퍼스 : 0.25 mm까지 측정할 수 있는 것

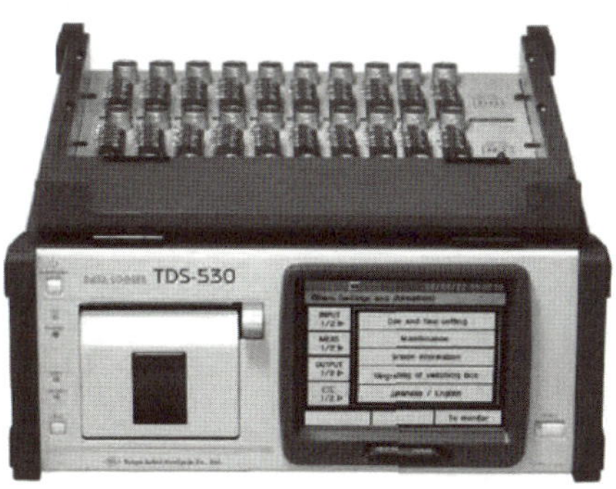

그림 A-27 스트레인 미터 및 스위치 박스

그림 A-28 컴프레소 미터와 엑스텐소 미터

3. 공시체

(1) 공시체 준비

① 성형한 원주 공시체

㉮ 시험 원주 공시체는 KS F 2403에 따라 성형하고 캐핑한 것이어야 한다.

㉯ 공시체는 요구되는 탄성체의 역학적 성질을 만족하는 규정된 양생 상태를 유지하고 시험해야 하며, 양생실 또는 저장실에서 꺼내어 1시간 이내에 시험해야 한다.

㉰ 시험하기 위해 습윤실에서 꺼낸 공시체는 시험할 때까지 젖은 천으로 덮어서 습윤 상태를 유지하여야 한다.

② 드릴로 도려낸 코어 공시체

㉮ 코어는 KS F 2422의 압축 강도 공시체에 대한 드릴링 단면을 준비하여 함수 조건 및 캐핑에 맞아야 한다.

㉯ 다이아몬드로 도려낸 것은 길이와 지름의 비가 1.50 이상인 코어에 한하여 적용한다. 저장 및 시험 직전의 상태에 대해서는 3.(1)①과 동일하게 한다.

(2) 공시체 측정

① 시험 공시체의 지름은 길이 중앙에서의 지름을 서로 직각인 두 방향에서 버니어 캘리퍼스로 0.25 mm까지 측정하여 평균을 구한다.

② 공시체의 단면적은 이 평균 지름을 사용하여 계산한다. 성형된 공시체는 캐핑된 부분을 포함하여 길이를 2.54 mm까지 측정한다. 도려낸 공시체는 길이를 2.54 mm 정밀도로 측정한다.

③ 만일 압축 강도를 구하기 위한 같은 조의 공시체가 없을 경우 또는 공시체의 근사 단위 질량이 명확하지 않을 때에는, 공시체를 시험 직전에 시험실에서 공기 중 질량을 50 g의 정밀도로 측량한다. 다만, 위의 질량은 공시체의 질량을 3.(2)①②에서 구한 수치로 계산한 용적으로 나누어 계산한다. 그 결과를 g/cm^3로 나타낸다.

4. 시험 방법

(1) 시험 중의 온도와 습도는 가급적 일정하게 유지하며, 온도 및 습도에 변동이 생기면 기록해 둔다.

(2) 만일 같은 조 공시체를 이용할 수 있을 때에는, 탄성 계수의 시험에 앞서

압축강도 시험을 행하여 최대하중과 파괴하중의 40%의 하중을 계산한다.

(3) 공시체는 변형 측정 장치를 붙여 시험기의 하판 또는 기기 블록 위에 둔다.

(4) 조심하여 공시체의 축을 바르게 구좌 상부지지 블록의 압력 중심과 일치시킨다.

(5) 영 하중인 때의 변형 측정장치의 읽음을 기록하던가, 영점조정이 가능하면 영으로 조정한다.

(6) 구좌 블록을 조용히 공시체 위에 내려, 블록의 가동 부분을 손으로 회전시켜 균등한 가압이 되도록 한다.

(7) 공시체에는 하중을 2회 이상 가한다.

(8) 제1회의 하중에 대하여는 어떠한 기록도 하지 않고, 계산은 그 이후 하중 결과의 평균으로 한다. 시험의 반복성을 얻기 위해 적어도 2회 이상의 하중을 가하는 것이 좋다. 제1회의 하중은 주로 게이지를 정착시키기 위해 가하고, 그 사이에 게이지의 동작을 관찰하여 제2회 하중을 가하기 전에 비정상적인 동작을 수정한다.

(9) 하중을 연속해서 충격이 가지 않도록 계속하여 가해, 그 하중의 크기와 세로 변형은 다음과 같을 때 기록한다.

- 스크루형 시험기 : 가동 베드가 무하중인 경우에 약 0.125 mm/min의 속도로 움직이도록 조정
- 유압 시험기 : 하중을 1초당 0.25 ± 0.035 MPa(= N/mm^2) 범위로 가한다.

① 세로 변형이 50/1000000일 때

② 가해진 하중이 극한 하중의 40%와 같은 때(4.(11) 참조)

(10) 세로 변형은 총 세로 변형을 유효 게이지 길이로 나눈 것으로 정의된다. 포아송비를 구하기 위해 같은 점에서 가로 변형을 기록한다. 만일 응력 변형 곡선을 구하기 위해서는 하중을 계속 가해 2점 이상의 읽음을 읽든가, 또는 연속 기록을 할 수 있는 장치를 사용한다. 최대 하중에 달하는 동시에 극한 하중인 경우를 제외하고는 하중을 적용할 때와 동일 속도로 0으로 되돌린다. 만일 읽지 못하였으면 하중 사이클을 완성하고 다시 반복한다. 이 여분의 하중 사이클을 기록해 둔다.

(11) 극한 하중이 불명확한 경우에는 세로 변형이 <표 3-3>의 값에 도달하였을 때 각 하중 사이에 제2조의 읽음을 읽는다. 보통의 콘크리트에서 이 변형은 하중이 극한 하중의 50% 범위에 도달하였을 때 생긴다.

표 A-7 최대 변형값

시험시의 단위질량 (kg/m³)	다음 재령에서의 최대 변형(mm/mm)	
	7일 이상	7일 미만
3,280 이상	0.00030	0.00020
2,640~3,264	0.00038	0.00025
2,160~2,624	0.00045	0.00030
1,840~2,144	0.00052	0.00035
1,680~1,824	0.00060	0.00040
1,520~1,664	0.00067	0.00045
1,360~1,504	0.00075	0.00050
1,200~1,344	0.00082	0.00055

(12) 탄성 계수 및 강도는 동일 하중에 대하여 구해지고, 게이지는 계속해서 사용하든지 제거하든지 또는 연속 하중에 견디도록 잘 보호되어 있어야 한다. 후자의 경우에는 제2조를 읽음에 대하여 표 A-7의 변형값을 사용하든가 또는 몇 회의 읽음을 기록하여 극한 하중의 40% 변형값을 보간법에 따라 구한다. 표 A-7의 변형값은 예비 하중에 대한 안내로 이용할 수 있다.

(13) 만일 중간 읽음을 취할 경우에는 3회 시험 각각의 결과를, 세로 변형을 가로축으로 하고 압축 응력을 세로축으로 하여 플롯한다. 시험 하중을 공시체 단면적으로 나누어 3.(2)에 따라 압축 응력을 계산한다.

5. 결과 계산

(1) 탄성 계수를 350 MPa (N/mm²)까지 다음 식으로 계산한다.

$$E = \frac{S_2 - S_1}{\epsilon_2 - 0.000\,050}$$

여기서, E : 탄성계수(MPa)

S_1 : 세로 변형률 0.000050에 대한 응력(MPa)

S_2 : 가해진 최대 하중의 40%에 대한 응력(MPa)

ϵ_2 : 응력 S_2로 생긴 세로 변형률

(2) 포아송비는 0.01까지 다음 식으로 계산한다.

$$\mu = \frac{\epsilon_{t2} - \epsilon_{t1}}{\epsilon_2 - 0.000\,050}$$

여기서, μ : 푸아송비

ϵ_{t1} : 응력 S_1으로 공시체 높이의 중앙에 생긴 가로 변형률

ϵ_{t2} : 응력 S_2으로 공시체 높이의 중앙에 생긴 가로 변형률

ϵ_2 : 응력 S_2으로 생긴 세로 변형률

23. 콘크리트 압축강도 추정을 위한 반발경도 시험

[Testing method for rebound number to conclude compressive strength of concrete]

KS F 2730 : 2013 확인

1. 시험 목적

이 시험은 기 시공된 콘크리트 구조물에 손상을 주지 않고 콘크리트의 품질을 측정하기 위한 방법이다. 그리고 이 시험 방법에 의해 결정되는 반발 경도는 콘크리트의 균등성을 평가하고 품질이 저하되었거나 시멘트의 수화 작용에 의해 발생된 콘크리트의 특성 변화를 평가하는데 이용할 수 있다. 또한 반발 경도는 거푸집 및 동바리를 제거할 수 있는 시간을 결정할 때 이용할 수 있다.

2. 시험 장치

(1) 테스트 해머(test hammer)

테스트 해머는 여러 종류의 테스트 해머가 다양한 크기 및 종류의 콘크리트 구조물을 시험할 수 있도록 상용화되어 있다(N형, NR형, P형 등).

(2) 연삭숫돌

연삭숫돌은 중간 거칠기의 탄화규소 또는 그에 준하는 재질로 구성

(3) 테스트 앤빌(test anvil)

테스트 앤빌(test anvil)은 테스트 해머의 검정 시에 이용하며, 지름 150 mm의 타격면을 갖는 금형의 원주체이다. 조작 시 테스트 해머를 테스트 앤빌의 중앙에 위치시키고, 타격면에 대해 연직하게 하여 시험한다. 테스트 앤빌은 테스트 해머와 동일한 제조사의 제품을 사용해야 한다.

(4) 거리측정용 자

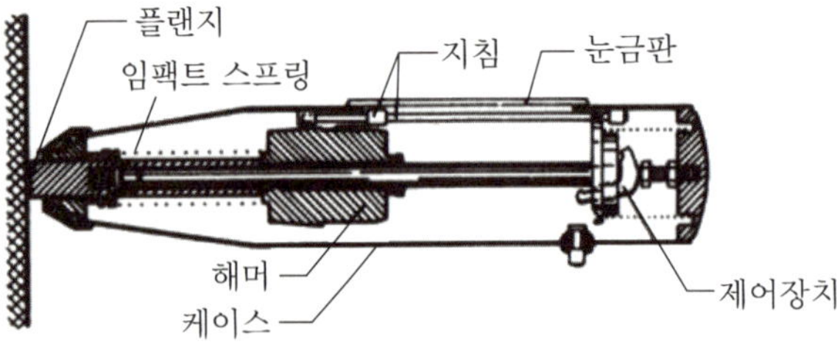

그림 A-29 테스트 해머 구조도

그림 A-30 테스트 해머 및 앤빌

3. 시험 방법

(1) 시험 부위의 결정

① 시험할 콘크리트 부재는 두께가 100 mm 이상이어야 하며, 하나의 구조체에 고정되어야 한다.

② 시험면은 다공질의 조악한 면은 피하고 평활한 면을 선택해야 한다.

③ 사용된 거푸집의 재질이 다르거나 미장 및 도장이 되어 있는 면은 평활한 콘크리트의 반발 경도와 크게 차이가 있으므로 마감면을 완전히 제거한 후 시험을 해야 한다.

(2) 시험 준비

① 시험 영역의 지름은 150 mm 이상이 되어야 한다.

② 거친 콘크리트면 및 푸석푸석한 콘크리트면은 연삭숫돌로 평활하게 연마한다.

(3) 시험 절차

① 타격봉이 시험면에 수직으로 위치할 수 있도록 하며, 한 위치에서 시험기구를 움직이지 않게 고정한다.

② 타격봉이 중추에 부딪힐 때까지 타격봉에 대한 압력을 서서히 증가시킨다.

③ 타격봉이 중추에 부딪힌 후, 지침상의 값을 읽고 이 값을 기록한다.

④ 타격 위치는 그림 A-30와 같이 가장자리로부터 100 mm 이상 떨어지고, 서로 30 mm 이내로 근접해서는 안 된다.

⑤ 각 시험 영역으로부터 20개의 시험값을 취한다.

⑥ 타격 후 표면의 흔적을 검사한 다음 타격에 의해 시험면이 파손되었거나 균열이 발생하는 경우 해당 시험값을 버린다.

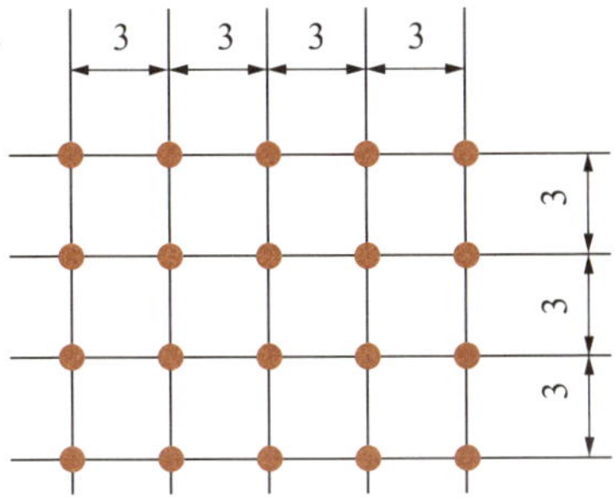

그림 A-31
테스트 해머의 타격위치

4. 결과 계산

(1) 반발경도

① 시험값 20개의 평균으로부터 오차가 20% 이상이 되는 경우의 시험값은 버리고 나머지 시험값의 평균을 구한다.

② 이 때 범위를 벗어나는 시험값이 4개 이상인 경우에는 전체 시험값군을 버리고, 동일한 시험 절차를 통해 시험 범위 내의 새로운 위치에서 20개의 반발 경도를 구한다.

(2) 수정 반발경도

① 수정 반발경도는 다음 식으로 계산한다.

$$R_0 = R + \Delta R_1 + \Delta R_2$$

여기서, R_0 : 수정 반발경도

R : 측정 반발경도

ΔR_1 : 타격방향에 대한 보정값

ΔR_2 : 콘크리트 습윤상태에 대한 보정값

② 타격각도 및 콘크리트의 건조수축 상태에 따른 보정

㉮ 타격방향에 따른 보정

타격방향에 따른 보정은 그림 A-31 및 표 A-8로 측정 반발경도(R)에 따라 결정한다.

㉯ 건조수축 상태에 따른 보정

건조수축 상태에 따른 보정계수 ΔR_2는 습윤상태이면 +5, 기건상태이면 0으로 한다.

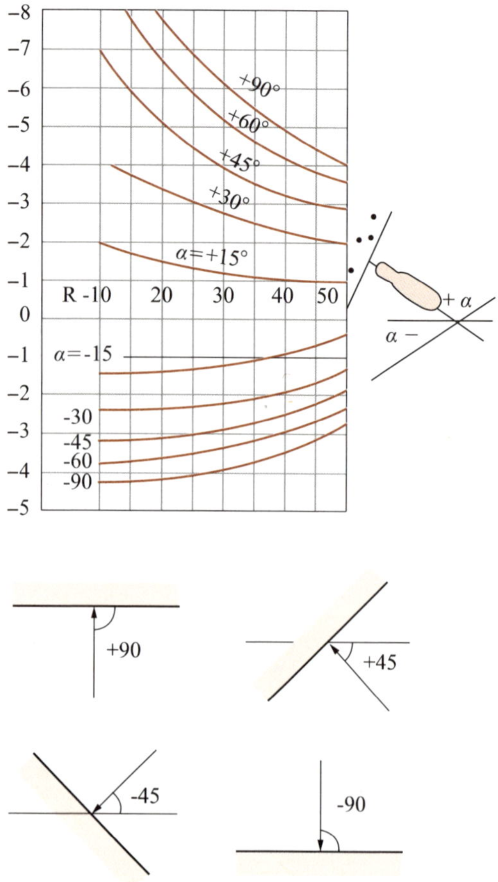

그림 A-32 타격방향에 따른 보정값(일본 건축학회)

표 A-8 타격방향에 따른 보정값(일본 재료학회)

반발경도 R	보정치 ΔR_1			
	+90°	+45°	−45°	−90°
10	0	0	+2.4	+3.2
20	−5.4	−3.5	+2.5	+3.4
30	−4.7	−3.1	+2.3	+3.1
40	−3.9	−2.6	+2.0	+2.7
50	−3.1	−2.1	+1.6	+2.2
60	−2.3	−1.6	+1.3	+2.2

표 A-9 콘크리트 재령에 따른 보정계수

재령	4일	5일	6일	7일	8일	9일	10일	11일	12일	13일
보정값	1.90	1.84	1.75	1.72	1.67	1.61	1.55	1.49	1.45	1.40
재령	14일	15일	16일	17일	18일	19일	20일	21일	22일	23일
보정값	1.36	1.32	1.28	1.25	1.22	1.18	1.15	1.12	1.10	1.08
재령	24일	25일	26일	27일	28일	29일	30일	32일	34일	36일
보정값	1.06	1.04	1.02	1.01	1.00	0.99	0.99	0.98	0.96	0.95
재령	38일	40일	42일	44일	46일	48일	50일	52일	54일	56일
보정값	0.94	0.93	0.92	0.91	0.90	0.89	0.87	0.87	0.87	0.86
재령	58일	60일	62일	64일	66일	68일	70일	72일	74일	76일
보정값	0.86	0.86	0.85	0.85	0.85	0.84	0.84	0.84	0.83	0.83
재령	78일	80일	82일	84일	86일	88일	90일	100일	125일	150일
보정값	0.82	0.82	0.82	0.81	0.81	0.80	0.80	0.78	0.76	0.74
재령	175일	200일	250일	300일	400일	500일	750일	1000일	2000일	3000일
보정값	0.73	0.72	0.71	0.70	0.68	0.67	0.66	0.65	0.64	0.63

(3) 콘크리트 압축강도 추정

콘크리트의 압축강도 추정은 다음 식으로 계산한다.

① ASTM, 일본 재료학회 추정식

$$f_c = (13R_0 - 184) \times \alpha$$

여기서, f_c : 표준 원주형 공시체의 압축강도(kg/cm^2)

R_0 : 수정반발경도

α : 콘크리트 재령에 따른 보정계수

③ 재령에 따른 보정계수

콘크리트의 재령에 따른 보정계수 값은 표 A-9에 따라 결정한다.

5. 주의사항

(1) 테스트 해머는 주기적으로 정비하고 테스트 앤빌로 보정해야 한다. 테스트 해머는 1년에 한 번 이상 점검해야 하며, 해머의 작동에 이상이 있다고 판단되거나 테스트 앤빌의 반발값이 허용 범위를 초과하는 경우에는 그 때마다 점검해야 한다.

(2) 보나 기둥 등의 우각부는 반발경도 값에 차이가 생기기 쉬우므로 최소 3

~6 cm 정도 떨어진 곳에서 측정해야 한다. 기둥의 경우는 두부, 중앙부, 각부 등에서 시험해야 하고 보의 경우는 단부, 중앙부 등의 양 측면에서, 벽체의 경우는 기둥, 보, 슬래브 부근이나 벽체의 중앙부에서 시험하는 것이 바람직하다.

24. 콘크리트 압축강도 추정을 위한 초음파 펄스 속도 시험

[Testing method for velocity of ultrasonic pulses to conclude compressive strength of concrete]

KS F 2731 : 2013 확인

1. 시험 목적

이 시험은 콘크리트의 결함발견 및 균일성 평가, 압축강도의 추정, 콘크리트의 탄성계수, 균열깊이 등 콘크리트의 품질평가 수단으로 이용된다.

2. 시험 장치

(1) 초음파 탐상기

시험 장치의 개념도는 그림 A-32와 같으며, 초음파 탐상기는 그림 A-33과 같이 전기적 펄스 발생 회로, 한 쌍의 탐촉자(발진자, 수진자), 수진 증폭기, 디스플레이 유닛, 시간 측정 회로 및 연결 케이블로 구성된다.

(2) 그리스

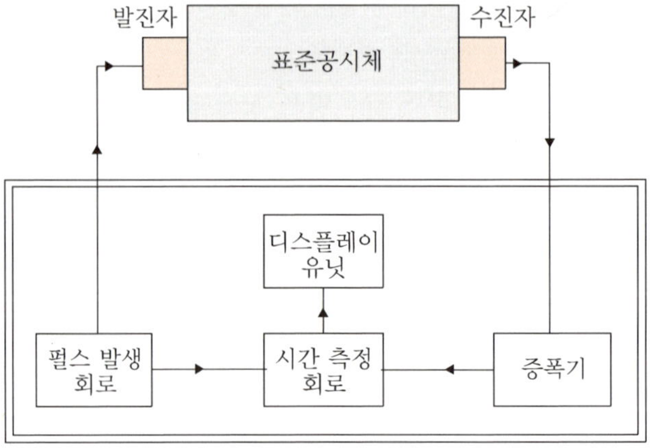

그림 A-33 펄스 속도 시험 장치의 개념도

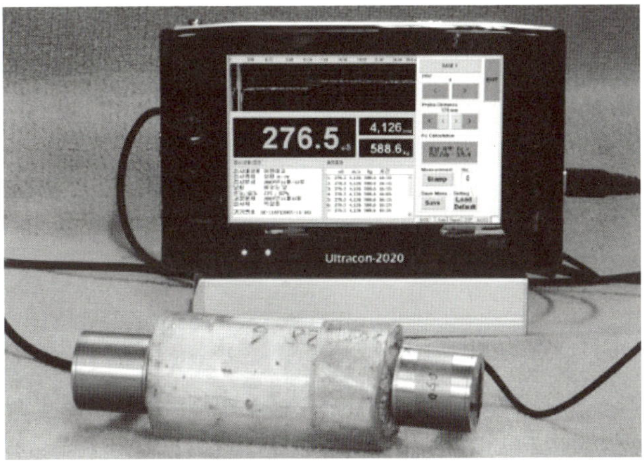

그림 A-34
초음파 탐상기

3. 시험 방법

(1) 콘크리트 표면이 매우 거칠고 일정하지 않을 때는 탐촉자가 접촉되는 표면을 평활하고, 시험체의 양면이 수평이 되게 하기위해 초속경 에폭시 레진이나 플라스터를 사용하여, 최대한 얇게 도포한다.

(2) 접촉 매질은 오일, 바셀린, 그리스 등의 점착제로 접촉 매질의 층에 바른다.

(3) 초음파 탐상기의 영보정(zero setting)을 수행한다.

① 표시값이 영향 요인으로부터 간섭받지 않게 하기 위해서 시간 지연 조정을 해야 한다.

② 시간 지연 조정은 전달 시간이 정확히 알려진 레퍼런스 바의 대향면에 탐촉자를 쌍으로 연결시켜 실시한다. 레퍼런스 바에 탐촉자를 설치하는 방법은 항상 일정해야 한다.

③ 최소량의 접촉 매질을 사용하고 탐촉자는 바의 끝에 견고하게 압착되어야 한다.

④ 시험 장치의 정확한 영보정을 위해 시간 지연 조정은 시험 장치나 탐촉자가 교체될 때마다, 또는 길이가 다른 케이블이 사용될 때마다 매번 실행한다. 또한 전자 회로나 케이블의 안정성을 확인하기 위해 수시로 영보정을 재확인 한다.

(4) 2개의 탐촉자를 그림 A-34와 같이 대향면으로 배치하여 펄스 속도를 구한다. 이때 가능한 탐촉자는 거푸집 또는 성형 몰드에 맞닿아 제조된 콘크리트 표면과 접촉되어야 한다.

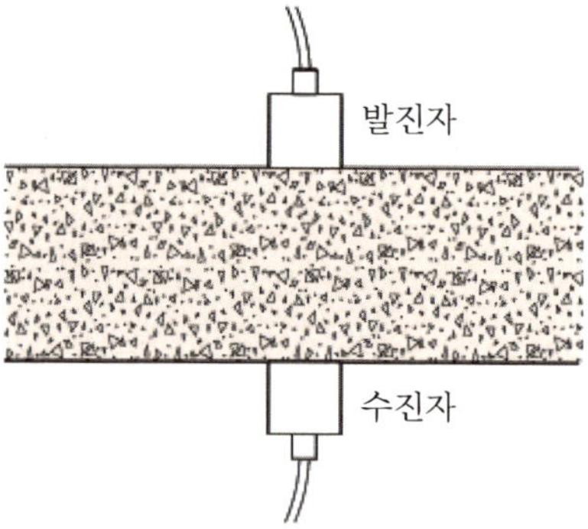

그림 A-35
초음파 펄스 시험을 위한 탐촉자 배치 방법

4. 결과 계산

속도는 다음 식에 따라 계산한다.

$$V = \frac{L}{T}$$

여기서, V : 펄스 속도(m/s)

L : 투과 거리(m)

T : 유효 시간(s) (시험 시간에서 영보정 시간을 뺀 것)

5. 압축 강도 추정

초음파 펄스 속도와 압축 강도의 상관관계에 의해 구한 방정식에 시험 부위별의 초음파 펄스 속도를 대입하여 추정 압축 강도를 계산한다.

25. 급속 동결 융해에 대한 콘크리트의 저항 시험

[Standard test method for resistance of concrete to rapid freezing and thawing]
KS F 2456 : 2013 개정

1. 시험 목적

이 시험은 실험실 내에서 동결 융해의 급속 반복 사이클에 대한 콘크리트 공시체의 저항을 통해 콘크리트의 동결에 따른 영향을 판단하기 위함이다. 시험방법의 종류는 수중 급속 동결 융해 방법(방법 A)과 기중 급속 동결 후 수중 융해 시험방법(방법 B)로 2종류로 한다.

2. 시험용 장치 및 기구

(1) 동결 융해 장치

① 동결 융해 장치는 공시체가 소정의 동결 융해 사이클을 받는 데 적당한 체임버, 동결 및 가열 장치, 소정의 요구 온도 하에서 연속적이고 자동적으로 재현성 사이클을 발생시킬 수 있는 조절 장치로 구성된다.

② 장치가 자동적으로 작동하지 않을 경우에는 1일 24시간 기준으로 연속적인 수동 조작을 하거나 또는 장치가 작동하지 않을 때는 모든 공시체를 동결 상태로 저장하여야 한다.

③ 공시체와 공시체를 지지해 주는 장치를 제외한 모든 장치는 다음과 같이 배치되어야 한다(A방법에서는 동결 융해 사이클 동안 언제나 약 3 mm 정도의 물로 완전히 둘러싸여 있어야 하며, B방법에서는 동결 단계 시 공기 중, 융해 단계 시 수중에 놓이도록 배치되어야 한다).

④ 열교환 매체의 온도는 동결과 융해가 바뀌는 순간을 제외하고는 모든 공시체의 표면 어느 곳에서 언제 측정하더라도 3.3℃ 이내로 균등하여야 한다.

(2) 온도 측정 장치

① 온도계, 저항 온도계 또는 열전대로 구성

② 공시체 용기 내의 여러 점과 조절용 공시체의 중심점 온도를 1℃ 이내까지 측정

(3) 동 탄성 계수 측정 장치

동 탄성 계수 측정 장치는 KS F 2437의 규정에 따른다.

(4) 저울 : 용량이 공시체 질량보다 50% 이상 크고, 감도가 5 g 이하의 정밀도를 가진 것

(5) 조절 수조

① 수조에서 꺼내어 변형 진동의 1차 공명 진동수와 길이 변화를 측정할 때, 수중에서 공시체의 온도를 유지시킬 수 있는 설비가 마련된 수조

② 시험편은 사용되는 설비와 동결 융해 사이클에서 −1℃~2℃가 유지되어야 한다.

③ 융해 사이클이 끝났을 때 장치의 가동을 중지시키고 공시체를 동결 융해 장치의 공시체 체임버에 넣어 두면 이 조건을 만족시킬 수 있게 된다.

(6) 콤퍼레이터 : 길이 변화 시험용 콤퍼레이터는 KS F 2424에 따른다.

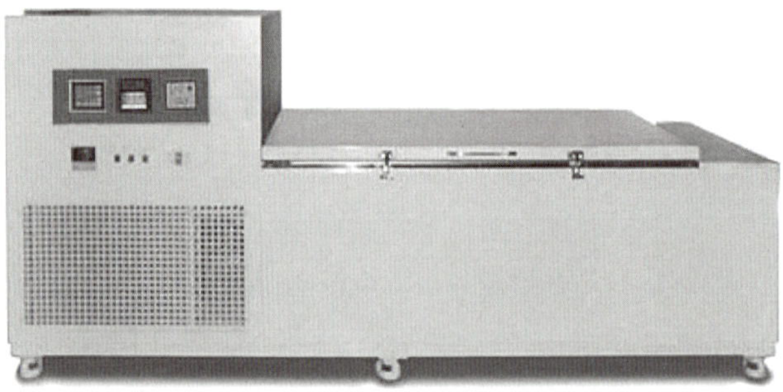

그림 A-36
동결융해 시험기

그림 A-37
동탄성계수 측정기

3. 동결 융해 사이클

(1) 온도 측정 장치가 묻혀 있는 시험용 공시체와 유사한 콘크리트를 만들어 이를 조절용 공시체로 한다. 조절용 공시체의 온도 측정에 관한 동결 융해 시험의 요구 조건과 일치시킨다. 공시체의 캐비닛 내의 각 점에서 온도 변화의 극값(최대값 또는 최저값)을 찾아 낼 수 있도록 조절용 공시체의 위치를 여러 번 변경시킨다.

(2) 동결 융해 1사이클은 공시체 중심부의 온도를 원칙으로 하며 원칙적으로 4℃에서 −18℃로 떨어지고, 다음에 −18℃에서 4℃로 상승되는 것으로 한다. 각 사이클에서 공시체 중심부의 최고 및 최저 온도는 각각 (4±2)℃ 및 (−18±2)℃의 범위 내에 있어야 하고, 언제라도 공시체의 온도가 −20℃ 이하 또는 6℃ 이상이 되어서는 안 된다.

(3) 동결 융해 1사이클의 소요 시간은 2시간 이상, 4시간 이하로 한다. 시험방법 A에서는 융해 시간을 총 시간의 25%, 시험방법 B에서는 총 시간의 20%보다 적게 사용하여서는 안 된다.

(4) 임의의 공시체 중심에서의 온도가 3℃에서 −16℃로 떨어지는 데 소요되는 시간은 냉각 시간의 1/2 이하가 되어서는 안 되고, 또 −16℃에서 3℃로 상승하는 데 소요되는 시간은 가열 시간의 1/2 이하가 되어서는 안 된다. 상호 비교를 목적으로 하는 공시체에서는 임의의 공시체의 중심 온도가 2℃에서 −12℃로 변화하는 데 소요되는 시간이 다른 공시체에서 소요되는 냉각 시간의 1/6 이상 차이가 나서도 안 된다.또한 임의의 공시체의 중심 온도가 −12℃에서 2℃로 변하는 데 소요되는 시간이 다른 공시체에서 소요되는 가열 시간의 1/3 이상 차이가 나서는 안 된다.

(5) 공시체의 중심과 표면의 온도차는 항상 28℃를 초과해서는 안 된다.

(6) 동결 융해에서 상태가 바뀌는 순간의 시간이 10분을 초과해서는 안 된다. 다만, 7.2에 따라 시험할 경우는 예외로 한다.

4. 공시체

(1) 이 시험에 사용되는 공시체는 원주형 또는 각주형 공시체로 한다.

(2) 경화된 콘크리트로부터 원주 또는 각주형으로 절단 채취된 공시체를 사용할 수도 있다. 이때 습윤 상태를 구조물의 습윤 상태 이하로 건조시켜서는 안 된다. 이 경우에는 플라스틱 포장 및 기타 적당한 방법으로 공시체를 싸서 운반하여야 한다.

(3) 이 시험에서는 공시체를 몰드로부터 꺼내어 동결 융해 시험을 할 때까지 공시체를 석회수 안에서 포화시켜야 한다. 상호 비교할 모든 공시체의 치수는 처음부터 모두 같아야 한다.

5. 시험 방법

(1) 공시체는 양생이 끝나는 시간부터 동결 융해 사이클이 개시되는 기간까지 함수량이 변하지 않도록 보호한다.

(2) 소정의 양생 기간이 끝나면 즉시 공시체를 (6±3)℃의 상태로 옮겨 변형 진동의 1차 공명 진동수와 질량을 KS F 2437에 따라 측정한다.

(3) 사이클 중 동결 상태의 초기에 융해수 내에 공시체를 넣고 동결 융해 시험을 시작한다.

(4) 동결 융해 사이클이 36사이클을 초과하지 않는 범위의 간격으로 융해 상태에서 장치로부터 공시체를 꺼낸다. 다음에 바로 (6±3)℃의 온도 조건하에서 가로 1차 주파수 시험을 하고, 질량을 잰 후 다시 시험 장치 내로 옮긴다.

(5) 공시체가 완전히 융해 상태에 있는지, 그리고 어떤 특정 온도 조건으로 조절 수조 내에 놓여 있는지를 확인하고, 또 융해 사이클이 끝날 때까지 시험 중인 각 공시체 전체가 이런 상태가 되도록 공시체를 충분히 동결 융해 시험기 내에 두었는지를 확인한다.

(6) 공시체를 장치에서 꺼내는 동안 함수량의 손실이 없도록 보호하고, 다시 넣을 때는 양 끝이 반대가 되도록 돌려놓는다.

(7) A방법으로 실험할 경우에는 용기를 씻어 내고 깨끗한 물을 첨가한다. 장치에 공시체를 다시 넣을 경우는 장치 내의 어느 곳에 넣어도 좋고, 어떤 기간 계속 시험하는 공시체는 동결 장치 내 모든 부분의 조건을 받는다는 것을 확인할 수 있는 예정된 순번에 따라 위치를 바꾸어 넣어도 좋다.

(8) 시험의 종료는 300사이클로 하며, 그때까지 상대 동 탄성 계수가 60% 이하가 되는 사이클이 있으면 그 사이클에서 시험을 종료한다.

(9) 변형 진동의 1차 공명 진동수 측정은 공시체마다 매번 하며, 또한 육안으로 관측한 공시체의 상태를 기록하고 그 기록지에 나타난 결점에 대한 평가도 기록한다.

(10) 동결 융해 사이클이 계속될 수 없을 때는 동결 상태로 공시체를 저장하여야 한다.

(11) 장치의 고장 또는 다른 이유로 어떤 기간 사이클을 중지하여야 한다면, 수분의 손실을 방지하면서 동결 상태로 공시체를 저장하여야 한다.

① A방법 : 공시체를 용기 안에 놓은 후에 가능한 한 얼음으로 둘러싸야 한다. 용기 속에 공시체를 놓아두기가 어려우면 탈수 현상을 방지할 수

있는 방수 재료로 싸서 가능한 한 습한 상태로 봉한 후에 (−18±2)℃인 차가운 방이나 냉장고 속에 저장하여야 한다.

② B방법 : 후자를 채택하며, 일반적으로 공시체를 2사이클 이상 융해 조건 내에 두는 것이 바람직하지 못하지만, 전체 시험을 하는 동안 이런 일이 한두 번만 있게 된다면 기간이 길어져도 무방하다.

6. 결과 계산

(1) 상대 동탄성 계수

$$P_c = \left(\frac{{n_c}^2}{{n_0}^2}\right) \times 100$$

여기서, P_c : 동결융해 C사이클 후의 상대 동탄성계수(%)

n_0 : 동결융해 0사이클에서의 변형 진동의 1차 공명 진동수(Hz)

n_c : 동결융해 C사이클 후의 변형 진동의 1차 공명 진동수(Hz)

(2) 내구성 지수

$$DF = \frac{PN}{M}$$

여기서, DF : 시험용 공시체의 내구성 지수

P : N사이클에서의 상대 동탄성계수(%)

N : 상대 동탄성계수가 60%가 되는 사이클 수 또는 동결 융해에의 노출이 끝나게 되는 순간의 사이클 수

M : 동결 융해에의 노출이 끝날 때의 사이클 수

찾아보기

ABC

$\bar{x}-R$ 관리도 130
AE감수제 43
AE제 42
PC 강봉 259
PC 강선 257
PC 강연선 257

가

가단주철 262
갇힌공기 42
감수제 43
강열감량 26
강판부착공법 238
개량보전 226
건식법 24, 204
결합재 68
경량 콘크리트 76
경량골재 콘크리트 197
경량골재 48, 60
경화 28
계량설비 145
계량 150
고강도 콘크리트 200
고로 선철 243
고로슬래그 골재 59
고로슬래그 미분말 39
고로슬래그시멘트 33
고성능감수제 44
고온고압양생 221
고온고압증기양생 81
고유동 콘크리트 186
고탄소강 244
골재 47
골재의 단위용적중량 51
골재의 비중 48
골재의 입도 52
공극률 51
공기량 114
공동현상 99
관리도 129
구관입시험 74
구리 263
구리합금 264
구상 흑연주철 263
구조용 합금강 245
굳지 않은 콘크리트 70
굵은골재 47
굵은골재의 최대치수 51
균열 보수 공법 236
균열 102
급결제 45
기포제 45
긴급점검 231

나

내구성 97
내화성 101
내황산염포틀랜드시멘트 32
니켈 245, 267

다

단위 시멘트량 112
단위수량 112
단조 248
담금질 247
댐 콘크리트 211
도가니 제강법 246
동탄성계수 92
동해 229
뜨임 247

라

라이닝 공법 238
레디믹스트 콘크리트 151

레이턴스 75, 159
롤러다짐용 콘크리트 212

마

매스 콘크리트 182
모르타르 믹서 195
몰리브덴 244
무근 콘크리트 76
믹서 145

바

바다골재 58
반건식법 24
반발경도법 234
반선철 243
반죽질기 71
발포제 45
방사선 차폐용 콘크리트 207
방수제 46
방청제 46
배치 믹서 218
배치 플랜트 154
배합강도 116
배합설계 104
백색포틀랜드시멘트 32
백선철 243
백주철 262
보강공법 235
보수공법 235
보통골재 48
보통포틀랜드시멘트 31
부립률 60
부순골재 59
부착강도 86
분말도 30
불림 247
불용해잔분 26
블리딩 75
비비기 151
비비시험 74
비파괴시험 88

사

상면 두께증설공법 238
서중 콘크리트 180
선철 242
섬유보강 콘크리트 205
성형 218
성형성 71, 75
성형압력 80
센트럴믹스 153
소성수축균열 76
숏크리트 203
수밀 콘크리트 190
수밀성 100
수중 콘크리트 192
수중불분리성 콘크리트 192
수중불분리성 혼화제 192
수축균열 103
수화반응 27
순철 242
순환골재 61
쉬링크믹스 153
슈링크믹스트 콘크리트 146
슬럼프 값 73
슬럼프 시험 73
습식법 24, 204
습윤양생 80
시공장비 146
시멘트 22
시방배합 104
시컨트계수 91
실리카흄 40
실적률 51

아

아연 267
안전점검 230
알루미나시멘트 35
알루미늄 합금 265
알루미늄 265
알칼리 골재반응 56
압연 247
압축강도 77

압출 248
에폭시 주입공법 237
연속섬유 시트 접착공법 238
연행공기 42
열화 226
열화예측 226
염해 228
온도균열 103
와이어로프 261
외부 케이블공법 237
용접구조용 내후성 열간 압연 강재 252
용접구조용 압연강재 251
운반 154
워커빌리티 71
유동화 콘크리트 184
유동화제 44
유정시멘트 36
유지보전 226
육상골재 58
응결 28
응력-변형률 곡선 89
인발 248
인장강도 83
일반구조용 압연강재 250
일상점검 230
입도곡선 53

자

자재 품질관리 163
잔골재 47
잔골재율 113, 114
재령 81
재료분리 74
재생골재 60
재하속도 83
저장설비 144
저탄소강 244
전기로 제강법 246
전기양생 220
전단강도 86
전단탄성계수 92
전로 제강법 246
접선탄성계수 91
정기점검 230
정밀점검 231
정탄성계수 90
제강 245
제선 245
제조의 품질관리 167
조강포틀랜드시멘트 32
조립률 54
주석 267
주철 261
중량골재 48, 60
중성화 98
중용열포틀랜드시멘트 31
증기양생 220
지압강도 87
지연제 45
진동다짐 80

차

착색재 41
철 금속 242
철근 콘크리트 76
철근 콘크리트용 봉강 255
철근 254
청동 264
체적변화 93
초기점검 230
초기접선탄성계수 91
초속경시멘트 36
초음파속도법 234
초지연제 45
촉진양생 80, 220
촉진제 45
충전공법 237
칠드주철 262
침식 99
침하수축 균열 102
침하수축균열 76

카

콘크리트 진동기 149
콘크리트 68
콘크리트의 치기 157
콜로이드시멘트 36
크롬 245
크리프 94
클링커 24, 26

타

탄소강 244
탈형 221
텅스텐 245
통계적 품질관리 163
트랜싯 믹스트 콘크리트 146
트럭 애지테이터 146
트럭믹서 146
트럭믹스 154
특수강 244
특수용 합금강 245
특수청동 264
특수황동 264

파

팽창 콘크리트 208
팽창시멘트 35
팽창재 41, 208
평로 제강법 246
포졸란반응 33
포틀랜드시멘트 23
포틀랜드포졸란시멘트 33
표면건조포화상태 50
표면수량 50
표면처리 공법 236
풀림 247
품질관리 128, 161
프리스트레스트 콘크리트용 강재 257
프리플레이스트 콘크리트 195
프와송비 92
플라스틱 균열 102
플라이애시 34, 39
플라이애시시멘트 34
피니셔빌리티 71
피로 229
피로강도 88

하

하면 두께증설공법 238
하천골재 58
한중 콘크리트 176
할선탄성계수 91
합금강 244
해양 콘크리트 187
현장 품질관리 168
현장배합 104
혼합설비 145
혼합수 64
혼화재 38
혼화재료 37, 115
혼화제 38
화학적 콘크리트부식 229
황동 264
회선철 243
회주철 262
휨강도 84
흡수량 50

홍창우

• 한국교통대학교 토목공학전공 교수, 공학박사

박찬기

• 공주대학교 지역건설공학과 교수, 공학박사

이주하

• 수원대학교 건설환경공학과 교수, 공학박사

박성기

• ㈜콘텍이엔지 대표이사, 공학박사

건설재료학 정가 25,000원

발 행 2019년 3월 10일 초판 1쇄
저 자 홍창우 · 박찬기 · 이주하 · 박성기
발행인 정우용
발행처 도서출판 동화기술
경기도 파주시 광인사길 201(문발동, 파주출판도시)
Tel (031)955-4211~6 donghwapub@nate.com
Fax (031)955-4217 www.donghwapub.co.kr
(등록) 1977년 12월 19일/9-16호

ISBN 978-89-425-9230-2